省级实验教学示范中心系列教材

大学化学实验(Ⅳ)——物理化学实验

庄文昌　主编

朱　捷　冯长君　副主编

化学工业出版社

·北京·

本书包括物理化学实验基础知识、物理化学实验基本技术与研究方法、基础验证性实验、研究设计性实验共四章及相关附录，包含了 43 个实验，每类实验可供灵活选择使用，全书内容精炼、信息量大。

本书可作为化学、化工、材料、环境、制药等专业本科生的物理化学实验课教材，也可供从事物理化学实验和科研的相关人员参考。

图书在版编目（CIP）数据

大学化学实验（Ⅳ）——物理化学实验/庄文昌主编．—北京：
化学工业出版社．2014.8（2025.7重印）
省级实验教学示范中心系列教材
ISBN 978-7-122-21102-6

Ⅰ．①大…　Ⅱ．①庄…　Ⅲ．①化学实验-高等学校-教材②物
理化学-化学实验-高等学校-教材　Ⅳ．①O6-3

中国版本图书馆 CIP 数据核字（2014）第 141187 号

责任编辑：宋林青　　　　　　　　文字编辑：向　东
责任校对：吴　静　　　　　　　　装帧设计：史利平

出版发行：化学工业出版社（北京市东城区青年湖南街 13 号　邮政编码 100011）
印　　装：北京科印技术咨询服务有限公司数码印刷分部
787mm×1092mm　1/16　印张 13½　字数 333 千字　2025 年 7 月北京第 1 版第 4 次印刷

购书咨询：010-64518888　　　　　　　　售后服务：010-64518899
网　　址：http://www.cip.com.cn
凡购买本书，如有缺损质量问题，本社销售中心负责调换。

定　　价：39.80 元

前言

　　《大学化学实验》系列教材共分五册，是根据目前大学基础化学实验改革的新趋势，在多年实践教学经验的基础上编写而成的。本教材自成体系，力求实验内容的规范性、新颖性和科学性，编入的实验项目既强化了基础，又兼顾了综合性、创新性和应用性。教材将四大化学的基本操作实验综合为一册，这样就避免了各门课程实验内容的重复；其它四册从实验（Ⅰ）～实验（Ⅳ），涵盖了无机化学实验、有机化学实验、分析化学实验、物理化学实验的专门操作技能和基本理论，增加了相关学科领域的新知识、新方法和新技术，并适当增加了综合性、设计性和创新性实验内容项目，以进一步培养学生的实际操作技能和创新能力。

　　本书是系列实验教材中的第五分册。近年来，随着教学改革的深入和发展，物理化学在教学内容、教学方法及教学设备等方面均有了很大的发展和变化。为落实教育部关于加强普通高等教育本科教材建设的相关要求，深入贯彻落实科学发展观，贯彻落实《国家中长期教育改革和发展规划纲要（2010—2020年)》，我们以服务人才培养为目标，以提高教材质量为核心，以创新教材建设的体制机制为突破口，编写完成了大学化学实验系列教材中的物理化学实验教材。本书在内容安排上由浅入深、由易到难，既有传统的实验，也有反映现代物理化学新进展、新技术及与应用密切相关的实验，体现了基础性、应用性和综合性等特点，对学生综合素质的提高，知识结构、操作能力、逻辑思维、分析能力的加强，创新意识的启迪等方面都有着重要的作用。

　　本书的主要特色有以下三个方面。

　　(1) 将物理化学实验分为基础验证性实验和研究设计性实验两个层次。在基础性实验中，通过物质的基本物化性质测量实验及实验基本技术讲授，使学生掌握最基本和最常用的测量方法，了解各方法的应用条件和适用范围；在研究性实验中，提供一些比较复杂且带有研究性的小课题让学生实践，开展一些综合性的、向科研过渡的训练。

　　(2) 加强实验之间的横向联系，将各个实验进行分类、合并；在介绍一种实验的时候，指出这种实验方法能进一步解决哪些方面的问题，同时说明达到同一个实验目的可以采用的多种途径。

　　(3) 实验内容以指导学生实践为其主要目的，具有较强的概括性和适用性，写法上更多地注意启发学生的思维，给学生留有充分思考的余地。

　　本书由庄文昌任主编，朱捷、冯长君任副主编。其中庄文昌编写第2章、实验3、实验7、实验9～实验10、实验15～实验18、实验20～实验23、实验27、实验35～实验43；朱捷编写第1章、实验12～实验14、实验28～实验34、附录；冯长君编写实验1～实验2、实验4～实验6、实验8、实验11、实验19、实验24～实验26。

　　本书可作为化学、化工、材料、环境、制药等专业的本科生物理化学实验用教材，也可作为从事物理化学实验和科研相关人员的参考资料。

　　由于编者水平有限、时间仓促，疏漏之处在所难免，恳请有关专家和广大读者批评指正。

编　者

2014 年 4 月

CONTENTS 目录

附录　附录 ·· **186**

第1章　物理化学实验基础知识

1.1　物理化学实验目的与要求

1.1.1　实验目的

① 掌握物理化学实验的基本实验方法和实验技术，学会常用仪器的操作；了解近代大中型仪器在物理化学实验中的应用，培养学生的动手能力。

② 通过实验操作、现象观察和数据处理，锻炼学生分析问题、解决问题的能力。

③ 加深对物理化学课程中基本理论和概念的理解。

④ 培养学生实事求是的科学态度，严肃认真、一丝不苟的科学作风。

1.1.2　实验要求

（1）做好预习

学生必须按教师要求准时进入实验室，不得无故迟到或缺勤。在进实验室之前必须仔细阅读实验教材中有关的实验及基础知识，明确本次实验中需要测定什么物理量，最终求算什么物理量，以及实验所用的方法、仪器、实验条件等，在此基础上，将实验目的、实验原理、实验步骤、记录表格和实验时的注意事项写在预习报告本上。

进入实验室后不要急于动手做实验，首先要对照预习报告检查仪器是否齐全或完好，发现问题应及时向指导教师汇报，然后对照仪器进一步预习，并接受教师的提问、讲解，在教师指导下做好实验准备工作。

（2）实验操作

经指导教师同意方可接通仪器电源进行实验。仪器的使用要严格按照"基础知识与技术"中规定的操作规程进行，不可盲动；对于实验操作步骤，通过预习应心中有数，严禁在不了解实验原理和步骤的情况下，机械照搬书上的操作步骤，看一下书、动一动手。实验过程中要仔细观察实验现象，发现异常现象应仔细查明原因，或请教指导教师帮助分析处理。实验结果必须经教师检查，数据不合格的应及时返工重做，直至获得满意结果，实验数据应随时记录在预习报告本预先画好的表格内，不得随意记录在实验书的空白处或草稿纸上。实验数据应采用蓝色或黑色水笔记录，严禁使用铅笔记录数据。记录数据要实事求是、详细准确，且注意整洁清楚。如有实验数据记录错误需要改正，必须按要求划去原数据后重新记录，不得使用橡皮、涂改液、胶带纸或用笔反复涂抹覆盖原数据，以修改后仍能看清原数据为准，养成良好的记录习惯。实验完毕后，经指导教师签字同意后，方可离开实验室。

（3）实验报告

学生应独立完成实验报告，并在下次实验前及时送交指导教师批阅。实验报告的内容包括实验目的与要求、实验原理、仪器与试剂、实验步骤、数据处理、结果讨论和思考题。数据处理应有原始数据记录表和计算结果表示表（有时二者可合二为一），需要计算的数据必须列出算式，不可只列出处理结果。作图时必须按本绪论中数据处理部分所要求的去做，通常需要作图软件辅助。实验报告的数据处理中不仅包括表格、作图和计算，还应有必要的文字叙述。例如，"所得数据列入××表"、"由表中数据作××-××图"等，以便使写出的报告更加清晰、明了，逻辑性强，便于批阅和留作以后参考。结果讨论应包括对实验现象的分析解释，查阅文献的情况，对实验结果误差的定性分析或定量计算，对实验的改进意见和做实验的心得体会等，这是锻炼学生分析问题的重要一环，可以锻炼学生分析问题的能力。

1.2 物理化学实验室安全知识

1.2.1 实验室规则

① 实验时应遵守操作规则，遵守一切安全措施，保证实验安全进行。

② 遵守纪律，不迟到，不早退，保持室内安静，不大声谈笑，不到处乱走，不许在实验室内嬉闹及恶作剧。

③ 严禁将饮用水和食物带入实验室，严禁在实验室内吃东西。

④ 使用水、电、煤气、药品试剂等都应本着节约原则。

⑤ 未经老师允许不得乱动精密仪器，使用时要爱护仪器，如发现仪器损坏，立即报告指导教师并追查原因。

⑥ 随时注意室内整洁卫生，火柴棍、纸张等废物只能丢入废物缸内，不能随地乱丢，更不能丢入水槽，以免堵塞。实验完毕将玻璃仪器洗净，把实验桌打扫干净，公用仪器、试剂药品等都整理整齐。

⑦ 实验结束后，由同学轮流值日，负责打扫整理实验室，检查水、煤气、门窗是否关好，电闸是否拉掉，以保证实验室的安全。

1.2.2 安全用电

违章用电常常可能造成人身伤亡、火灾、损坏仪器设备等严重事故。物理化学实验室使用电器较多，特别要注意安全用电。为了保障人身安全，一定要遵守实验室安全规则。

(1) 防止触电

① 不可用潮湿的手接触电器。

② 所有电源的裸露部分应有绝缘装置(例如电线接头处应裹上绝缘胶布)。

③ 所有电器的金属外壳都应接上地线。

④ 实验时，应先连接好电路后再接通电源。实验结束时，先切断电源再拆线路。

⑤ 修理或安装电器时，应先切断电源。

⑥ 不能用试电笔去试高压电。使用高压电源应有专门的防护措施。

⑦ 如有人触电，应迅速切断电源，然后进行抢救。

(2) 防止引起火灾

① 使用的保险丝要与实验室允许的用电量相符。

② 电线的安全通电量应大于用电功率。

③ 室内若有氢气、煤气等易燃易爆气体，应避免产生电火花。继电器工作和开关电闸

时，易产生电火花，要特别小心。电器接触点(如电插头)接触不良时，应及时修理或更换。

④ 如遇电线起火，立即切断电源，用沙或二氧化碳、四氯化碳灭火器灭火，禁止用水或泡沫灭火器等导电液体灭火。

⑤ 线路中各接点应牢固，电路元件两端接头不要互相接触，以防短路。

⑥ 电线、电器不要被水淋湿或浸在导电液体中，例如实验室加热用的灯泡接口不要浸在水中。

(3) 电器仪表的安全使用

① 在使用前，先了解电器仪表要求使用的电源是交流电还是直流电，是三相电还是单相电以及电压的大小(380V、220V、110V或6V)。须弄清电器功率是否符合要求及直流电器仪表的正、负极。

② 仪表量程应大于待测量。若待测量大小不明时，应从最大量程开始测量。

③ 实验之前要检查线路连接是否正确。经教师检查同意后方可接通电源。

④ 在电器仪表使用过程中，如发现有不正常声响、局部温升或嗅到绝缘漆过热产生的焦味，应立即切断电源，并报告教师进行检查。

1.3 实验误差与误差的计算

在物理化学实验中，通常是在一定的条件下测量某系统的一个或几个物理量，然后用计算或作图的方法求得另一些物理量的数值或验证规律。由于实验方法的可靠程度、所用仪器的精密度和实验者感官的限度等各方面条件的限制，使得一切测量均带有误差，即测量值与真值之差。因此，必须对误差产生的原因及其规律进行研究，方可正确估计所测结果的可靠程度，并对数据进行合理的处理，使实验结果变为有参考价值的资料，这在科学研究中是必不可少的。

1.3.1 误差的分类

根据误差的性质和来源，可以将误差分为以下三种。

(1) 系统误差

在相同条件下，多次测量同一量时，误差的绝对值和符号保持恒定，使测量结果永远偏向一个方向，或在条件改变时，按某一确定规律变化的误差称为系统误差。产生的原因有以下几点。

① 实验方法方面的缺陷。例如使用了近似的测量方法或近似公式。

② 仪器误差或药品纯度不够引起。如仪器零点偏差，温度计刻度不准，药品纯度未达到实验精度要求等。

③ 操作者的不良习惯。如观察视线偏高或偏低，操作者个人对颜色变化不敏感等。

④ 环境因素的影响。如测量环境的温度、湿度、压力等对测量数据的影响。

系统误差无法通过增加测量次数加以消除。通常情况下，可以通过以下方法来发现系统误差的存在：改变实验技术或实验方法、改变实验条件、调换仪器、提高试剂的纯度、更换实验操作者等，针对产生原因可采取措施将其消除或减小，以提高测量的准确度。

(2) 过失误差(粗差)

这是一种明显歪曲实验结果的误差。它无规律可循，是由操作者读错数据、记录错误、计算错误所致，只要加强责任心，此类误差完全可以避免。如发现有此种误差产生，所得数据应予以剔除。

（3）偶然误差(随机误差)

在相同条件下多次测量同一量时，误差的绝对值时大时小、符号时正时负，此类误差称为偶然误差。它产生的原因并不确定，一般是由环境条件的改变(如大气压、温度的波动)、操作者感官分辨能力的限制(例如对仪器最小分度以内的读数难以读准确等)所致。偶然误差不可预料，但服从概率分布，随测量次数的增加，其平均值趋近于零，即具有抵偿性，可以通过多次重复测量减少偶然误差，提高测量的精密度。

1.3.2　精密度和准确度

精密度是指测量偏离平均值的程度，精密度越高，结果的可重复性越好。准确度是指测量结果的正确性，即测量值偏离真实值的程度。在实际测量中，测量的精密度很高，准确度不一定很好，但是准确度好的测量值，精密度一定很高。

1.3.3　误差的表达方法

（1）误差的表达方法

误差的表达方法有三种。

① 平均误差　$\delta = \dfrac{\sum |d_i|}{n}$

式中，d_i 为测量值 x_i 与算术平均值之差；n 为测量次数。算术平均值 $\bar{x} = \dfrac{\sum x_i}{n}$，$i = 1$，$2$，$\cdots$，$n$。

② 标准误差(或称均方根误差)　$\sigma = \sqrt{\dfrac{\sum d_i^2}{n-1}}$

③ 或然误差　$P = 0.675\sigma$

平均误差的优点是计算比较简便，但可能把质量不高的测量掩盖掉。标准误差对一组测量中的较大误差或较小误差比较灵敏，因此它是表示精密度的较好方法，在近代科学中常采用标准误差。

（2）测量精度的表示方法

为了表达测量的精度，又分为绝对误差、相对误差两种表达方法。

① 绝对误差　它表示了测量值与真实值的接近程度，即测量的准确度。其表示法为 $\bar{x} \pm \sigma$ 或 $\bar{x} \pm \delta$，一般以一位数字(最多两位)表示。σ 或 δ 越小表示测量精密度越高。从概率论可知大于 3σ 的误差出现的概率只有 0.3%，通常把 3σ 称为极限误差。如果个别测量值的误差超过极限误差，则可认为是由过失误差引起而将其舍弃。

② 相对误差　它表示测量值的精密度，即各次测量值相互靠近的程度。其表示法为：

$$平均相对误差 = \pm \frac{\delta}{\bar{x}} \times 100\%$$

$$标准相对误差 = \pm \frac{\sigma}{\bar{x}} \times 100\%$$

1.3.4　误差传递——间接测量结果的误差计算

测量分为直接测量和间接测量两种，一切简单易得的量均可直接测量出，如用米尺测量物体的长度，用温度计测量体系的温度等。对于较复杂不易直接测得的量，可通过直接测定简单量，而后按照一定的函数关系将它们计算出来。例如测量温度变化 ΔT 和样品重 W，代入公式 $\Delta H = c\Delta T \dfrac{M}{W}$，就可求出溶解热 ΔH，于是直接测量的 T、W 的误差，就会传递给 ΔH。下面给出了误差传递的定量公式。通过间接测量结果误差的求算，可以知道哪个直接测量值的误差对间接测量结果影响最大，从而可以有针对性地提高测量仪器的精度，获得好的结果。

（1）间接测量结果的平均误差和相对平均误差的计算

设有函数 $u = F(x, y)$，其中 x, y 为可以直接测量的量，则 $\mathrm{d}u = \left(\dfrac{\partial F}{\partial x}\right)_y \mathrm{d}x + \left(\dfrac{\partial F}{\partial y}\right)_x \mathrm{d}y$。此为误差传递的基本公式。若 Δu、Δx、Δy 为 u、x、y 的测量误差，且设它们足够小，可以代替 $\mathrm{d}u$、$\mathrm{d}x$、$\mathrm{d}y$，则得到具体的简单函数及其误差的计算公式，列入表 1-1 中。

表 1-1 部分函数的平均误差

函数关系	绝对误差	相对误差
$y = x_1 + x_2$	$\pm (\lvert \Delta x_1 \rvert + \lvert \Delta x_2 \rvert)$	$\pm \left(\dfrac{\lvert \Delta x_1 \rvert + \lvert \Delta x_2 \rvert}{x_1 + x_2}\right)$
$y = x_1 - x_2$	$\pm (\lvert \Delta x_1 \rvert + \lvert \Delta x_2 \rvert)$	$\pm \left(\dfrac{\lvert \Delta x_1 \rvert + \lvert \Delta x_2 \rvert}{x_1 - x_2}\right)$
$y = x_1 x_2$	$\pm (x_1 \lvert \Delta x_2 \rvert + x_2 \lvert \Delta x_1 \rvert)$	$\pm \left(\dfrac{\lvert \Delta x_1 \rvert}{x_1} + \dfrac{\lvert \Delta x_2 \rvert}{x_2}\right)$
$y = \dfrac{x_1}{x_2}$	$\pm \left(\dfrac{x_1 \lvert \Delta x_2 \rvert + x_2 \lvert \Delta x_1 \rvert}{x_2^2}\right)$	$\pm \left(\dfrac{\lvert \Delta x_1 \rvert}{x_1} + \dfrac{\lvert \Delta x_2 \rvert}{x_2}\right)$
$y = x^n$	$\pm (nx^{n-1}\Delta x)$	$\pm \left(n\dfrac{\lvert \Delta x \rvert}{x}\right)$
$y = \ln x$	$\pm \left(\dfrac{\Delta x}{x}\right)$	$\pm \left(\dfrac{\lvert \Delta x \rvert}{x \ln x}\right)$

例如，计算函数 $\eta = \dfrac{\pi pr^4 t}{8VL}$ 的误差，其中 p、r、t、V、L 为直接测量值。

对上式取对数：$\ln\eta = \ln\pi + \ln p + 4\ln r + \ln t - \ln 8 - \ln V - \ln L$

微分得：$\dfrac{\mathrm{d}\eta}{\eta} = \dfrac{\mathrm{d}p}{p} + \dfrac{4\mathrm{d}r}{r} + \dfrac{\mathrm{d}t}{t} - \dfrac{\mathrm{d}V}{V} - \dfrac{\mathrm{d}L}{L}$

考虑到误差积累，对每一项取绝对值，然后计算得到：

① 相对误差　　$\dfrac{\Delta\eta}{\eta} = \pm\left[\dfrac{\Delta p}{p} + \dfrac{4\Delta r}{r} + \dfrac{\Delta t}{t} + \dfrac{\Delta V}{V} + \dfrac{\Delta L}{L}\right]$

② 绝对误差　　$\Delta\eta = \dfrac{\Delta\eta}{\eta}\dfrac{\pi pr^4 t}{8VL}$

根据 $\dfrac{\Delta p}{p}$、$\dfrac{4\Delta r}{r}$、$\dfrac{\Delta t}{t}$、$\dfrac{\Delta V}{V}$、$\dfrac{\Delta L}{L}$ 各项的大小，可以判断间接测量值 η 的最大误差来源。

（2）间接测量结果的标准误差计算

若 $u = F(x, y)$，则函数 u 的标准误差为：

$$\sigma_u = \sqrt{\left(\frac{\partial u}{\partial x}\right)^2 \sigma_x^2 + \left(\frac{\partial u}{\partial y}\right)^2 \sigma_y^2}$$

部分函数的标准误差列入表 1-2 中。

表 1-2 部分函数的标准误差

函数关系	绝对误差	相对误差
$u = x \pm y$	$\pm\sqrt{\sigma_x^2 + \sigma_y^2}$	$\pm\frac{1}{\lvert x \pm y \rvert}\sqrt{\sigma_x^2 + \sigma_y^2}$
$u = xy$	$\pm\sqrt{y^2\sigma_x^2 + x^2\sigma_y^2}$	$\pm\sqrt{\frac{\sigma_x^2}{x^2} + \frac{\sigma_y^2}{y^2}}$
$u = \dfrac{x}{y}$	$\pm\dfrac{1}{y}\sqrt{\sigma_x^2 + \dfrac{x^2}{y^2}\sigma_y^2}$	$\pm\sqrt{\dfrac{\sigma_x^2}{x^2} + \dfrac{\sigma_y^2}{y^2}}$
$u = x^n$	$\pm nx^{n-1}\sigma_y^2$	$\pm\dfrac{n}{x}\sigma_x$
$u = \ln x$	$\pm\dfrac{\sigma_x}{x}$	$\pm\dfrac{\sigma_x}{x\ln x}$

如果知道直接测量的误差对最后结果产生的影响，就可以了解哪一方面的测量是实验结果误差的主要来源，如果事先预定了最后结果的误差限度，则各直接测定值可允许的最大误差也可断定，据此就可以决定应该如何选择合适的精密度的测量工具或合适纯度的试剂。但是，如果盲目地使用精密仪器或高纯试剂，不考虑相对误差，不考虑仪器的相互配合，则非但不能提高测量结果的准确性，反而会造成仪器和药品的浪费。

1.4 实验数据的表达与处理

物理化学实验数据的表示法主要有如下三种方法：列表法、作图法和数学方程式法。

(1) 列表法

将实验数据列成表格，排列整齐，使人一目了然。这是数据处理中最简单的方法，也是其他数据处理方法的前期工作。列表时应注意以下几点。

① 表格要有名称，名称应简单、完整，表达出表格所包含的内容。

② 每行(或列)的开头一栏都要列出物理量的名称和单位，并把二者表示为相除的形式。因为物理量的符号本身是带有单位的，除以它的单位，即等于表中的纯数字。

③ 数字要排列整齐，小数点要对齐，公共的乘方因子应写在开头一栏以与物理量符号相乘的形式，并为异号。

④ 表格中表达的数据顺序为：由左到右，由自变量到因变量，可以将原始数据和处理结果列在同一表中，但应以一组数据为例，在表格下面列出算式，写出计算过程。

(2) 作图法

作图法可使数据之间的关系更为直观，如极大值、极小值、斜率、拐点等，并可进一步用图解求积分、微分、外推、内插值等。作图法通常需要用到电脑作图软件，此部分内容详见 1.5 节。作图应注意如下几点。

① 图要有图名。例如 "$\ln K_p$-$1/T$ 图"，"V-t 图" 等。

② 在直角坐标中，一般以横轴代表自变量，纵轴代表因变量，在轴旁须注明变量的名称和单位(二者表示为相除的形式)，10 的幂次以相乘的形式写在变量旁，并为异号。

③ 坐标原点不一定选在零，应使所作直线或曲线匀称地分布于图面中。

④ 作图时，如同一图中表示不同曲线时，要用不同的符号描点，如○，△，□，×等，以示区别。

⑤ 作曲线时，应尽可能用电脑作图软件拟合，应选择符合实验原理的直线或曲线关系。当各点的关系是一条曲线时，不可为了使曲线通过更多的点而强行使用较复杂但不符合实验原理的曲线关系。如果电脑软件提供的曲线关系均不能很好满足实际实验数据的规律，则需要手工描点。手工描点的方法是使用曲线板，使描出的曲线平滑均匀。描点的原则是，应尽量多地通过所描的点，但不要强行通过每一个点。对于不能通过的点，应使其等量地分布于曲线两边，且两边各点到曲线的距离之平方和要尽可能相等。

⑥ 图解微分　图解微分是通过作曲线的切线而求出切线的斜率值，即图解微分值。如使用手工作图，因为在拟合曲线时就已经引入了较大的误差，在此基础上二次作图画切线的误差将会进一步增大。因此，对于图解微分法，建议用电脑软件作图。方法是，拟合曲线时选择合适的曲线方程，并根据此曲线方程求出曲线上任意一点的斜率的表达式，并根据斜率的值求出切线方程，并利用作图软件将此切线画在坐标系内。

（3）数学方程式法

将一组实验数据用数学方程式表达出来是最为精练的一种方法。它不但方式简单而且便于进一步求解，如积分、微分、内插等。此法首先要找出变量之间的函数关系，原则上优先找直线关系。如 y 和 x 成反比关系，则 y 与 $1/x$ 成线性关系；如 $K = \exp[-1/(T/K)] + C$，则 $\ln K$ 与 $1/T$ 成线性关系。再进一步由此线性关系求出直线方程的系数斜率 m 和截距 b，即可写出完整的方程式。如果不满足直线关系则尽可能找简单关系，如将变量之间的关系写成多项式，通过计算机曲线拟合求出方程系数。数学方程式法通常与作图法结合使用，求出直线方程的表达式并以图形的形式表示在坐标系内。

直线方程拟合的原理是最小二乘法，它的根据是使误差平方和为最小，对于直线方程，令 $\Delta = \sum\limits_{i=1}^{n}(mx_i + b - y_i)^2$ 最小，根据函数极值条件，应有

$$\frac{\partial \Delta}{\partial m} = 0$$

$$\frac{\partial \Delta}{\partial b} = 0$$

于是得方程

$$\begin{cases} 2\sum\limits_{i=1}^{n}(b + mx_i - y_i) = 0 \\ 2\sum\limits_{i=1}^{n}x_i(b + mx_i - y_i) = 0 \end{cases}$$

即

$$\begin{cases} b\sum x_i + m\sum x_i^2 - \sum x_i y_i = 0 \\ nb + m\sum x_i - \sum y_i = 0 \end{cases}$$

解此联立方程得

$$\begin{cases} m = \dfrac{n\sum x_i y_i - \sum x_i \sum y_i}{n\sum x_i^2 - (\sum x_i)^2} \\ b = \dfrac{\sum y_i}{n} - \dfrac{m\sum x_i}{n} \end{cases}$$

此过程即为线性拟合或称线性回归。由此得出的 y 值称为最佳值。在作图软件中所拟

合出的直线,即以最小二乘法为原理所拟合。因此以上计算过程在实际作图中通常不再需要人工完成,但作为对基本原理的理解,仍然是有必要掌握的。

1.5 Excel在物理化学实验数据处理中的应用

随着计算机技术在化学领域不断开发应用,计算机不仅应用于化学实验数据处理、统计、分析,而且越来越多地应用于自动控制化学实验过程。在物理化学实验中经常会遇到各种类型不同的实验数据,要从这些数据中找到有用的信息、得到可靠的结论,就必须对实验数据进行认真的整理和必要的分析和检验。很多学者对如何使用计算机软件处理物理化学实验数据方面做了大量的工作。现阶段应用于物理化学实验数据处理的计算机应用软件很多,常用的有 Matlab 语言、Origin 及 Microsoft Excel 等。其中 Excel 软件因为具有简单、易学、操作简单、易于学生掌握等优点,成为化学专业本科生处理物理化学实验数据的首选方法之一。

物理化学实验中常见的数据处理有:①数据计算,基本上所有的物理化学实验都涉及数据计算;②线性拟合,求截距或斜率,如原电池电动势的测定,蔗糖水解速率常数的测定;③非线性曲线拟合,并作切线,求斜率或截距,如偏摩尔体积的测定;④根据实验数据作图,如完全互溶双液系气液平衡相图实验中相图的绘制。下面就以 Microsoft Excel 2003 为例对 Excel 在物理化学实验数据处理过程中的应用做一个简单的介绍。

1.5.1 数据计算

以蔗糖水解速率常数的测定实验为例。本实验需要测定蔗糖在盐酸催化下的水解反应体系的旋光度 α_t 随时间 t 的变化,以及水解反应进行完全时体系的旋光度 α_∞,用 $\ln(\alpha_t - \alpha_\infty)$ 对 t 作图。因此,需要计算 $\ln(\alpha_t - \alpha_\infty)$ 的数值。此过程用 Excel 表格求解如下(图1-1)。

在列A和列B分别输入实验所测的数据,选中要显示公式结果的C2单元格,然后输入"=",进入公式编辑状态,输入公式"LN(B2-B$17)",点击"编辑栏"中的"√"或按下"Enter"键确定输入,C2单元格内即刻显示输入结果。当同一列多个单元格使用相同的公式时,可以利用鼠标拖曳来完成输入:用鼠标点选C2单元格,并移至右下角位置,鼠标变成"+",按下鼠标左键,向下拖动至所需单元格,即可得到不同时间 t 时的 $\ln(\alpha_t - \alpha_\infty)$ 的值。需要说明的是,公式中行号前的"$"符号代表锁定公式中相应参数的行位置。如在此例中,此时C2下方的单元格的公式中的"B2"依次变为"B3"、"B4"、"B5"……,而"B$17"则始终保持不变。同样的,如果公式需要横向拖动,在列号前加"$"符号可锁定相应参数的列位置。选择"设置单元格格式",还可以选取有效数字的位数。

在上述示例中,"LN"代表函数"ln",其他物理化学实验中常用的函数有如下表示。

EXP(number):求 e 的 n 次方,其中 number

	A	B	C
1	t	a	ln(at-a∞)
2	3	12.444	2.800
3	6	11.932	2.768
4	9	11.292	2.727
5	12	10.63	2.683
6	15	10.074	2.644
7	18	9.502	2.603
8	21	9.002	2.565
9	24	8.474	2.524
10	27	7.954	2.481
11	30	7.524	2.444
12	35	6.744	2.374
13	40	6.068	2.309
14	45	5.404	2.241
15	50	4.74	2.168
16			
17	a∞		-4

图1-1 数据处理表格示例

可以是一个具体的数字，也可以指向某个单元格，下同。

POWER(number，power)：求某数的乘幂，其中 power 代表幂级数。

LN(number)：求某数的自然对数。

LOG10(number)：求某数以 10 为底的对数值。

SQRT(number)：求某数的平方根。

COS(number)：求某角度的余弦值，这里 number 必须是弧度值，下同。

SIN(number)：求某角度的正弦值。

TAN(number)：求某角度的正切值。

ABS(number)：求某数的绝对值。

SUM(number1，number2，…)：对一系列数值求和。

AVERAGE(number1，number2，…)：对一系列数值求平均值。

STDEV(number1，number2，…)：求一系列数值的标准偏差。

其他函数请参见 Excel 软件的帮助。

1.5.2 线性拟合

仍以上节中"蔗糖水解速率常数的测定"实验为例。本实验中需要用 $\ln(\alpha_t - \alpha_\infty)$ 对 t 作图得一条直线。用 Excel 具体操作如下。

本例作图所需数据见图 1-1。在此例中，需要以单元格 C2～C15 为纵坐标，以单元格 A2～A15 为横坐标，作图时需按住"Ctrl"键，用鼠标拖曳来选中这两列单元格，然后单击标题栏的"插入"—"图表"，或直接点击工具栏中的" "图标，进入图表向导。如图 1-2 所示。

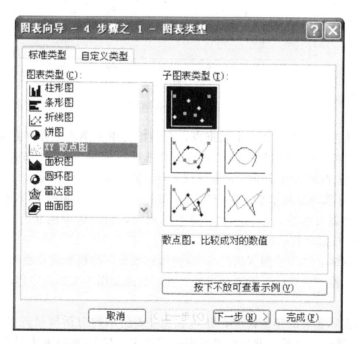

图 1-2 图表向导

点击"XY 散点图"，子图表类型默认选择第一项，点击两次"下一步"，进入图表选项对话框。在"图表标题"、"数值(X)轴"和"数值(Y)轴"三栏分别填入对应文字(图1-3)，再点选"网格线"标签，取消所有网格线，点击完成按钮，得到散点图，如图1-4所示。

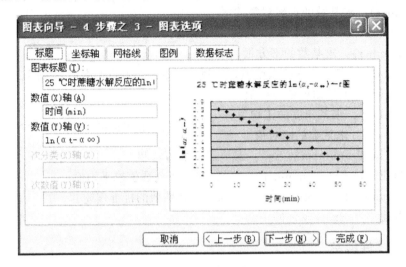

图1-3　图表选项

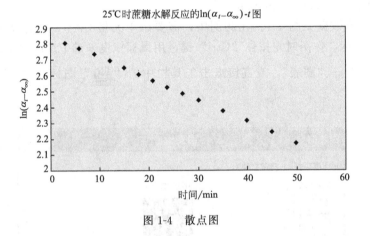

图1-4　散点图

鼠标右键点击散点图内任意一个数据点，在弹出菜单中单击"添加趋势线(R)…"，弹出如图1-5所示的对话框。选择"线性"，点击"选项"标签，如图1-6所示。勾选"显示公式"、"显示R平方值"，点击确定，即得到拟合直线，如图1-7所示。

R^2是回归平方和与总离差平方和的比值，表示总离差平方和中可以由回归平方和解释的比例，这一比例越大越好，比例越大，模型越精确，回归效果越显著。R^2介于0～1之间，越接近1，回归拟合效果越好。

右键单击绘图区，选"绘图区格式"，取消填充效果。再根据需要适当调整X、Y刻度的最大值与最小值，拖动公式的位置至合适处，并适当改变图中文字的字体以使图形美观，最终效果如图1-8所示。

此外，根据实际实验的作图需要，还可在图1-6所示的对话框里选择"前推"或"倒推"，将拟合的直线适当延长。此方法经常用来求直线的截距(如黏度法测定高聚物分子量)，或两条直线延长线的交点(如电导滴定)。

如需将多条直线(或曲线)作在同一个坐标系内，可将每条曲线分别作图，然后选中其中

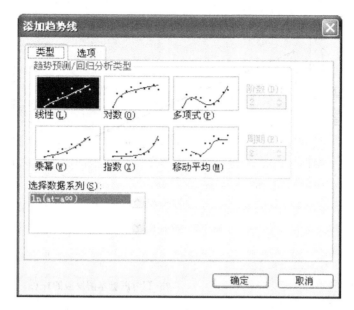

图 1-5 添加趋势线 1

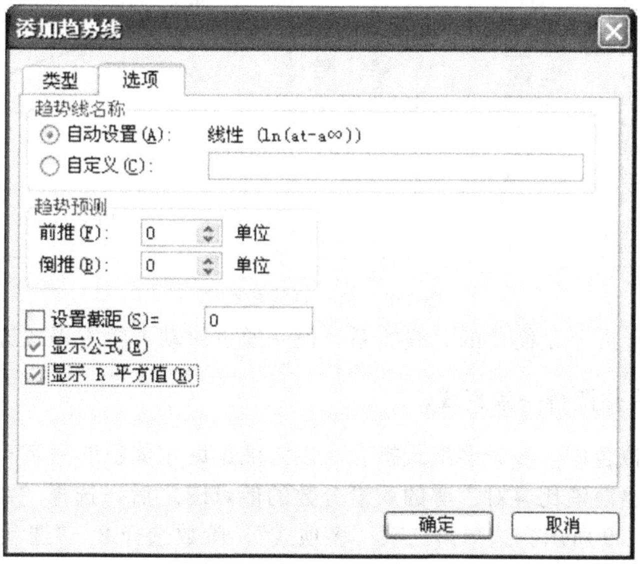

图 1-6 添加趋势线 2

一张图，复制，再选中另一张图，粘贴，将两张图合并。用此方法可以依次将多条曲线合并在同一张图内。

1.5.3 非线性曲线拟合

物化实验中有一些实验数据满足一定的曲线关系，典型的有溶液偏摩尔体积的测定实验，溶液的比容对乙醇的质量分数作图得到一条曲线，以及表面张力的测定实验中，表面张力对正丁醇的浓度作图得到一条曲线。应当注意的是，有些实验中，尽管表面上看起来自变量和因变量不成直线关系，但经过数学变形后可以得到简单的直线关系，应当优先拟合直线，以达到直观、清晰、误差小的效果。如乙酸乙酯皂化反应速率常数的测定实验中，溶液

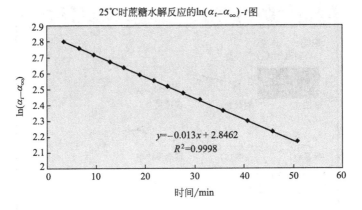

图 1-7 拟合直线

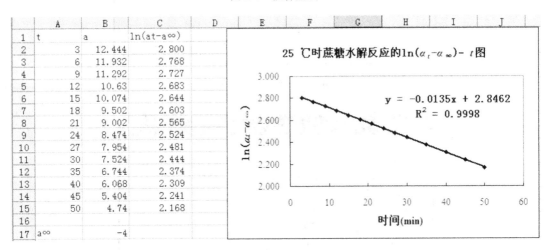

图 1-8 拟合直线最终图

的电导率 κ_t 和时间 t 并不是简单的直线关系,但是通过对动力学方程式进行变形之后,可以推导出 κ_t 对 $\dfrac{\kappa_0 - \kappa_t}{t}$ 作图得一条直线。

在非线性曲线拟合中,多为多项式拟合。以溶液偏摩尔体积的测定实验为例,用线性拟合中介绍的方法作出溶液比容对乙醇的质量分数的散点图之后,选择"添加趋势线(R)…",进入对话框,如图 1-9 所示。选择第三项"多项式",阶数选择 2,"选项"标签下的选项的含义同线性拟合。点击确定,则得到拟合的二次曲线。如图 1-10 所示。

需要说明的是,拟合多项式时,阶数选择得越高,则各点的回归效果越好,R 平方值越接近 1。但是,除非有理论支持函数关系符合更高阶数的关系式,否则应选择更为简单的关系,阶数通常以 2 阶为宜,不可为了追求曲线通过更多的数据点而选择更复杂的曲线形式,反而会对实验结果造成歪曲。

1.5.4 根据实验数据作图

还有一些物化实验的数据不满足任何一个简单的函数关系,作图时需要用平滑曲线将各数据点连接起来,如双液相图的绘制。在这种情况下,需要用电脑画出散点图。对于此类实验,电脑拟合的曲线相对于手工拟合并无明显优势,且有时并不能准确反映体系的性质,如最低恒沸点,Excel 拟合出的曲线往往并不能保证该点为相图的最低点。此种情况下,建议

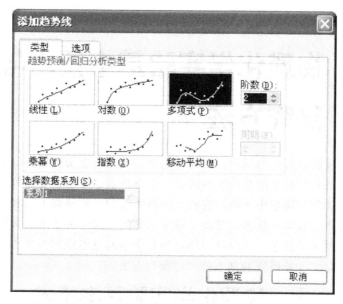

图 1-9 多项式拟合

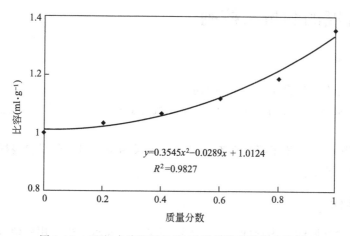

图 1-10 乙醇-水溶液的比容-质量分数曲线拟合结果

使用曲线尺手工拟合。

综上所述，利用 Excel 软件处理物理化学实验数据，可以使数据处理过程变得简便快捷、直观准确，而且避免了传统的手工作图法引入的各种人为的主观误差，大大提高数据处理结果的准确度和精确度。目前，Excel 软件已成为一种日趋普及的处理实验数据的便捷工具，但学生在数据处理的实际操作过程中也发现该软件功能存在着一定的局限性，如应用 Excel 软件难以作出曲线的切线等，因此该软件的一些应用功能有待进一步的改善。

第2章 物理化学实验基本技术与研究方法

　　化学是建立在实验基础上的科学，而物理化学实验是化学实验科学的重要分支，是化学化工专业学生必修的一门独立的基础实验课程，也是环境、生物、食品等专业的学生必修的一门课程，它综合了化学领域中无机、有机、分析所需的基本研究工具和研究方法，借助于物理学和化学的原理、技术和仪器，借助于数学运算工具来研究物质的物理化学性质和化学反应规律，从而了解化学现象。本章将以物理学和化学的基本原理为中心，分两部分引导学生学习和掌握物理化学实验研究的基本技术与研究方法。

Ⅰ　物理化学实验基本技术

2.1　温度的测量与控制

2.1.1　温度

温度是表征物体冷热程度的一种物理量。

国际单位制 SI 规定了七个基本单位，温度就是其中之一。具体称为热力学温度，单位用开尔文表示。

基于历史原因同时保留了摄氏温度。某些国家采用华氏温度仅是自身国家的习惯，但不属于国际单位制推荐单位。

2.1.2　温标

为了定量表示物体的冷热程度，必须用数值将温度表示出来。用数值表示温度的方法称为温度标尺，简称温标。

2.1.3　温度测量

（1）热电阻温度计

① 工作原理　热电阻温度计在科研和生产中经常用来测量－200～＋600℃的温度。它具有测温范围宽、测温精度高、稳定性好，能远距离测量、便于实现温度控制和自动记录等优点，是使用较为广泛的一种测温仪表。热电阻是利用导体或半导体的电阻随温度变化的原理测量温度的。当温度变化时，感温元件的电阻随之变化，将变化的电阻值作为信号，输入显示仪表中，以此测量或控制被测介质的温度。

② 热电阻的选择原则　热电阻的选择必须综合考虑测温范围、测温准确度、测温环境和成本等技术经济指标。

（2）热电偶温度计

① 工作原理　两种成分不同的导体组成一个闭合的回路，当回路中温度不同时（即存在

温差），即产生了热电势，这个现象称作热电效应。热电偶就是利用这个原理来测量温度的。

热电偶的测量：A 与 B 两种导体相互焊接，用来感受被测温度的一端称为测量端，也称工作端或热端；处在环境温度或测量温度的另一端称为参比端(参考端)，也称为自由端或冷端。

② 热电偶温度计的优点　热电偶是工业上最常用的温度检测元件之一，其优点有以下三点。a. 测量精度高。因热电偶直接与被测对象接触，不受中间介质的影响。b. 测量范围广。常用的热电偶从−50～＋1600℃均可测量，某些特殊热电偶最低可测到−269℃(如金铁镍铬)，最高可达＋2800℃(如钨铼)。c. 构造简单，使用方便。热电偶通常是由两种不同的金属丝组成，而且不受大小和形状的限制，外有保护套管，用起来非常方便。

③ 热电偶的种类及结构形成　常用热电偶可分为标准热电偶和非标准热电偶两大类。所谓标准热电偶是指国家标准规定了其热电势与温度的关系、允许误差、并有统一的标准分度表的热电偶，它有与其配套的显示仪表可供选用。非标准热电偶在使用范围或数量级上均不及标准热电偶，一般也没有统一的分度表，主要用于某些特殊场合的测量。

为了保证热电偶可靠、稳定地工作，对它的结构要求如下：a. 组成热电偶的两个热电极的焊接必须牢固；b. 两个热电极彼此之间应很好地绝缘，以防短路；c. 补偿导线与热电偶自由端的连接要方便可靠；d. 保护套管应能保证热电极与有害介质充分隔离。

④ 热电偶冷端的温度补偿　由于热电偶的材料一般都比较贵重(特别是采用贵金属时)，而测温点到仪表的距离都很远，为了节省热电偶材料，降低成本，通常采用补偿导线把热电偶的冷端(自由端)延伸到温度比较稳定的控制室内，连接到仪表端子上。必须指出，热电偶补偿导线的作用只起延伸热电极的作用，使热电偶的冷端移动到控制室的仪表端子上，它本身并不能消除冷端温度变化对测温的影响，不起补偿作用。因此，还需采用其他修正方法来补偿冷端温度 $t_0 \neq 0℃$ 时对测温的影响。

在使用热电偶补偿导线时必须注意型号相配，极性不能接错，补偿导线与热电偶连接端的温度不能超过 100℃。

（3）辐射式温度计

物体受到热辐射后视物体的性质能将它吸收、透过或反射，而受热物放出的多少，与它的温度有关。辐射式高温计就是根据这种原理制成的。

辐射式高温计有两种：一种是部分辐射高温计，也称为光谱辐射高温计，如光电高温计、光学高温计、红外辐射高温计等；另一种是全辐射高温计。

（4）电阻温度计

根据导体电阻随温度而变化的规律来测量温度的温度计。最常用的电阻温度计都采用金属丝绕制成的感温元件，主要有铂电阻温度计和铜电阻温度计，在低温下还有碳、锗和铑铁电阻温度计。精密的铂电阻温度计是目前最精确的温度计，温度覆盖范围约为 14～903K，其误差可低到万分之一摄氏度，它是能复现国际实用温标的基准温度计。我国还用一等和二等标准铂电阻温度计来传递温标，用它作标准来检定水银温度计和其他类型的温度计。电阻温度计分为金属电阻温度计和半导体电阻温度计，都是根据电阻值随温度的变化这一特性制成的。金属电阻温度计主要有用铂、金、铜、镍等纯金属及铑铁、磷青铜合金等合金制成的；半导体电阻温度计主要用碳、锗等制成。电阻温度计使用方便可靠，已广泛应用。它的测量范围为 260～600℃。

（5）温差电偶温度计

利用温差电偶来测量温度的温度计。将两种不同金属导体的两端分别连接起来，构成一个闭合回路，一端加热，另一端冷却，则两个接触点之间由于温度不同，将产生电动势，导体中会有电流发生。因为这种温差电动势是两个接触点温度差的函数，所以利用这一特性制成温度计。若在温差电偶的回路里再接入一种或几种不同金属的导线，所接入的导线与接触点的温度都是均匀的，对原电动势并无影响，通过测量温差电动势来求被测的温度，这样就构成了温差电偶温度计。这种温度计测温范围很大。例如，铜和康铜构成的温差电偶的测温范围在 $200\sim400℃$ 之间；铁和康铜则被使用在 $200\sim1000℃$ 之间；由铂和铂铑合金(铑 10%)构成的温差电偶测温可达上千摄氏度；铱和铱铑(铑 50%)可用在 2300℃；若用钨和钼(钼 25%)则可高达 2600℃。

2.1.4 温度控制

物质的物理化学性质，如黏度、折射率、蒸气压、密度、表面张力等都随温度而改变，要测定这些性质必须在恒温条件下进行。一些物理化学常数，如平衡常数、化学反应速率常数等也与温度有关，实验测量过程中同样需要恒温。因此，温度控制对于物理化学实验极为重要。

温度控制的方法一般分为两种：一种是利用恒压下物质发生相变时温度不变的原理，来获取温度恒定，但温度的选择受到很大限制，只能选择物质的相变点温度；另一种是利用电子调节系统进行温度控制，类似于空调或冰箱的控温系统，此方法控温范围宽、可以任意调节设定温度。

(1) 相变点恒温介质浴

当物质处于相变平衡时，如与环境之间存在温度差，则它仅以吸收或释放潜热的形式与环境进行热交换，而其相平衡温度维持不变，不受环境的影响。如将这种处于相平衡的物质构成一个"介质浴"，并将需恒温的研究对象置于这个介质浴中，就可获得一个高度稳定的恒温条件。图 2-1 为相变点恒温介质浴装置示意图。

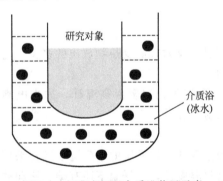

图 2-1 相变点恒温介质浴装置示意

构成这种恒温介质浴的介质通常有：液氮(77.3K)、干冰-丙酮(−78.5℃)(不能单独使用干冰，因干冰附近的 CO_2 蒸气易被空气稀释，不能建立起稳定的气-固相平衡，另外干冰是固相，热导率很小，不能与被冷却对象良好接触进行有效的热交换。加入丙酮或其他液体，可解决以上问题。使用时应将干冰加入丙酮中，不能相反，并严禁明火)、冰-水(0℃)、$Na_2SO_4 \cdot 10H_2O$(32.38℃)[在水浴中加热至 32.38℃时，分解为 $Na_2SO_4 \cdot H_2O$ 和饱和的 Na_2SO_4 水溶液，并处于三相平衡]、沸点丙酮(56.5℃)、沸点水(100℃)、沸点萘(218.0℃)、沸点硫(444.6℃)等。

优点：价廉、操作简便、高稳定度(如介质为高纯度的，其相变温度不必另行精确测定)。

缺点：恒温温度不能随意调节、不能长时间使用、恒温对象必须浸没于恒温介质中。

(2) 电子调节系统

用电子调节系统进行控温是目前普遍采用的控温装置，它具有控温范围宽、控温精度高、温度可随意调节等优点。电子调节系统种类很多，但基本都是通过加热器或制冷器对工作状态进行自动控制。

恒温水浴槽 (图 2-2) 是一种常用的可调节电子恒温装置。它通过电子继电器对加热器自动调节实现恒温的目的。当恒温水浴因热量向外扩散等原因使体系温度低于设定值时，继电器迫使加热器工作，直至体系再次达到设定温度后，自动停止加热。周而复始，使体系温度在一定范围内保持相对恒定。恒温水浴槽由浴槽、搅拌器、温度计、电加热器、接触温度计和继电器组成。浴槽内放入恒温介质，待恒温体系置于介质中。

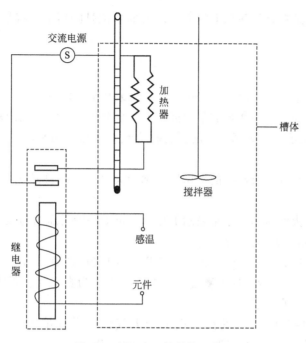

图 2-2 恒温水浴槽结构示意图

继电器的工作过程，是按所谓断续式、二位置控制的调节规律进行的。电加热器在继电器的驱动下，只有断、续两个工作状态，只要继电器的触点处于闭合位置，加热器在单位时间内总是输出相同的热量。但体系却随着温度的回升与设定值之间的偏差而不断地缩小，这样就会产生下述两种极为矛盾的情况。

一是因实验需要将设定温度值提高时，开始会出现很大的温度偏差。按控温要求，加热器应立即输出较大功率的热量，使被控对象的温度迅速回升至设定值（通常把温度回升的这段时间称为"过渡过程时间"）。但加热器固有输出功率不可能设计得太大，致使过渡过程时间延长，使被控对象在较长一段时间内处在设定温度以下。

二是当被控对象体系的温度回升至偏离设定值很近时，又要求加热器的输出功率作相应的减少。由于加热器的输出功率是固定的，发出的热量超过实际的需要，导致体系温度超过设定值。超过设定值的这段温度称为"超调量"。超调量的产生，除了因加热器固有输出功率过大之外，还会由被控对象的热惯性引起。

从理想的情况来考虑，当被控对象的温度低于设定值时，要求加热器能在一定的时间内释放出一定的热量，使被控对象在这段时间内恰好回升至设定温度。但由于热惯性，温度回升的时间需要延长。在这段延长的时间内，加热信号未消失，加热器会继续释放出过多的热量，从而产生超调量，使被控对象处在设定温度以上。

在断续式二位置控制中，被控对象的温度总是在设定值附近上下波动不止，这称为振荡。将振荡的幅度和周期记录下来，可以判断控温性能的优劣。

2.2 压力及流量的测量与控制

2.2.1 压力的测量与控制

压力是指垂直作用在单位面积上的力。压力的单位是帕斯卡，符号为 Pa。压力 p 可以用公式表示为：

$$p = \frac{F}{S}$$

在压力测量中，常有绝对压力、表压力、负压或真空度之分。

绝对压力：被测介质作用在容器单位面积上的全部压力，它是以绝对零压为基准来表示的压力，用符号 p_j 表示。绝对真空下的压力称为绝对零压，用来测量绝对压力的仪表称为绝对压力表。

大气压：地面上空气柱所产生的平均压力称为大气压，用符号 p_q 表示。用来测量大气压力的表叫气压表。

表压力：它是以大气压为基准来表示的压力。也就是绝对压力与大气压力之差，称为表压力，用符号 p_b 表示。即 $p_b = p_j - p_q$。

真空度：当绝对压力小于大气压力时，表压力为负值（即负压力），此负压力的绝对值，称为真空度，用符号 p_z 表示。用来测量真空度的仪表称为真空表。既能测量压力值又能测量真空度的仪表叫压力真空表。

标准大气压：把纬度为 45° 的海平面上的大气压叫做标准大气压。它相当于 0℃ 时 760mm 高的水银柱底部的压力，即 760mmHg(101325Pa)。

压力的法定计量单位是帕(Pa)，常用表示压力的单位还有千帕(kPa)、兆帕(MPa)、毫米水柱(mmH_2O)、毫米汞柱(mmHg)、巴(bar)、标准大气压(atm)、工程大气压(kgf·cm^{-2})。它们的关系是：

$1MPa=1000kPa=10^6Pa$ 　　　　　1 毫米水柱(mmH_2O)$=9.80665Pa$

1 毫米汞柱(mmHg)$=133.322Pa$ 　　　1 工程大气压(kgf·cm^{-2}) $=9.90665×10^4Pa$

1 物理大气压(atm)$=101325Pa$ 　　　1 巴(bar)$=1000mbar=10^5Pa$

（1）液柱式压力计

液柱式压力计是基于液体静力学的原理工作的，用于测量小于 200kPa 以下的压力、负压或压差。常用的液柱式压力计有 U 形压力计、单管压力计和斜管压力计。根据所测压力的范围及使用要求，液柱式压力计一般采用水银、水、酒精、四氯化碳、甘油等为工作液。液柱式压力计既可用于工业测量、实验室仪器，也可作为标准压力计来检验其他压力仪表。

液柱高度和压力的换算关系：

$$p = \rho g h$$

式中，ρ 为液体密度，kg·m^{-3}；h 为液体高度，m；g 为重力加速度，m·s^{-2}（标准重力加速度 9.80665m·s^{-2}）。

液柱式压力计计算标尺的最小分格一般为 1mm，较精密的分格有 0.5mm。

U 形压力计液柱高度误差估计为±1mm，则其最大的绝对误差可能达 2mm，其原因在于用 U 形压力计是要进行 2 次读数；单管压力计则读数误差可以减小一半，其原因是使用单管压力计时读数只需读一次。

在液柱式压力计中考虑封液在管内的毛细现象，因此细管内径不要小于 6～10mm。

液柱式压力计读数时，为了减少视差，须正确读取液面位置，如用浸润液体(如水)时须读其凹面的最低位，用非浸润液体(如水银)时须读其凸面的最高位。

U 形管压力计和单管压力计的结构形式如图 2-3 所示。使用单管压力计测量压力高于大气压的压力时，被测压力引入单管压力计的盅形容器中；当被测压力低于大气压时，压力引入单管压力计的单管中。

在精密压力测量时，一般采用直径较小的玻璃 U 形管，工作液通常用酒精或甲苯，而不用水，因为水的毛细作用会造成大的测量误差。

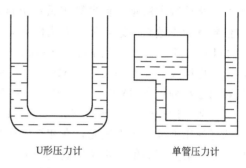

U形压力计　　　　单管压力计

图 2-3　液柱式压力计结构示意图

（2）弹性式压力计

弹性式压力计是根据弹性元件的变形和所受压力成比例的原理来工作的。当作用于弹性元件上的被测压力越大时，弹性元件的变形也越大。常用的弹性式压力表有弹簧管式压力表、膜片式压力表、波纹管式压力表，其中弹簧管式压力表运用最广。

弹性元件的刚度就是指弹性元件变形的难易程度。刚度大的弹簧管受压变形后形变小。用不锈钢、合金钢制作的刚度大，一般用来测量大于 20MPa 以上压力；磷铜、黄铜制作的刚度小，一般测量小于 20MPa 以下的压力。

弹簧压力表一般由弹簧管、拉杆、扇形齿轮、游丝、指针和面板等几部分组成，如图2-4 所示。

弹簧管压力表中的弹簧管是由一根弯成 270°圆弧状、截面呈椭圆形的金属管制成的。因为椭圆形截面在介质压力的作用下将趋向圆形，使弯成圆弧形的弹簧管随之产生向外挺直扩张的变形，使弹簧管的自由端产生位移，并通过拉杆带动扇形齿轮进行放大，带动指针转动，指针转动的角度和压力呈线性关系，这样就通过刻度盘读出被测压力的大小。游丝的作用是产生一个反作用力。

在弹性式压力表型号中，常用汉语拼音的第一个字母表示某种意义，如 Y 表示压力，Z 表示真空(阻尼)，B 表示标准(防爆)，J 表示精密(矩形)，A 表示氨压力表，X 表示信号(电接点)，P 表示膜片，E 表示膜盒，后面的数字表示表面尺寸(mm)，尺寸后的符号表示结构或配接仪表。

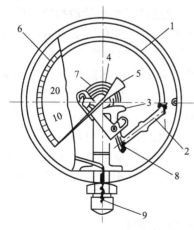

图 2-4　弹性式压力计结构示意图
1—弹簧管；2—拉杆；3—扇形齿轮；
4—中心齿轮；5—指针；6—面板；
7—游丝；8—调整螺钉；9—接头

如：Y100ZQ 表示压力表，表面尺寸为 100mm，并且结构为轴向带前边；Y100T 表示压力表，表面尺寸为 100mm，并且结构为径向带后边；YB-160A(B、C)表示标准压力表，表面尺寸为 160mm，并且结构为径向，并且仪表零点可调(A 表示仪表零点可调；B 表示仪表带有镜面；C 表示带镜面且零点可调)。

压力表的读数方法如下。

① 首先应确定仪表的有效数字位数。按仪表读数的一般要求，应估读到最小分度的 1/10，即有效数字位数＝最小分度值位数＋1。

② 根据最小分度值的形式估读其末位数。如 1 块 0～1MPa、0.4 级精密压力表，分格总数 200 格读数方法是：首先算出最小分度值为 1MPa÷200 格＝0.005MPa/格；因此，其有效位数就为小数点后第 4 位，末位数字应读作 5 或零；读数方法是当指针指示在最小分度值的 1/10、3/10、5/10、7/10、9/10 时，末位应读 5；而当指在 2/10、4/10、6/10、8/10 时，末位应读零。又如一块 0～6MPa、0.4 级精密压力表，分格总数 300 格的读数方法是：首先算出最小分度值 6MPa÷300 格＝0.02MPa/格，因此，其有效位数就是小数点后第 3 位，末位数字读作偶数，即 2、4、6、8，不应出现奇数。

选择使用弹性式压力表时，在测稳定压力时，最大压力值不应超过满量程的 3/4；测波动压力时，最大压力值应不超过满量程的 2/3。最低测量压力值应不低于满量程的 1/3。

(3) 福廷式气压计

福廷式气压计是一种单管真空汞压力计，福廷式气压计是以汞柱来平衡大气压力，如图 2-5 所示。福廷式气压计主要结构是一根长 90cm、上端封闭的玻璃管，管中盛有汞，倒插入下部汞槽内。玻璃管中汞面上不是真空，汞槽下部是用羚羊皮袋作为汞储槽，它既与大气相通，但汞又不会漏出。在底部有一调节螺旋，可用来调节其中汞面的高度。象牙针的尖端是黄铜标尺刻度的零点，利用黄铜标尺的游标尺，读数的精密度可达 0.1mm 或 0.05mm。

从以上可看出，当大气压力与汞槽内的汞面作用达到平衡时，汞就会在玻璃管内上升到一定高度，通常测量汞的高度，就可确定大气压力的数值。

(4) 空盒气压表

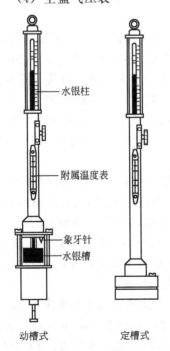

空盒气压表又称固体金属气压表、膜盒式气压表、无汞气压计，根据其量程分为高原用空盒气压表或平原用空盒气压表。它是利用大气作用于金属空盒上(盒内接近于真空)的压力，使空盒变形，通过杠杆系统带动指针，使指针在刻度盘上指出当时气压的数值。空盒气压表不如水银气压表精确，一般只作参考仪器，多用于野外观测。

空盒气压表是以弹性金属做成的薄膜空盒作为感应元件，它将大气压力转换成空盒的弹性位移，通过杠杆和传动机构带动指针，当顺时针方向偏转时指针就指示出气压升高的变化量；反之，当指针逆时针方向偏转时，指示出气压降低的变化量，当空盒的弹性应力与大气压力相平衡时，指针就停止转动，这时指针所指示的气压值就是当时的大气压力值。

2.2.2 流量的测量与控制

流体分为可压缩流体和不可压缩流体两类。流量的测定在科学研究和工业生产上都有广泛应用。实验室中常用的测量仪器主要有转子流量计、湿式气体流量计和毛细管

水银柱

附属温度表

象牙针
水银槽

动槽式　　　定槽式

图 2-5　福廷式气压计结构示意图

流量计，下面做简要介绍。

（1）转子流量计

转子流量计又称浮子流量计，是变面积式流量计的一种，其是由一个锥形管和一个置于锥形管内可以上下自由移动的转子(也称浮子)构成，如图 2-6 所示。转子流量计本体可以用两端法兰、螺纹或软管与测量管道连接，垂直安装在测量管道上。当流体自下而上流入锥管时，被转子截流，这样在转子上、下游之间产生压力差，转子在压力差的作用下上升，这时作用在转子上的力有三个：流体对转子的动压力、转子在流体中的浮力和转子自身的重力。

转子流量计垂直安装时，转子重心与锥管管轴相重合，作用在转子上的三个力都沿平行于管轴的方向。当这三个力达到平衡时，转子就平稳地浮在锥管内某一位置上。对于给定的转子流量计，转子大小和形状已经确定，因此它在流体中的浮力和自身重力都是已知常量，唯有流体对浮子的动压力是随来流流速的大小而变化的。因此当来流流速变大或变小时，转子将作向上或向下的移动，相应位置的流动截面积也发生变化，直到流速变成平衡时对应的速度，转子就在新的位置上稳定。对于一台给定的转子流量计，转子在锥管中的位置与流体流经锥管的流量大小成一一对应关系。这就是转子流量计的计量原理。

（2）湿式气体流量计

湿式气体流量计是一种典型的容积式流量计，是一种能记录一时间段内流过气体总量的累积式流量仪表。当气体流过湿式流量计时，内部机械运动件在气体动力作用下，把气体分割成单个已知回转体积，并进行重复不断地充满和排空运动，通过机械或电子测量技术记录其循环次数，得到气体的累积流量。湿式气体流量计由于自身的特点，通常在实验室场合使用。

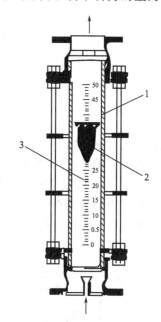

图 2-6 转子流量计
1—锥形玻璃管；2—转子；3—刻度

① 结构原理 湿式气体流量计约在 19 世纪初在英国诞生，经多次技术改进和原理完善变成现在的样式。它是一个圆形封闭的壳体，后面有进气管，上面是出气管，进气和出气以水或油封闭隔离(下面以水为例说明，油也同理)。上面安装有水平仪和测量温度与压力的连接孔，后下侧有放水阀，侧面有一个控制液面的溢水阀口，底部是 3 个可调底脚，可调整使整机呈水平状态，前面是大圆盘的指针计数器和 5 位数字式计数器，它的内部结构如图 2-7 所示。湿式气体流量计的容积是被叶片和转筒分成 4(或 5)个螺旋状隔离腔的小计量室，滚筒平卧在壳内的水中(一半以上浸水)，靠横轴支撑，转动灵活。原则上当一个计量室在充气时，至少有另外一个计量室在排气。一个计量室充满气体后，必须进入排气位置，所以一个计量室的排气口的起点和充气口的封闭点一定要同步地在液位线上。实际运行时，充气侧的液位线低于排气侧的液位线，排气口的起点比充气口的封闭点滞后一点。

② 水平及液位调整 湿式气体流量计的计量容积主要是靠液位调节器控制，当安装到位并调整到水平(调整底脚螺柱)状态后，要求湿式气体流量计上的横向及纵向水平仪的气泡必须在零位。拧开溢水阀，从上进水口灌注一定量的纯净水，当水满(壳内外水平面呈同一水平状态)时会从溢水阀溢出，等不再溢出后，关闭溢水阀就可以进行检测。这项工作很重要，溢水阀的位置高低在出厂检定时已经调节好，一般无需改动。根据需要，湿式表中的水

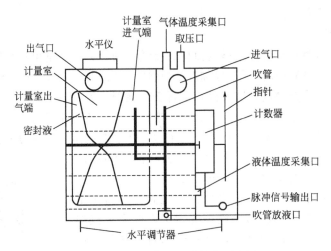

图 2-7　湿式气体流量计结构示意图

也可换成白油。由于湿式表中只有一根中轴转动，机械摩擦小，湿式表的压力损失很低(一般只有几百帕)，波动极小。它的规格通常有 0.5L、1.5L、10L、20L 等，工作压力一般不高于 1500Pa，计量范围内准确度等级可达 0.5 级、0.2 级。

（3）毛细管流量计

毛细管是一根有规定长度的小孔径管子，它没有运动部件，其外表形式很多，图 2-8 所示是其中的一种。

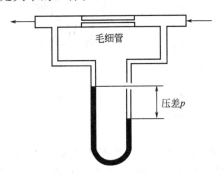

图 2-8　毛细管流量计结构示意图

① 结构原理　毛细管依靠其流动阻力沿长度方向产生压力降，来控制制冷剂的流量和维持冷凝器和蒸发器的压差。当有一定过冷度的制冷剂进入毛细管后，会沿着流动方向产生压力和状态变化，先是过冷液体随压力的逐步降低，先变为相应压力下的饱和液体，这一段称液相段，其压力降不大，且呈线性变化；从出现第一个气泡开始至毛细管末端，均为气液共存段，也称两相流动段，该段内饱和蒸气含量沿流动方向逐渐增加，因此压力降呈非线性变化，愈到毛细管的末端，其单位长度上的压力降愈大。当压力降低至相应温度下的饱和压力时，就要产生闪发现象，使液体自身蒸发降温，也就是随着压力的降低，制冷剂的温度也相应降低，即降低至相应压力下的饱和温度。

② 毛细管作节流装置的特点　毛细管由紫铜管拉制而成，结构简单，造成方便，价格低廉。没有运动部件，本身不易产生故障和泄漏。具有自动补偿的特点，即制冷剂在一定压差($\Delta p = p_K - p_O$)下，流经毛细管的流量是稳定的，当制冷负荷变化，冷凝压力 p_K 增大或蒸发压力 p_O 降低时，Δp 值增大，制冷剂在毛细管内流量也相应增大，以适应制冷负荷变化对流量的要求，但这种补偿的能力较小。

制冷压缩机停止运转后，制冷系统内的高压侧压力和低压侧压力可迅速得到平衡，再次启动运转时，制冷压缩机的电动机启动负荷较小，故不必使用启动转矩大的电动机，这一点对半封闭和全封闭式制冷压缩机尤其重要。

③ 毛细管的选择方法　毛细管的内径和长度必须经选择，但毛细管的理论计算比较复

杂，计算结果误差也很大，所以一般均在选定内径之后，再来决定长度，在规定的条件下根据试验结果来决定毛细管尺寸。

2.3 真空技术

2.3.1 真空简介

在真空科学中，真空的含义是指在给定的空间内低于一个大气压力的气体状态。人们通常把这种稀薄的气体状态称为真空状况。这种特定的真空状态与人类赖以生存的大气状态相比较，主要有如下几个基本特点。

① 真空状态下的气体压力低于一个大气压，因此，处于地球表面上的各种真空容器中，必将受到大气压力的作用，其压强差的大小由容器内外的压差值而定。由于作用在地球表面上的一个大气压约为 $101325N \cdot m^{-2}$，因此当容器内压力很小时，则容器所承受的大气压力可达到一个大气压。不同压力下单位面积上的作用力，如表 2-1 所示。

表 2-1 不同压力下单位面积上的作用力

压力/mmHg	作用力/kgf·cm⁻²	压力/mmHg	作用力/kgf·cm⁻²
760	1.03323	50	6.79755×10^{-2}
500	6.79755×10^{-1}	10	1.35951×10^{-2}
300	4.07853×10^{-1}	5	6.79755×10^{-3}
100	1.35951×10^{-1}	1	1.35951×10^{-3}

② 真空状态下由于气体稀薄，单位体积内的气体分子数，即气体的分子密度小于大气压力下的气体分子密度。因此，分子之间、分子与其他质点(如电子、离子等)之间以及分子与各种表面(如器壁)之间相互碰撞次数相对减少，使气体的分子自由程增大。表 2-2 给出了常温下大气分子平均自由程与大气压力的关系。

表 2-2 常温下大气分子平均自由程与大气压力的关系

大气压力/Pa	平均自由程/cm	大气压力/Pa	平均自由程/cm
10^5	6.5×10^{-6}	1×10^{-3}	5×10^{2}
10^3	5×10^{-4}	1×10^{-6}	5×10^{-5}
10^2	5×10^{-3}	1×10^{-9}	5×10^{8}
1×10^{-1}	5×10^{0}	1×10^{-4}	5×10^{13}

③ 真空状态下由于分子密度的减小，因此作为组成大气组分的氧、氢等气体含量(也包括水分的含量)也将相对减少。表 2-3 给出了标准大气的成分。

真空状态的这些特点已被人们在丰富的生产与科学实验中加以利用。

表 2-3 标准大气的成分

成分	相对分子质量	体积分数/%	质量分数/%	分压强/Torr
N₂(氮)	28.0134	7.084	75.520	593.44
O₂(氧)	31.9988	20.948	23.142	159.20
Ar(氩)	39.984	0.934	1.288	7.10
CO₂(二氧化碳)	44.00995	3.14×10^{-2}	4.8×10^{-2}	2.4×10^{-1}

成分	相对分子质量	体积分数/%	质量分数/%	分压强/Torr
Ne(氖)	20.183	$1.82×10^{-3}$	$1.3×10^{-3}$	$1.4×10^{-2}$
He(氦)	4.0026	$5.24×10^{-4}$	$6.9×10^{-9}$	$4.0×10^{-3}$
Kr(氪)	83.80	$1.14×10^{-4}$	$3.3×10^{-4}$	$8.7×10^{-4}$
Xe(氙)	131.30	$8.7×10^{-6}$	$3.9×10^{-3}$	$6.6×10^{-5}$
H₂(氢)	2.01594	$5×10^{-5}$	$3.5×10^{-6}$	$4×10^{-4}$
CH₄(甲烷)	16.04303	$2×10^{-4}$	$1×10^{-4}$	$1.5×10^{-3}$
N₂O(氧化二氮)	44.0128	$5×10^{-5}$	$8×10^{-4}$	$4×10^{-3}$
O₃(臭氧)	47.9982	夏:$0～7×10^{-6}$ 冬:$0～2×10^{-6}$	$0～1×10^{-5}$ $0～0.3×10^{-5}$	$0～5×10^{-5}$ $0～1.5×10^{-5}$
SO₂(二氧化硫)	64.0628	$0～1×10^{-6}$	$0～2×10^{-6}$	$0～8×10^{-4}$
NO₂(二氧化氮)	46.055	$0～2×10^{-6}$	$0～3×10^{-6}$	$90～1.5×10^{-5}$
NH₃(氨)	17.03061	0～痕迹量	0～痕迹量	0～痕迹量
CO(一氧化碳)	28.01055	0～痕迹量	0～痕迹量	0～痕迹量
I₂(碘)	253.8088	$0～1×10^{-6}$	$0～9×10^{-5}$	$0～8×10^{-6}$

注:1Torr=133.322Pa。

2.3.2 真空获得

真空获得就是抽真空,即利用各种真空泵将被抽容器中的气体抽除,使其达到一定的真空度,以满足各种使用要求。各种各样的获得真空的设备,即所谓的真空获得设备,也称为真空泵。真空泵是产生、改善和维持真空的设备装置,按其工作原理,可分为气体输送泵和气体捕集泵两种类型。

凡是利用机械运动(转动或滑动)以获得真空的泵,称为机械真空泵。机械真空泵是真空应用领域中使用得最普遍的一类泵,它是真空获得设备的重要组成部分。下面简要介绍几种常见机械真空泵。

(1) 往复式真空泵

往复式真空泵是利用泵腔内活塞往复运动,将气体吸入、压缩并排出,又称为活塞式真空泵。往复式真空泵属于低真空获得设备,用以从内部压力等于或低于一个大气压的容器中抽除气体,被抽气体的温度一般不超过35℃。往复泵的极限压力,单级为$4×10^2～10^3$Pa,双级可达1Pa。它的排气量较大,抽速范围15～5500L·s^{-1}。往复泵多用于真空浸渍、钢水真空处理、真空蒸馏、真空结晶、真空过滤等方面抽除气体。

往复泵的工作原理如图2-9所示。泵的主要部件是气缸1及在其中做往复直线运动的活塞2。活塞的驱动是用曲柄连杆机构3来完成的。除上述主要部件外还有排气阀4和吸气阀5。泵运转时,在电动机的驱动下,通过曲柄连杆机构的作用,使气缸内的活塞做往复运动。当活塞在气缸内从左端向右端活动时,由于气缸的左腔体积不断增大,气缸内气体的密度减小,而形成抽气过程,此时容器中的气体经过吸气阀5进入泵体左腔。当活塞达到最右位置时,气缸内就完全充满了气体。接着活塞从右端向左端运动,此时吸气阀5关闭。气缸内的气体随着活塞从右向左运动而逐渐被压缩,当气缸内气体的压力达到或稍大于一个大气压时,排气阀4打开,将气体排到大气中,完成一个工作循环。当活塞再自左向右运动时,又

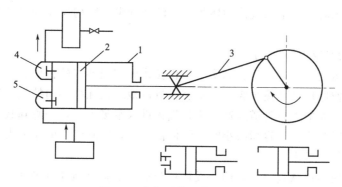

图 2-9　往复泵的工作原理

1—气缸；2—活塞；3—曲柄连杆机构；4—排气阀；5—吸气阀

吸进一部分气体，重复前一循环，如此反复下去，直到被抽容器内的气体压力达到要求时为止。

在实际应用中，为了提高抽气效率，泵多半采用双作用气缸，即活塞能在两个方向（往复）上同时进行压缩和抽气，这主要是依靠配气阀门来实现的。国产的 W 型往复泵即是单级的双作用泵。

往复泵有干式和湿式之分。干式泵只能抽气体，湿式泵可抽气体和液体的混合物。二者在结构方面没有什么原则性的不同，只是湿式泵内的死空间和配气机构的尺寸比干式泵大一些，因此湿式泵的极限压力要比干式泵的高。往复泵有卧式和立式两种型式（国产为 W 型和L 型）。立式泵从结构和性能上较为先进，它是卧式泵的更新换代产品。

（2）水环式真空泵

水环式真空泵是液环式真空泵中最常见的一种。液环式真空泵是带有多叶片的转子偏心装在泵壳内，如图 2-10 所示。当它旋转时，把液体抛向泵壳并形成与泵壳同心的液环，液环同转子叶片形成了容积周期变化的旋转变容真空泵。当工作液体为水时，称水环泵。

水环泵主要用于粗真空、抽气量大的工艺过程中。在化工、石油、轻工、医药及食品工业中得到了广泛的应用，如真空过滤、真空送料、真空浓缩、真空脱气等。单级水环泵的极限压力可达 $8 \sim 2 \times 10^3 \, Pa$，双级水环泵的极限压力可达 $1 \times 10^2 \, Pa$，排气量为 $0.25 \sim 500 m^3 \cdot h^{-1}$。

水环泵工作轮在泵体中旋转时形成了水环和工作室。水环与工作轮构成了月牙形空间。右边半个月牙形的容积由小变大，形成吸气室。左边的半个月牙形的容积由大变小，构成了压缩过程（相当于排气室）。被抽气体由进气管和进气口进入吸气室。转子进一步转动，使气体受压缩，经过排气口和排气管排出。排出的气体和水滴由排气管道进入水箱，此时气体由水中分离出来，气体经管道排到大气中，水由水箱进入泵中，或经过管道排到排水设备中。

水环泵的压缩比由泵的吸气口终了位置和排气口开始位置所决定。因为吸气口终止位置决定着吸气腔吸入气体的体积；而排气口开始

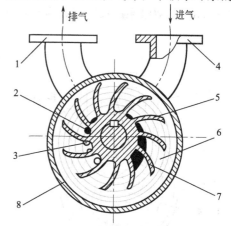

图 2-10　水环式真空泵的工作原理

1—排气阀；2—排水孔；3—橡胶球；

4—进气阀；5—叶轮；6—水环；

7—吸气孔；8—泵体

的位置决定着排气时压缩了的气体的体积。对已经确定了结构尺寸的水环泵，可以求出其压缩比。

（3）油封式旋转机械真空泵

用油来保持运动部件的密封、靠泵腔容积变化而实现抽气的机械真空泵统称油封机械真空泵。它们的工作原理都是使泵腔工作室容积机械地增大和缩小而抽气。当泵腔内工作室容积变得最小时，与泵的入口管道连通，于是气体进入泵吸入腔，一直到吸入腔容积最大并重新与进气口分开时为止。当容积减小时，气体被压缩，直到气体的压力大于一个大气压，排气阀被打开，将气体排出。

当前大量使用的机械真空泵，即使设计得最好，相向运动的零件间配合精度即使很高，在泵达到极限真空时，也难以阻止气体由低真空端向入口端"突破"返流。另外，由于泵在设计制造及装配中不可避免地存在有害空间，这也降低了泵的极限真空度。油封机械真空泵就是用油将相向运动的零部件和排气阀零件间密封起来；将有害空间充填，使得高压气体反"突破"的机会少得多，密封性能也就好得多，从而使泵能达到较高的真空度。

油封式旋转机械真空泵按照结构型式可分为定片式、旋片式、滑阀式、余摆线式四种。目前，油封机械真空泵是国内真空获得技术中应用最广的一种泵，它可单独用作低真空设备的排气用泵，也可用作高真空排气时的前级真空泵。因此，它已在国民经济的很多部门，例如电真空、电子、轻化工、钢铁、有色冶炼等工业部门中发挥着越来越大的作用。由于这类泵均装有气镇装置，故也可以抽除潮湿气体。但现在还不适于抽除含氧过高、有爆炸性、对黑色金属有腐蚀性、对泵密封油起化学作用及含有颗粒灰尘的气体。

目前，国内的许多研究单位和生产厂家正在设计和生产出抽除水蒸气和耐腐蚀的油封真空泵系列。随着新技术、新材料的发展和应用，性能更好的、能满足各种工业需要的、适应能力强的油封机械真空泵必将生产出来。

（4）滑阀式真空泵

滑阀式真空泵的抽气原理与旋片泵相似，但两者结构不同。滑阀式真空泵是利用滑阀机构来改变吸气腔容积的，故称滑阀泵。

滑阀泵亦分单级泵和双级泵两种，有立式和卧式两种结构形式。单级泵的极限压力为 $0.4 \sim 1.3 \mathrm{Pa}$；双级泵的极限压力为 $6 \times 10^{-2} \sim 10^{-1} \mathrm{Pa}$。一般抽速超过 $150 \mathrm{L} \cdot \mathrm{s}^{-1}$ 的大泵都采用单级形式。这种泵可单独使用，也可作其他泵的前级泵用。

滑阀泵的结构主要由泵体及在其内部作偏心转动的滑阀、半圆形的滑阀导轨、排气阀、轴等组成，如图 2-11 所示。泵体中装有滑阀环，滑阀环内装有偏心轮，偏心轮固定在轴上，轴与泵体中心线相重合。在滑阀环上装有长方形的滑阀杆，它能在半圆形滑阀导轨中上下滑动及左右摆动，因此泵腔被滑阀环和滑阀杆分隔成 A、B 两室。泵在运转过程中，由于 A、B 两室容积周期性地改变，使被抽气体不断进入逐渐增大容积的吸气腔；同时，在排气腔随着其容积的缩小而使气体受压缩，并通过排气阀排出泵外。双级型的滑阀泵，实际上是由两个单级泵串联起来的。它的高、低真空室在同一泵

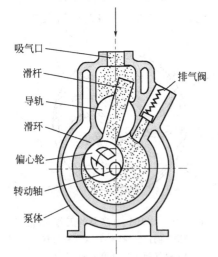

吸气口
滑杆
导轨
滑环
偏心轮
转动轴
泵体
排气阀

图 2-11　滑阀泵结构示意图

体上，有的是直接铸成一个整体，有的是压入中隔板把泵腔分成高、低两室。

滑阀泵虽然是一种老泵，但与旋片泵等比较，它具有允许工作压力高（10^4 Pa）、抽气量大、能在较恶劣环境下连续工作、经久耐用等突出优点。

（5）罗茨真空泵

罗茨真空泵是一种旋转式容积真空泵，根据工作压力范围的不同，分为直排大气的低真空罗茨泵；中真空罗茨泵（机械增压泵）和高真空多级罗茨泵。国内用量最多的为中真空罗茨泵（以下简称罗茨泵）。罗茨泵与其他油封式机械泵相比有以下特点。

①在较宽的压力范围内有较大的抽速。②转子具有良好的几何对称性，故振动小，运转平稳。转子间及转子和壳体间均有间隙，不用润滑，摩擦损失小，可大大降低驱动功率，从而可实现较高转速。③泵腔内无需用油密封和润滑，可减少油蒸气对真空系统的污染。④泵腔内无压缩，无排气阀。结构简单、紧凑，对被抽气体中的灰尘和水蒸气不敏感。⑤压缩比较低，对氢气抽气效果差。⑥转子表面为形状较为复杂的曲线柱面，加工和检查比较困难。罗茨泵近几年在国内外得到较快的发展。在冶炼、石油化工、电工、电子等行业得到了广泛的应用。

罗茨泵的结构如图 2-12 所示。在泵腔内，有两个"8"字形的转子相互垂直地安装在一对平行轴上，由传动比为 1 的一对齿轮带动做彼此反向的同步旋转运动。在转子之间、转子与泵壳内壁之间，保持有一定的间隙。由于罗茨泵是一种无内压缩的真空泵，通常压缩比很低，故中、高真空罗茨泵需要前级泵。因此，罗茨泵的极限真空除取决于泵本身结构和制造精度外，还取决于前级泵的极限真空度。

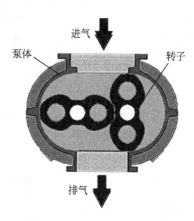

图 2-12　罗茨真空泵的工作原理

罗茨泵的工作原理既具有容积泵的工作原理，又有分子泵的抽气效应。由于转子的连续旋转，被抽气体从泵进气口吸入到下转子与泵壳之间的空间 V_0 内，吸气后 V_0 空间是全封闭状态。随着转子的转动，封闭的 V_0 空间与排气口相通，由于排气侧气体压力较高，引起一部分气体反冲过来，使 V_0 空间内的气体压力突然增高。当转子继续转动时，V_0 空间内原来封入的气体连同反冲的气体一起被排向泵外。这时，上转子又从泵入口封入 V_0 体积的气体。由于泵的连续运转，使两个转子不停地形成封闭空间 V_0 又不停地将封闭空间内的气体排出泵外，从而实现了抽气的目的。

（6）分子真空泵

分子真空泵是在 1911 年由德国人盖德（W. Gaede）首先发明的，并阐述了分子泵的抽气理论，使机械真空泵在抽气机理上有了新的突破。分子泵的抽气机理与容积式机械泵靠泵腔容积变化进行抽气的机理不同，分子泵是在分子流区域内靠高速运动的刚体表面传递给气体分子以动量，使气体分子在刚体表面的运动方向上产生定向流动，从而达到抽气的目的。通常把用高速运动的刚体表面携带气体分子，并使其按一定方向运动的现象称为分子牵引现象。

分子真空泵主要依靠高速旋转的叶片或高速射流，把动量传输给气体或气体分子，使气体连续不断地从泵的入口传输到出口。这类泵可分为以下几种形式。

牵引分子泵：气体分子与高速运动的转子相碰撞而获得动量，被驱送到泵的出口。

涡轮分子泵：靠高速旋转的动叶片和静止的定叶片相互配合来实现抽气的，这种泵通常在分子流状态下工作。

复合分子泵：由涡轮式和牵引式两种分子泵串联组合起来的一种复合型的分子真空泵。

2.3.3 真空测量

真空计用于测量真空度，根据工作原理可分为绝对真空计和相对真空计。前者直接测量压力，如汞柱型真空计；后者不能直接测量压力的数值，通过测量与压力有关的物理量，再与绝对真空计相比较进行标定得到压强数值，如热偶真空计、热阴极电离真空计。

由于各种真空计的工作原理和结构不同，因此各种真空计都有不同的测量范围(量程)。真空计的分类如表 2-4 所示。

表 2-4　真空计的分类

项目	分类	内容
按真空度刻度方法分类	绝对真空计	直接读取气体压力,其压力响应(刻度)可通过自身几何尺寸计算出来或由测量确定。绝对真空计对所有气体都是准确的且与气体种类无关,属于绝对真空计的有 U 形压力计、压缩式真空计和热辐射真空计等
	相对真空计	由一些气体压力有函数关系的量来确定压力,不能通过简单的计算,必须进行校准才行。相对真空计一般由作为传感器的真空计规管(或规头)和用于控制、指示的测量器组成。读数与气体种类有关。相对真空计的种类很多,如热传导真空计和电离真空计等
按真空计测量原理分类	直接测量真空计	静态液位真空计：利用 U 形管两端液面差来测量压力
		弹性组件真空计：利用与真空相连容器表面受到压力作用而产生弹性变形来测量压力值的大小
	间接测量真空计	热传导真空计：利用低压下气体热传导与压力有关这一原理制成。常用的有电阻真空计和热偶真空计
		压缩式真空计：其原理是在 U 形管的基础上再应用波义耳定律,即将一定量待测压力的气体,经过等温压缩使之压力增加,以便用 U 形管真空计测量,然后用体积和压力的关系计算被测压力
		电离真空计：利用低压下气体分子被荷能粒子碰撞电离,产生的离子流随压力变化的原理。如热阴极电离真空计、冷阴极电离真空计和放射性电离真空计等
		分压力真空计：利用质谱技术进行混合气体分压力测量。常用的有四极质谱计和回旋质谱计等

2.3.4 真空检漏

真空检漏就是检测真空系统的漏气部位及其大小的过程。漏气也叫实漏，是气体通过系统上的漏孔或间隙从高压侧流到低压侧的现象。虚漏，是相对实漏而言的一种物理现象。这种现象是由于材料放气、解吸、凝结气体的再蒸发、气体通过器壁的渗透及系统内死空间中气体的流出等原因引起真空系统中气体压力升高的现象。

(1) 真空检漏的方法

① 充压检漏法　在被检容器内部充入一定压力的示漏物质(气体或液体)，如果被检容器上有漏孔，示漏物质便从漏孔漏出，用一定的方法或仪器在被检件外部检测出漏出的示漏物质，从而判定漏孔的存在、位置及漏率的大小。属于这类方法的有气泡法、氦质谱检漏仪加压法等。

② 真空检漏法　被检件和检漏器的敏感元件处于真空状态，在被检件的外部施加示漏物质，如果有漏孔，示漏物质就会通过漏孔进入被检件和敏感元件的空间，由敏感元件检测出示漏物质，从而可以判定漏孔的存在位置及漏率的大小。

③ 其他检漏法　被检件既不充压也不抽真空，或其外部受压等方法。被压法就是其中方法之一。

(2) 检漏方法的要求及选择

① 检漏灵敏度高、反应时间短(3s 以内)和稳定性；

② 能定出漏孔的位置和漏率；

③ 示漏物质在空气中含量低，不腐蚀零件，不堵塞漏孔，不污染环境，安全性强，易于得到；

④ 检漏范围宽，从大漏到小漏都能检测，以减少设备数量及费用；

⑤ 结构简单、使用方便，对被检件要求不太苛刻；

⑥ 能无损检漏，检漏无油化，以免污染被检件。

2.3.5　安全操作

① 由于真空系统内部的压力比外部低，真空度越高，器壁承受的大气压力越大，超过1L 的大玻璃球以及任何平底的玻璃容器，都存在着爆裂的危险。球体比平底容器受力要均匀，但过大也难以承受大气压力。尽可能不用平底容器，对较大的真空玻璃容器，外面最好套有网罩，以免爆炸时碎玻璃伤人。

② 若有大量气体被液化或在低温时被吸附，则当体系温度升高后会产生大量气体。若没有足够大的孔使它们排出，又没有安全阀，也可能引起爆炸。如果用玻璃油泵，若液态空气进入热的油中也会引起爆炸。因此，系统压力减到 133.322Pa 前不要使用液氮冷阱，否则液氮将使空气液化，这又可能和凝结在阱中的有机物发生反应，引起不良后果。

③ 使用汞扩散泵、麦氏规、汞压力计等，要注意安全防护，以免汞中毒。

④ 在开启或关闭高真空系统活塞时，应当用两手操作。一手握活塞套，一手缓缓地旋转内塞，防止系统各部分产生力矩(甚至折裂)。还应注意，不要使大气猛烈冲入系统，也不要使系统中压力不平衡的部分突然接通，否则有可能造成局部压力突变，导致系统破裂或汞压力计冲汞。在真空操作不熟练的情况下，处处会出现这种事故。但只要操作细致、耐心，事故是可以避免的。

2.3.6　真空应用

真空科学的应用领域很广，目前已经渗透到车辆、土木建筑工程、包装、环境保护、医药及医疗器械、石油、化工、食品、光学、电气、电子、原子能、半导体、航空航天、低温、专用机械、纺织、造纸、农业以及民用工业等工业部门和科学研究工作中。

2.4　光学测量及仪器

光与物质相互作用可以产生各种光学现象(如光的折射、反射、散射、透射、吸收、旋光以及物质受激辐射等)，通过分析研究这些光学现象，可以提供原子、分子以及晶体结构等方面的大量信息。所以，不论在物质的成分分析、结构测定及光化学反应等方面，都离不开光学测量。任何一种光学测量系统都包括光源、滤光器、盛样品器和检测器这些部件，它们可以用各种方式组合以满足实验需求。下面介绍实验中常见的几种光学测量仪器。

2.4.1 阿贝折光仪

阿贝折光仪可直接用来测量液体的折射率，定量地分析溶液的成分和液体的纯度。阿贝折光仪是测定分子结构的重要仪器，因为折射率与物质内部的分子运动状态有关，所以测定折射率在结构化学方面也是很重要的，比如求算物质摩尔折射率、摩尔质量、密度、极性分子的偶极矩等都需要折射率的数据。阿贝折光仪测定折射率时有许多优点：所需用的样品很少，数滴液体即可进行测量；测量精度高(折射率精确到 1×10^{-4})，重现性好；测定方法简便，无需特殊光源设备，普通日光或其他日光即可；棱镜有夹层，可通恒温水流，保持所需的指定温度。它是物理化学实验室和科研工作中较常用的一种光学仪器。

（1）仪器描述

阿贝折光仪的光学系统由望远系统和读数系统组成，如图 2-13 所示。

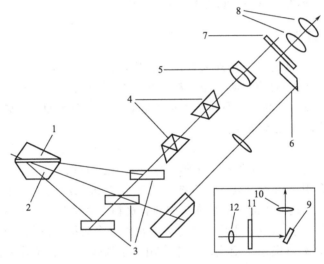

图 2-13　阿贝折光仪望远系统与读数系统光路图

1—进光棱镜；2—折射棱镜；3—摆动反射镜；4—消色散棱镜组；5—望远物镜；6—平行棱镜；
7—分划板；8—目镜；9—读数物镜；10—反射镜；11—刻度盘；12—聚光镜

望远系统：光线进入进光棱镜 1 与折射棱镜 2 之间有一微小均匀的间隙，被测液体就放在此空隙内；当光线(太阳光或普通灯光)射入进光棱镜 1 时便在磨砂面上产生漫反射，使被测液层内有各种不同角度的入射光，经折射棱镜 2 产生一束折射角均大于出射角度 i 的光线；由摆动反射镜 3 将此束光线射入消色散棱镜组 4，此消色散棱镜组是由一对等色散阿米西棱镜组成，其作用是可获得一可变色散来抵消由于折射棱镜对不同被测物体所产生的色散；再由望远物镜 5 将此明暗分界线成像于分划板 7 上，分划板上有十字分划线，通过目镜 8 进行读数。

读数系统：光线经聚光镜 12 照亮刻度盘 11(刻度盘与摆动反射镜 3 连成一体同时绕刻度中心作回转运动)；通过反射镜 10、读数物镜 9、平行棱镜 6 将刻度盘上不同部位折射率示值成像于分划板 7 上。

（2）光学原理

阿贝折光仪是药物鉴定中常用的分析仪器，主要用于测定透明液体的折射率。折射率是物质的重要光学常数之一，可借以了解该物质的光学性能、纯度和浓度等。

当光从一种介质进入到另一种介质时，在两种介质的分界面上，会发生反射和折射现象。在折射现象中有：

$$n_1 \sin\theta_1 = n_2 \sin\theta_2 \qquad (2\text{-}1)$$

显然，若 $n_1 > n_2$，则 $\theta_1 < \theta_2$。其中绝对折射率较大的介质称为光密介质，较小的称为光疏介质。当光线从光密介质（n_1）进入光疏介质（n_2）时，折射角 θ_2 恒大于入射角 θ_1，且 θ_2 随 θ_1 的增大而增大，当入射角 θ_1 增大到某一数值 θ_0 而使 $\theta_2 = 90°$ 时，则发生全反射现象。入射角 θ_0 称为临界角。

阿贝折光仪就是根据全反射原理而制成的。其主要部分是由一直角进光棱镜 ABC 和另一直角折光棱镜 DEF 组成，在两棱镜间放入待测液体，如图 2-14(a)所示。进光棱镜的一个表面 AB 为磨砂面，从反光镜 M 射入进光棱镜的光照亮了整个磨砂面，由于磨砂面的漫反射，使液层内有各种不同方向的入射光。

假设入射光为单色光，图中入射光线 AO（入射点 O 实际是在靠近 E 点处）的入射角为最大，由于液层很薄，这个最大入射角非常接近直角。设待测液体的折射率 n_2 小于折光棱镜的折射率 n_1，则在待测液体与折光棱镜界面上入射光线 AO 和法线的夹角近似 $90°$，而折射光线 OR 和法线的夹角为 θ_0，由光路的可逆性可知，此折射角 θ_0 即为临界角。

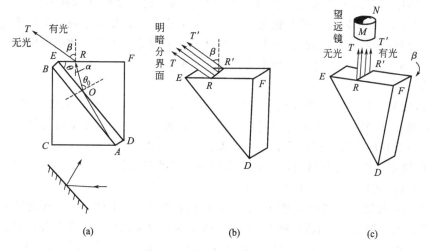

(a)　　　　　　　　(b)　　　　　　　　(c)

图 2-14　阿贝折光仪原理图

根据折射定律：

$$n_1 \sin\theta_0 = n_2 \sin 90° \qquad (2\text{-}2)$$
$$n_2 = n_1 \sin\theta_0 \qquad (2\text{-}3)$$

可见临界角 θ_0 的大小取决于待测液体的折射率 n_2 及折光棱镜的折射率 n_1。当 OR 光线射出折射棱镜进入空气（其折射率 $n=1$）时，又要发生一次折射，设此时的入射角为 α，折射角为 β（或称出射角），则根据折射定律得：

$$n_1 \sin\alpha = \sin\beta \qquad (2\text{-}4)$$

根据三角形的外角等于不相邻两内角之和的几何原理，由 $\triangle ORE$，得：

$$(\theta_0 + 90°) = (\alpha + 90°) + \varphi \qquad (2\text{-}5)$$

将式(2-3)、式(2-4)、式(2-5)联立，解得：

$$n_2 = \sin\varphi \sqrt{n_1^2 - \sin^2\beta} + \sin\beta\cos\varphi \qquad (2\text{-}6)$$

式中，棱镜的棱角 φ 和折射率 n_1 均为定值，因此用阿贝折光仪测出 β 角后，就可算出

液体的折射率 n_2。

在所有入射到折射棱镜 DE 面的入射光线中，光线 AO 的入射角等于 90°已经达到了最大的极限值，因此其出射 β 也是出射光线的极限值，凡入射光线的入射角小于 90°，在折射棱镜中的折射角必小于 θ_0，从而其出射角也必小于 β。由此可见，以 RT 为分界线，在 RT 的右侧可以有出射光线，在 RT 的左侧不可能有出射光线，见图 2-14(a)。必须指出图 2-14(a)所示的只是棱镜的一个纵截面，若考虑折射棱镜整体，光线在整个折射棱镜中传播的情况，就会出现如图 2-14(b)所示的明暗分界面 $RR'T'T$。在 $RR'T'T$ 面的右侧有光，在 $RR'T'T$ 面的左侧无光，这分界面与棱镜顶面的法线成 β 角，当转动棱镜 β 角后，使明暗分界面通过望远镜中十字线的交点，这时从望远镜中可看到半明半暗的视场，如图 2-14(c)所示。因在阿贝折光仪中直接刻出了与 β 角所对应的折射率，所以使用时可从仪器上直接读数而无需计算，阿贝折光仪对折射率的测量范围是 1.3000～1.7000。

阿贝折光仪是用白光(日光或普通灯光)作为光源，而白光是连续光谱，由于液体的折射率与波长有关，对于不同波长的光线，有不同的折射率，因而不同波长的入射光线，其临界角 θ_0 和出射角 β 也各不相同。所以，用白光照射时就不能观察到明暗半影，而将呈现一段五彩缤纷的彩色区域，也就无法准确地测量液体的折射率。为了解决这个问题，在阿贝折光仪的望远镜筒中装有阿米西棱镜，又称光补偿器。测量时，旋转阿米西棱镜手轮使色散为零，各种波长的光的极限方向都与钠黄光的极限方向重合，视场仍呈现出半边黑色、半边白色，黑白的分界线就是钠黄光的极限方向。另外，光补偿器还附有色散值刻度圈，读出其读数，利用仪器附带的卡片，还可以求出待测物的色散率。

(3) 阿贝折光仪的使用

① 仪器安装　将阿贝折光仪放在靠近窗户的桌子上(注意避免日光直接照射)，或置于普通白炽灯前，在棱镜外套上装好温度计，将超级恒温水浴之恒温水通过棱镜的夹套中。恒温水温度以折光仪的温度计指示值为准。恒温在(20±0.2)℃。

② 校准仪器　仪器在测量前，先要进行校准。校准时可用蒸馏水($n_D^{20}=1.3330$)或标准玻璃块进行(标准玻璃块标有折射率)。方法如下。

a. 用蒸馏水校准　将棱镜锁紧扳手松开，将棱镜擦干净(注意：用无水酒精或其他易挥发溶剂，用镜头纸擦干)；用滴管将 2～3 滴蒸馏水滴入两棱镜中间，合上并锁紧；调节棱镜转动手轮，使折射率读数恰为 1.3330；从测量镜筒中观察黑白分界线是否与叉丝交点重合。若不重合，则调节刻度调节螺丝，使叉丝交点准确地和分界线重合。若视场出现色散，可调节微调手轮至色散消失。

b. 用标准玻璃块校准　松开棱镜锁紧扳手，将进光棱镜拉开；在玻璃块的抛光底面上滴溴化萘(高折射率液体)，把它贴在折光棱镜的面上，玻璃块的抛光侧面应向上，以接受光线，使测量镜筒视场明亮；调节大调手轮，使折射率读数恰为标准玻璃块已知的折射率值；从测量镜筒中观察。若分界线不与叉丝交点重合，则调节螺丝使它们重合。若有色散，则调节微调手轮消除色散。

③ 样品测定　若待测物为透明液体，一般用透射光即掠入射方法来测量其折射率 n_x。方法如下：滴 2～3 滴待测液体在进光棱镜的磨砂面上，并锁紧(若溶液易挥发，须在棱镜组侧面的一个小孔内加以补充)；旋转大调手轮，在测量镜筒中将观察到黑白分界线在上下移动(若有彩色，则转动微调手轮消除色散，使分界线黑白分明)，至视场中黑白分界线与叉丝交点重合为止；在读数镜筒中，读出分划板中横线在右边刻度所指示的数据，即为待测液体的折射率 n_x，并记录；重复测量三次，求折射率的平均值。其计算公式为：

$$n_x = \sin A \sqrt{n^2 - \sin^2 \varphi} + \sin A \sin \varphi \tag{2-7}$$

阿贝折光仪标出了与 φ 角对应的折射率值,如图 2-15(a)所示。测量时只要使明暗分界线与望远镜叉丝交点对准,就可从视场中折射率刻度读出 n_x 值。

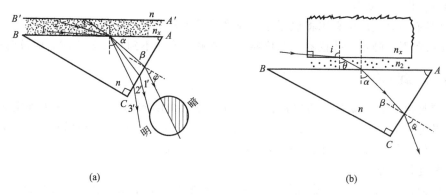

(a)   (b)

图 2-15 阿贝折光仪样品测定光路图

若待测物为固体,当该固体有两个互成 90°角的抛光面时,可用透射光测定其折射率,如图 2-15(b)所示,在待测固体和折射棱镜 AB 面上滴一滴接触液(其折射率为 n_2,要求 $n_2 > n_x$,一般用折射率较高的溴代苯),扩展光源发出的光直接进入待测固体(不用进入光棱镜),经过接触液进入折射棱镜,其中一部分光线在通过待测固体时,传播方向平行于固体与接触液的交界面。当 $n_x < n_2$、$n_x < n$ 时,由于折射棱镜的 n 和 A 均已知,只要测出光线掠入射经过待测固体时、由棱镜 AC 面上出射极限角 φ,由公式(2-7)即可算出待测固体的折射率。用阿贝折光仪测量时,只要明暗分界线与望远镜叉丝交点对准,就可直接读出 n_x 值。

(4)阿贝折光仪使用注意事项

① 使用仪器前应先检查进光棱镜的磨砂面、折射棱镜及标准玻璃块的光学面是否干净,如有污迹用擦镜纸擦拭干净。

② 用标准块校准仪器读数时,所用折射率液不宜太多,使折射率液均匀布满接触面即可。过多的折射率液易堆积于标准块的棱尖处,既影响明暗分界线的清晰度,又容易造成标准块从折射棱镜上掉落而损坏。

③ 在加入的折射率液或待测液中,应防止留有气泡,以免影响测量结果。

④ 读取数据时,首先沿正方向旋转棱镜转动手轮(如向前),调节到位后,记录一个数据。然后继续沿正方向旋转一小段后,再沿反方向(向后)旋转棱镜转动手轮,调节到位后,又记录一个数据。取两个数据的平均值为一次测量值。

⑤ 实验过程中要注意爱护光学器件,不允许用手触摸光学器件的光学面,避免剧烈振动和碰撞。

⑥ 仪器使用完毕后,要将棱镜表面及标准块擦拭干净,目镜套上镜头保护纸放入盒内。

(5)阿贝折光仪的维护与保养

① 仪器应放在干燥、空气流通和温度适宜的地方,以免仪器的光学零件受潮发霉。

② 仪器使用前后及更换样品时,必须先清洗揩净折射棱镜系统的工作表面。

③ 被测试样不准有固体杂质,测试固体样品时应防止折射棱镜的工作表面拉毛或产生压痕,严禁测试腐蚀性较强的样品。

④ 仪器应避免剧烈振动或撞击,防止光学零件震碎、松动而影响精度。

⑤ 如聚光照明系统中灯泡损坏，可将聚光镜筒沿轴取下，换上新灯泡，并调节灯泡左右位置(松开旁边的紧固螺钉)，使光线聚光在折射棱镜的进光表面上，并不产生明显偏斜。

⑥ 仪器聚光镜是塑料制成的，为了防止带有腐蚀性的样品对它的表面破坏，使用时用透明塑料罩将聚光镜罩住。

⑦ 仪器不用时应用塑料罩将仪器盖上或将仪器放入箱内。

⑧ 使用者不得随意拆装仪器，如仪器发生故障，或达不到精度要求时，应及时送修。

2.4.2 旋光仪

旋光仪是测定物质旋光度的仪器。通过对样品旋光度的测量，可以分析确定物质的浓度、含量及纯度等。广泛应用于制药、药检、制糖、食品、香料、味精以及化工、石油等工业生产、科研、教学部门，用于化验分析或过程质量控制。

(1) 旋光仪工作原理

从光源射出的光线，通过聚光镜、滤色镜经起偏镜成为平面偏振光，在半波片处产生三分视场。通过检偏镜及物、目镜组可以观察到三种情况。转动检偏镜，只有在零度时(旋光仪出厂前调整好)视场中三部分亮度一致。当放进存有被测溶液的试管后，由于溶液具有旋光性，使平面偏振光旋转了一个角度，零度视场便发生了变化。转动检偏镜一定角度，能再次出现亮度一致的视场。这个转角就是溶液的旋光度，它的数值可通过放大镜从刻度盘上读出，其结构示意图如图 2-16 所示。测得溶液的旋光度后，就可以求出物质的比旋度。根据比旋度的大小，就能确定该物质的纯度和含量了。

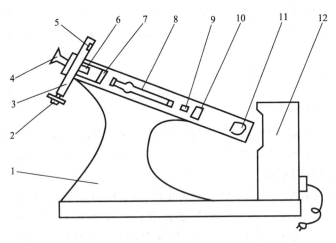

图 2-16　旋光仪结构示意图

1—底座；2—刻度盘调节手轮；3—刻度盘；4—目镜；5—刻度盘游标；6—物镜；

7—检偏片；8—测试管；9—石英片；10—起偏片；11—会聚透镜；12—钠光灯光源

为便于操作，旋光仪的光学系统以倾斜 20°安装在底座上。光源采用 20W 钠光灯(波长 $\lambda=5893\text{Å}$)。钠光灯的限流器安装在基座底部，无须外接限流器。旋光仪的偏振器均为聚乙烯醇人造偏振片。三分视界是采用劳伦特石英板装置(半波片)。转动起偏镜可调整三分视场的影荫角(旋光仪出厂时调整在 3°左右)。旋光仪采用双游标读数，以消除刻度盘偏心差。刻度盘分 360 格，每格 1°，游标分 20 格，等于刻度盘 19 格，用游标直接读数到 0.05°。刻度盘和检偏镜固为一体，借手轮能做粗、细转动。游标窗前方装有两块 4 倍的放大镜，供读数时用。

(2) 旋光仪使用方法

① 将旋光仪接于 220V 交流电源。开启电源开关，约 5min 后钠光灯发光正常，就可开始工作。

② 检查旋光仪零位是否准确，即在旋光仪未放试管或放进充满蒸馏水的试管时，观察零度时视场亮度是否一致。如不一致，说明有零位误差，应在测量读数中减去或加上该偏差值。或放松刻度盘盖背面四只螺钉，微微转动刻度盘盖校正之（只能校正 0.5°左右的误差，严重的应送制造厂检修）。

③ 选取长度适宜的试管，注满待测试液，装上橡皮圈，旋上螺帽，直至不漏水为止。螺帽不宜旋得太紧，否则护片玻璃会引起应力，影响读数正确性。然后将试管两头残余溶液揩干，以免影响观察清晰度及测定精度。

④ 测定旋光读数。转动刻度盘、检偏镜，在视场中觅得亮度一致的位置，再从刻度盘上读数。读数是正的为右旋物质，读数是负的为左旋物质。

⑤ 旋光度和温度也有关系。对大多数物质，用 $\lambda = 5893$Å（钠光）测定，当温度升高 1℃时，旋光度约减少 0.3%。对于要求较高的测定工作，最好能在（20±2）℃的条件下进行。

（3）使用注意事项

① 测定前应将仪器及样品置（20±0.5）℃的恒温室中或规定温度的恒温室中，也可用恒温水浴保持样品室或样品测试管恒温 1h 以上，特别是一些对温度影响大的旋光性物质，尤为重要。

② 未开电源以前，应检查样品室内有无异物，钠光灯开关是否在规定位置，示数开关是否在关的位置，仪器放置位置是否合适，钠光灯启辉后，仪器不要再搬动。

③ 开启钠光灯后，正常启辉时间至少 20min 发光才能稳定，测定时钠光灯尽量采用直流供电，使光亮稳定。如有极性开关，应经常于关机后改变极性，以延长钠灯的使用寿命。

④ 测定前，仪器调零时，必须重复按动复测开关，使检偏镜分别向左或向右偏离光学零位。通过观察左右复测的停点，可以检查仪器的重复性和稳定性。如误差超过规定，仪器应维修后再使用。

⑤ 将装有蒸馏水或空白溶剂的测定管，放入样品室，测定管中若混有气泡，应先使气泡浮于凸颈处；通光面两端的玻璃，应用软布擦干。测定时应尽量固定测定管放置的位置及方向，做好标记，以减少测定管及盖玻片应力的误差。

⑥ 同一旋光性物质，用不同溶剂或在不同 pH 值测定时，由于缔合、溶剂化和解离的情况不同，而使比旋度产生变化，甚至改变旋光方向，因此必须使用规定的溶剂。

⑦ 浑浊或含有小颗粒的溶液不能测定，必须先将溶液离心或过滤，弃去初滤液测定。有些见光后旋光度改变很大的物质溶液，必须注意避光操作。有些放置时间对旋光度影响较大的样品，也必须在规定时间内测定读数。

⑧ 测定空白零点或测定供试液停点时，均应读取读数三次，取平均值。严格的测定，应在每次测定前，用空白溶剂校正零点，测定后，再用试剂核对零点有无变化，如发现零点变化很大，则应重新测定。

⑨ 测定结束时，应将测定管洗净、晾干放回原处。仪器应避免灰尘，放置于干燥处，样品室内可放少许干燥剂防潮。

（4）旋光仪的维护

① 旋光仪应放在通风、干燥且温度适宜的地方，以免受潮发霉。

② 旋光仪连续使用时间不宜超过 4h。如果使用时间较长，中间应关熄 10～15min，待

钠光灯冷却后再继续使用，或用电风扇吹打，减少灯管受热程度，以免亮度下降和寿命降低。

③ 试管用后要及时将溶液倒出，用蒸馏水洗涤干净，揩干收藏好。所有镜片均不能用手直接揩擦，应用柔软绒布揩擦。

④ 旋光仪停用时，应将塑料套套上。装箱时，应按固定位置放入箱内并压紧之。

2.4.3　分光光度计

分光光度法是通过测定被测物质在特定波长处或一定波长范围内光的吸收度，对该物质进行定性和定量分析的方法。常用的波长范围为：$200 \sim 400 nm$ 的紫外光区、$400 \sim 760 nm$ 的可见光区和 $2.5 \sim 25 \mu m$（按波数计为 $4000 \sim 400 cm^{-1}$）的红外光区。所用仪器为紫外分光光度计、可见光分光光度计（或比色计）、红外分光光度计或原子吸收分光光度计。为保证测量的精密度和准确度，所有仪器应按照国家计量检定规程规定，定期进行校正检定。

（1）工作原理

分光光度计的基本工作原理是基于物质对光（对光的波长）的吸收具有选择性，不同的物质都有各自的吸收光带，所以，当光色散后的光谱通过某一溶液时，其中某些波长的光线就会被溶液吸收。在一定的波长下，溶液中物质的浓度与光能量减弱的程度有一定的比例关系，即符合比尔定律：

$$T = \frac{I}{I_0} \tag{2-8}$$

$$A = -\lg T = \lg \frac{I}{I_0} = \varepsilon bc \tag{2-9}$$

式中，T 为透过率；I_0 为入射光强度；I 为透射光强度；A 为消光值（吸光度）；ε 为吸收系数；b 为溶液的光径长度；c 为溶液的浓度。从以上公式可以看出，当入射光、吸收系数和溶液厚度一定时，透光率是随溶液的浓度而变化的。

721 型分光光度计允许的测定波长范围在 $360 \sim 800 nm$，其构造比较简单，测定的灵敏度和精密度较高，因此应用比较广泛。图 2-17 为 721 型分光光度计示意图。

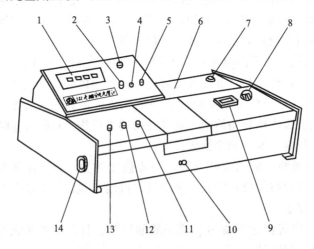

图 2-17　721 型分光光度计示意图

1—数字显示器；2—吸光度调零旋钮；3—选择开关；4—吸光度调斜率电位器；5—浓度旋钮；
6—光源室；7—电源开关；8—波长调节旋钮；9—波长刻度窗；10—试样架拉手；
11—"100%T"旋钮；12—"0%T"旋钮；13—灵敏度调节旋钮；14—干燥器

（2）分光光度计的使用方法

① 仪器预热。打开样品室盖（光门自动关闭）。开启电源，指示灯亮，仪器预热 20min。选择开关置于"T"旋钮，使数字显示为"00.0"。

② 旋动波长手轮，把所需波长对准刻度线。

③ 将装有溶液的比色皿放置比色架中，令参比溶液置于光路。

④ 盖上样品室盖，调节透光率"100％T"旋钮，使数字显示为"100.0％T"。如显示不到 100％T，则可加按一次。

⑤ 吸光度 A 的测量：仪器调 T 为 0 和 100％后，将选择开关转换至 A 调零旋钮，数字显示应为".000"。拉出拉杆，使被测溶液置入光路，数字显示值即为试样的吸光度 A。

⑥ 测定完毕后，先打开样品室盖，再断电源。比色皿应清洗干净后，再储放保存。

⑦ 浓度直读：按 MODE 键，使 CONC 指示灯亮，将已标定浓度的溶液移入光路，按下溶液调节键（"↑100％T"键的"↓0％"键），使数字显示为标定值，将被测溶液移入光路，即读出相应浓度值。

⑧ 仪器数字显示器背后，装有接线柱，按下 FUNC 键，可输出模拟信号。

（3）分光光度计使用注意事项

① 连续使用仪器的时间不应超过 2h，最好是间歇 0.5h 后，再继续使用。

② 比色皿每次使用完毕后，要用去离子水洗净并倒置晾干后，存放在比色皿盒内。在日常使用中应注意保护比色皿的透光面，使其不受损坏或产生划痕，以免影响透光率。

③ 仪器不能受潮。在日常使用中，应经常注意单色器上的防潮硅胶（在仪器的底部）是否变色，如硅胶的颜色已变红，应立即取出烘干或更换。

④ 在托运或移动仪器时，应注意小心轻放。

（4）分光光度计的维护

① 温度和湿度是影响仪器性能的重要因素。它们可以引起机械部件的锈蚀，使金属镜面的光洁度下降，引起仪器机械部分的误差或性能下降；造成光学部件如光栅、反射镜、聚焦镜等的铝膜锈蚀，产生光能不足、杂散光、噪声等，甚至仪器停止工作，从而影响仪器寿命。维护保养时应定期加以校正。应具备四季恒湿的仪器室，配置恒温设备，特别是地处南方地区的实验室。

② 环境中的尘埃和腐蚀性气体亦可以影响机械系统的灵活性，降低各种限位开关、按键、光电耦合器的可靠性，也是造成各光学部件铝膜锈蚀的原因之一。因此必须定期清洁，保障环境和仪器室内卫生条件，注意防尘。

③ 仪器使用一定周期后，内部会积聚一定量的尘埃，最好由维修工程师或在工程师指导下定期开启仪器外罩对内部进行除尘工作，同时将各发热元件的散热器重新紧固，对光学盒的密封窗口进行清洁，必要时对光路进行校准，对机械部分进行清洁和必要的润滑；最后，恢复原状，再进行一些必要的检测、调校与记录。

2.5 电学测量技术及仪器

电学测量技术在物理化学实验中占有很重要的地位，常用来测量电解质溶液的电导、原电池电动势等参量。作为基础实验，主要介绍传统的电化学测量与研究方法，对于目前利用光、电、磁、声、辐射等非传统的电化学研究方法，一般不予介绍。只有掌握了传统的基本方法，才有可能正确理解和运用近代电化学研究方法。

2.5.1 电导的测量及仪器

电导是电阻的倒数，因此电导值的测量，实际上是通过电阻值的测量再换算的，也就是说电导的测量方法应该与电阻的测量方法相同。但在溶液电导的测定过程中，当电流通过电极时，由于离子在电极上会发生放电，产生极化而引起误差，故测量电导时要使用频率足够高的交流电，以防止电解产物的产生。另外，所用的电极镀铂黑是为了减少超电位，提高测量结果的准确性。

在物理化学实验中，经常需要测量的物理量是电导率。电导率是指在介质中该量与电场强度之积等于传导电流密度。对于各向同性介质，电导率是标量；对于各向异性介质，电导率是张量。电导率的单位以西门子每米(S·m^{-1})表示。

(1) 电导率的测定方法

电导率的测量通常是溶液的电导率测量。固体导体的电阻率可以通过欧姆定律和电阻定律测量。电解质溶液电导率的测量一般采用交流信号作用于电导池的两电极板，由测量到的电导池常数 K 和两电极板之间的电导 G 而求得电导率 κ。

电导率测量中最早采用的是交流电桥法，它直接测量到的是电导值。最常用的仪器设置有常数调节器、温度系数调节器和自动温度补偿器，在一次仪表部分由电导池和温度传感器组成，可以直接测量电解质溶液电导率。

电导率的测量原理是将相互平行且距离是固定值 L 的两块极板(或圆柱电极)，放到被测溶液中，在极板的两端加上一定的电势(为了避免溶液电解，通常为正弦波电压，频率1～3kHz)，然后通过电导仪测量极板间电导。

电导率的测量需要两方面信息。一个是溶液的电导 G，另一个是溶液的电导池常数 Q。电导可以通过电流、电压的测量得到。根据关系式 $\kappa = Q \times G$ 可以得到电导率的数值。这一测量原理在直接显示测量仪表中得到广泛应用。而 $Q = L/A$，其中 A 为测量电极的有效极板面积；L 为两极板的距离，这一值则被称为电极常数。在电极间存在均匀电场的情况下，电极常数可以通过几何尺寸算出。当两个面积为 1cm^2 的方形极板，之间相隔 1cm 组成电极时，此电极的常数 $Q=1$cm^{-1}。如果用此对电极测得电导值 $G=1000\mu S$，则被测溶液的电导率 $\kappa=1000\mu S·cm^{-1}$。

(2) 电导率的影响因素

① 温度 电导率与温度具有很大相关性。金属的电导率随着温度的升高而减小。半导体的电导率随着温度的升高而增加。在一段温度值域内，电导率可以被近似为与温度成正比。为了要比较物质在不同温度状况的电导率，必须设定一个共同的参考温度。电导率与温度的相关性，时常可以表示为电导率与温度线图上的斜率。

② 掺杂程度 固态半导体的掺杂程度会造成电导率很大的变化。增加掺杂程度会造成电导率增高。水溶液的电导率高低依赖于其内含溶质盐的浓度，或其他会分解为电解质的化学杂质。水样本的电导率是测量水的含盐成分、含离子成分、含杂质成分等的重要指标。水越纯净，电导率越低(电阻率越高)。水的电导率时常以电导系数来记录；电导系数是水在25℃温度的电导率。

③ 各向异性 有些物质会有异向性(anisotropic)的电导率，必须用 3×3 矩阵来表达。

(3) 电导率的测量仪器

测量溶液电导率的仪器，目前广泛使用的是 DDS-11A 型电导率仪(图 2-18)，下面对其操作方法等作简要介绍。

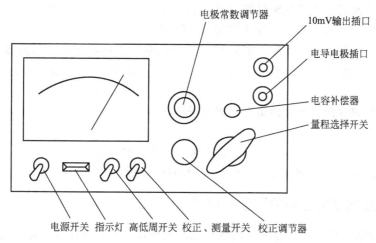

图 2-18　DDS-11A 型电导率仪示意图

DDS-11A 型电导率仪是基于"电阻分压"原理的不平衡测量方法，它测量范围广，可以测定一般液体和高纯水的电导率，操作简便，可以直接从表上读取数据，并有 0～10mV 信号输出，可接自动平衡记录仪进行连续记录。在电解质溶液中，带电的离子在电场作用下有规则移动，从而传递电荷，使溶液具有导电作用，其导电能力的强弱称为导电度。电导与电阻互为倒数，所以只要测出溶液的电阻值，便可知道其电导率。

① 操作步骤

a. 先检查指示电表的指针是否指在零处。若指针不指在零处，则需用电表下方的螺丝调节。

b. 将校正、测量开关拨到"校正"位置。

c. 将仪器接上电源，开通电源开关(指示灯亮)，使仪器预热 5～10min。

d. 将高低周开关拨到与测量相应的位置；当测量的溶液电导率低于 0.03S·m^{-1}时，选用"低周"；测量的溶液电导率高于 0.03S·m^{-1}时，选用"高周"。

e. 将量程选择开关拨到所需要的测量范围。若预先不知待测溶液的电导率的大小，应先把它拨到最大电导率测量挡，然后逐挡下降。

f. 用电极夹夹紧电导电极的电极帽，并将电极插头插入电导电极插口内；拧紧插口上螺丝。调节电极夹高低位置，使电导电极下端的铂片全部浸入待测溶液中。当待测溶液的电导率低于 1×10^{-3}S·m^{-1}时，使用 DJS-1 型铂光亮电极；当待测溶液的电导率为 1×10^{-3}～1 S·m^{-1}时，使用 DJS-1 型铂黑电极。将电极常数调节器调节到与所配套的电极常数相应的位置上，调节校正调节器，使指示电表的指针指在满刻度处。

g. 把校正、测量开关拨到"测量"位置上，这时指示电表上的指示数值乘以量程选择开关所指的倍率，即为待测溶液的电导率。

h. 当使用 $0～1 \times 10^{-5}$ S·m^{-1}或 $0～3 \times 10^{-5}$ S·m^{-1}这两挡以测量纯水时，先把电导电极插头插入电导电极插口；在电极未浸入待测溶液前，调节电容补偿器使指示电表所指示的数值为最小值，然后开始测量。

i. 如果要了解在测量过程中电导率的变化情况，可把 10mV 输出插口与自动电极电势(差)计连接。

② 注意事项

a. 电极的引线、插头不能受潮，否则将影响测量的准确性。

b. 测量高纯水时，应采用密封测量槽或将电极接入管路之中。高纯水应在流动状态下进行，防止 CO_2 溶入水中而使电导率增加影响测试准确度。

c. 仪器设置的温度补偿系数为 $2\% \cdot {}^{\circ}C^{-1}$，与此系数不符的溶液使用温度补偿时会产生一定的误差，此时将"温度"旋钮置于 $25{}^{\circ}C$，仪器所示值为该溶液在实际温度时的电导率值。

d. 盛放被测溶液的容器必须清洁，无离子沾污。

③ 仪器维护

a. 防止湿气、腐蚀性气体进入机内，电极插座应保持干燥。

b. 电极使用完毕后应清洗干净，然后用净布擦干放好。

2.5.2　原电池电动势的测量及仪器

原电池电动势一般是用直流电位差计并配以饱和式标准电池和检流计来测量的。通常高电阻系统选用高阻型电位差计，而低电阻系统选择用低阻型电位差计。UJ-25 型电位差计是实验室常用的电位差计，它为 0.01 级高精度电位差计，下面简要介绍其原理、使用方法及注意事项。

(1) UJ-25 型电位差计测量原理

原电池是化学能变为电能的装置，它由两个"半电池"组成，每个半电池中有一个电极和相应的电解质溶液，电池的电动势为组成该电池的两个半电池的电极电势的代数和，常用盐桥来降低液接电势。测量电池的电动势要在接近热力学可逆的条件下进行，即在无电流通过的情况下，不能用伏特计直接测量。可逆电池的电动势可用对消法测定(当加大电压时，G 电流趋近于 0；当 G 电流为 0 时，$U = E$)。电位差计是按照对消法测量原理而设计的一种平衡式电学测量装置，其原理见图 2-19。

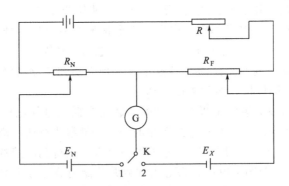

图 2-19　对消法测定电动势原理图

测量时，先将换向开关 K 转向位置 1，根据标准电池的电动势调整电阻 R_N 的大小，然后调节电阻 R_F，使检流计中的电流为零，这时存在如下关系：

$$\frac{E_N}{R_N} = \frac{U_R}{R} \tag{2-10}$$

随后将开关合至 2 位置，调节个进位盘的触头，再次使 G 指向零点，则得到关系式：

$$\frac{E_X}{R_X} = \frac{U_R}{R} \tag{2-11}$$

式(2-10)和式(2-11)联立得：
$$E_X = \frac{E_N}{R_N} \times R_X \qquad (2\text{-}12)$$

由于工作电路与被测回路之间并无电流通过，故只要测得 E_N/R_N 的值，即可在高灵敏度示零的情况下准确测出被测电池的电动势。

（2）UJ-25 型电位差计优点

本电位差计是采用补偿法原理，使被测量电动势与恒定的标准电动势相互比较，是一种高精度测量电动势的方法。

① 不需测量出线路中电流大小，只要测量被测电动势之补偿电阻 R_K 与标准电池电动势补偿电阻 R_N 的比值即可。

② 当完全补偿时，测量回路与被测量回路之间无电流流过，测量线路不消耗被测量线路的能量。

③ 测量的准确性由标准电池电动势 E_N 及 R_K 与 R_N 之比值的准确性和工作电流稳定性决定。由于标准电池 R_K 与 R_N 电阻制造精度和稳定性都比较高，在应用高灵敏度检流计和高稳定电流工作的条件下，可使测量结果极为准确。

（3）UJ-25 型电位差计使用方法

① 使用前的准备 电位差计使用前，应在面板上部的几组端钮上外接相应的标准电池、待测电动势、检流计，并应注意极性，"工作电源选择"开关置于"内附"位置，测量前，将"未知"、"标准"转换开关置于"断"位置，三个按钮全部松开。在仪器后部接入 220V 市电，闭合电源开关，指示灯亮。

② 测量方法

a. 调节工作电流（工作电流标准化） 调节工作电流时，如外接标准电池，应考虑标准电池电动势受温度的影响。在某一温度下标准电池电动势可按下式计算，计算结果化整的位数为 0.00001V。

$$E_t = E_{20} - 0.0000406 \times (t-20) - 0.00000095(t-20)^2 \qquad (2\text{-}13)$$

式中，E_t 为 $t\,℃$ 时标准电池的电动势；E_{20} 为 $+20\,℃$ 时标准电池的电动势；t 为测量时室内环境温度。通过计算后数值，在温度补偿盘上调整好相对应的数值。

将"标准"、"未知"转换开关置于"N"位置，按下"粗"按钮，调节工作电流调节盘"粗~细"，使检流计指零，再按下"细"按钮，再次调节工作电流调节盘"细~微"，使检流计指零，即可认为工作电流调节已完成，其工作电流为 0.1mA，然后松开按钮。

b. 测量未知电动势（电压） 如未知电动势接"未知 1"端钮，转换开关应置于"X1"位置，按下"粗"按钮，调节测量盘使检流计指零，然后按下"细"按钮，再调节测量盘使检流计指零，此时，六个测量盘所指示值之和为被测电动势值。

在测量过程中须经常校对工作电流（工作电流标准化），以保证测量的准确性。

在测量时，检流计出现人为的冲击，应迅速按下短路按钮，待查明原因开始测量，也应先按"粗"按钮，观察检流计无大的偏转，再按"细"按钮。

③ 电位差计使用完毕后，应关闭电源。

（4）UJ-25 型直流电位差计配用 AC15A 型检流计使用说明

① UJ-25 型直流电位差计在使用时，如由于静电干扰而发生检流计指针漂移现象，可将电位差计的接地端（外壳）与检流计的屏蔽端用导线可靠地连接。

② 电位差计工作电流标准化时，（即对标准）建议 AC15A 检流计转换开关置于"100nA"挡，按下电位差计的"粗"按钮，调节电位差计的工作电流调节旋钮，使检流计指零，再将 AC15A 检流计转换开关置于"30nA"挡，按下电位差计的"细"按钮，再次调

节电位差计的工作电流调节旋钮,使检流计指零。这样,电位差计的标准已对好。可进入测量程序。

③ 测量被测电压(电动势)时,AC15A 型检流计宜打在"30nA"挡,灵敏度够时,可打"100nA"挡,但不宜打"10nA"或"3nA"挡(因检流计灵敏度过高,要导致指针漂移)。

(5) 注意事项

① 电位差计使用的蓄电池必须容量较大,并在充足电量后稳定保持 4～6h,并需放去正常容量的 6%～8%,然后接在电位差计上使用,使仪器工作的电流具有较高的稳定性。

② 在测量高压时,特别要注意分压箱线路结构和正负极性标记,被测高压与电位差计接线端钮不可接错。

③ 电位差计用在电压、电流和功率测量时,测量部分各个旋钮转动应从第一个位开始,依次序旋转。

④ 电位差计在与成套件使用时,必须注意连接导线及电位差计和成套件各部分之间的绝缘电阻,应不小于 500MΩ。

⑤ 电位差计在校对调节工作电流时,应自粗、中、细、微依次顺序进行。

(6) 维护和保养

① 电位差计若长期搁置没有使用,可能在电刷和接触面发生氧化,造成接触不良,使用时,应将全部旋钮开关旋转数次,使其接触良好。如果电刷和接触面接触还不好,必须用汽油清洗,使接触恢复后,再涂上一薄层无酸性的纯凡士林予以保护。

② 电位差计不应受到强烈的振动和撞击。应存放于温度为 15～30℃和相对湿度低于80%且无腐蚀性气体的室内。

③ 电位差计应每年不少于一次的定期检定。

2.5.3 溶液 pH 的测量及仪器

pH 是拉丁文"Pondus hydrogenii"一词的缩写,用来量度物质中氢离子的活性。这一活性直接关系到水溶液的酸性、中性和碱性。

(1) pH 的测量原理

测量 pH 值的方法很多,主要有化学分析法、试纸法、电位法。现主要介绍电位法测得 pH 值。电位分析法所用的电极被称为原电池。原电池是一个系统,它的作用是使化学反应能量转化为电能。此电池的电压被称为电动势(E_{MF})。此 E_{MF} 由两个半电池构成,其中一个半电池称作测量电极,它的电位与特定的离子活度有关,如 H^+;另一个半电池为参比半电池,通常称作参比电极,它一般是与测量溶液相通,并且与测量仪表相连。例如,一支电极由一根插在含有银离子的盐溶液中的一根银导线制成,在导线和溶液的界面处,由于金属和盐溶液两种物相中银离子的不同活度,形成离子的充电过程,并形成一定的电位差,失去电子的银离子进溶液。当没有施加外电流进行反充电,也就是说没有电流的话,这一过程最终会达到一个平衡。在这种平衡状态下存在的电压被称为半电池电位或电极电位。这种(如上所述)由金属和含有此金属离子的溶液组成的电极被称为第一类电极。此电位的测量是相对一个电位与盐溶液的成分无关的参比电极进行的。这种具有独立电位的参比电极也称为第二类电极。此两种电极之间的电压遵循能斯特关系式:

$$E = E_0 + \frac{RT}{nF}\ln a_{H^+} \tag{2-14}$$

最常用的 pH 指示电极是玻璃电极。它是一支端部吹成泡状的对于 pH 敏感的玻璃膜的玻璃管，见图 2-20。管内充填有含饱和 AgCl 的 3mol·L^{-1} KCl 缓冲溶液，pH 值为 7。

（2）pH 计使用方法

① 接通电源。

② 装上复合玻璃电极。注意：复合电极下端是易碎玻璃泡，使用和存放时千万要小心，防止与其他物品相碰；复合电极内有 KCl 饱和溶液作为传导介质，如干涸则结果测定不准，必须随时观察有无液体，发现剩余很少量时到化验室灌注；复合电极仪器接口决不允许有污染，包括有水珠；复合电极连线不能强制性拉动，防止线路接头断裂。

③ 打开电源开关后，再打到 pH 测量挡。

④ 用温度计测量 pH6.86 标准液的温度，然后将 pH 计温度补偿旋钮调到所测的温度值下。

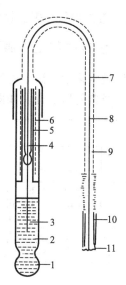

图 2-20　玻璃电极结构图

1—玻璃球膜；2—缓冲溶液；3—Ag-AgCl 电极；

4—电极导线；5—玻璃管；6—静电隔离层；

7—电极导线；8—塑料绝缘线；9—金属隔离罩；

10—塑料绝缘线；11—电极接头

⑤ 将复合电极用去离子水冲洗干净，并用滤纸擦干。

⑥ 将 pH6.86 标准溶液 2～5mL 倒入已用水洗净并擦干的塑料烧杯中，洗涤烧杯和复合电极后倒掉，再加入 20mL pH6.86 标准溶液于塑料烧杯中，将复合电极插入溶液中，用仪器定位旋钮调至读数 6.86，直到稳定。

⑦ 将复合电极用去离子水洗净，用滤纸擦干，用温度计测量 pH4.00 溶液的温度，并将仪器温度补偿旋钮调到所测的温度值下。

⑧ 将 pH4.00 标准溶液 2～5mL 倒入另一个塑料烧杯中，洗涤烧杯和复合电极后倒掉，再加入 20mL pH4.00 标准溶液，将复合电极插入溶液中，读数稳定后，用斜率旋钮调至 pH4.00。应该注意斜率钮调完后，决不能再动。

⑨ 用温度计测定待测液温度，并将仪器温度补偿调至所测温度。

⑩ 将复合电极插入待测溶液中，读取 pH 值，即为待测液 pH 值。

（3）注意事项

① 玻璃电极插座应保持干燥、清洁，严禁接触酸雾、盐雾等有害气体，严禁沾上水溶液，保证仪器的高输入阻抗。

② 不进行测量时，应将输入短路，以免损坏仪器。

③ 新电极或久置不用的电极在使用前，必须在蒸馏水中浸泡数小时。使电极不对称电位降低达到稳定，降低电极内阻。

④ 测量时，电极球泡应全部浸入被测溶液中。

⑤ 使用时，应使内参比电极浸在内参比溶液中，不要让内参比溶液倾向电极帽一端而使内参比悬空。

⑥ 使用时，应拔去参比电极电解液加液口的橡皮塞，以使参比电解液（盐桥）借重力作用维持一定流速渗透并与被测溶液相通。否则，会造成读数漂移。

⑦ 氯化钾溶液中应该没有气泡，以免使测量回路断开。

⑧ 应该经常添加氯化钾盐桥溶液，保持液面高于银/氯化银丝。

2.5.4　恒电位仪工作原理及使用方法

恒电位仪是电化学测试中的重要仪器，用它可以控制电极电势为指定值，以达到恒电位极化的目的。经典的恒电位仪如图 2-21 所示。

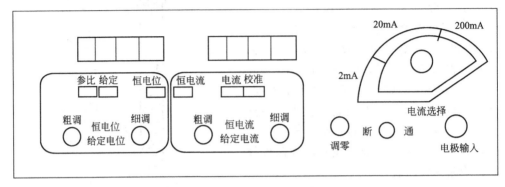

图 2-21　恒电位仪结构示意图

（1）恒电位仪工作原理

阴极保护技术被广泛地应用于埋地金属管道和处于腐蚀介质中的设施，以防止或延缓金属管道及设施的腐蚀，延长其使用寿命。阴极保护就是对被保护的金属管道及其他需保护的设施实施外加直流电，进行阴极极化。恒电位仪作为阴极保护系统的主要仪器，用以提供直流电源，设定通电点电位。

作为较新型恒电位仪，PS-1 恒电位仪与其他机型相比，具有较多优点：线路大量使用集成电路，电路简单明了，维修方便，机箱一体化，数字显示，布局较合理。

恒电位仪电路主要由主回路、稳压电源、移相触发、比较器四部分组成，后三部分为三块集成电路控制板。

恒电位仪工作原理是将参比信号经阻抗变换后与控制电位加到比较放大器，经比较放大后，输出与误差成正比的信号。在仪器处于"自动"工作状态下，该信号加到移相触发器，移相触发器根据该信号电压的大小，自动调整触发脉冲的产生时间，改变极化回路中可控硅的导通，从而改变输出电流、电压的大小，以致达到参比电位等于给定电位，这个过程是在不断进行的。

阴极保护系统包括辅助阳极设施、阴极设施及恒电位仪，这三部分既相互独立，又是一个有机体。

（2）恒电位仪使用方法

① 开机

a. 将恒电位仪"手动给定"旋钮、"自动给定"旋钮逆时针调到底，将"手动/自动"开关扳到"自动"位置，将"测量选择"开关扳到"给定"位置。

b. 接通总电源，设备电源开关扳到"开机"位置，此时恒电位仪接通电源。

c. 将"停止/运行"旋钮转到"运行"，此时恒电位仪电源接通。

d. 慢慢调节恒电位仪的"自动调节"旋钮，观察电位表指示，达到设定值时停止调节。

e. 将设备的"测量选择"开关扳到"C1"位置，此时毫伏表指示管道保护电位。如设备跳到"故障"可按"复位"按键开关恢复运行状态。

f. 完成上述操作后至少观察 0.5h，设备无异常发热、无报警现象后，从电流表记录输出电流，从电压表记录输出电压，从电位表记录保护电位。

② 停机 将恒电位仪设备电源开关扳到"关机"位置，自动调节旋钮逆时针调到底。

③ 手动运行 在设备故障情况下经电器工程师确认恒电位仪可在手动状态运行。

安装恒电位仪的地方应该适合通风、散热，设备应该轻拿轻放，在安装接线时，应该检查电源是不是适合恒电位仪的规定电压值。

在附近有油罐的地方安装恒电位仪，应该使用防爆类型的整流电源，大多数时候，都是将整流电源安装在仪表间里面。

安装时一定要根据接线示意图接线，这样才能保证输出的电源极性正确。而且在接线的地方都有明确的标示符"＋"、"－"，首先使用万用表来测试接线柱是否准确，然后通电后尝试再将电缆的接头密封起来装好，设备安装完成后机壳要保证持续的、良好的接地性能。

在给安装好的恒电位仪通电使用之前，必须先测量出管道的自然电位，而且电位值应该在－0.6V 左右，这里值得注意的是，如果管道上带有临时使用的阴极保护设备，这里测试的电位仪有可能会在－1.10V 或者更低。

（3）恒电位仪使用注意事项

① 请仔细检查电源电压是否符合本仪器的工作电压。

② 测量极化电流时，电流量程应从大量程向小量程改变。

③ 本仪器具有自动限流和短路保护功能，但不允许长期处于电流过载状态。

④ 本仪器工作环境应避免强电磁场干扰。

⑤ 如果仪器无极化电流输出，应检查保险丝是否已熔断。

⑥ 测试完毕，应将全部键钮弹出，置于零位状态。

（4）恒电位仪的维护

① 每天到仪表间观察设备运行状况，记录恒电位仪的输出电流、输出电压、给定电位（给定电位建议设置为－1.50V）、测量电位。

② 设备运行正常时，定期通过测试桩测量管道保护电位，并做好记录。

③ 随时察看设备有无异常。如设备出现故障或异常现象，如噪声增大、输出出现较大摆动、箱体温度超过 75℃ 或嗅到设备过热引起的异味，应及时关闭该设备。

④ 恒电位仪应连续不间断运行，在设备自动状态出现故障时，可切换到手动状态运行。

⑤ 设备出现故障时，应由电气专业维修人员检修。

Ⅱ 物理化学实验研究方法

2.6 热分析研究方法

绝大多数物质在加热或冷却过程中会发生物理的或化学的变化，如状态的变化、晶型或构型的转变、脱水、热分解或氧化还原反应等。这些变化不仅伴随着热效应的发生，还可能产生质量的变化、体积的变化，以及机械性能、声学、电学、光学、磁学等其他物理化学性质的变化。热分析法（Thermal Analysis）就是在程序控制温度（一般是线性升温或降温）下测量物质的物理性质与温度关系的一种分析技术，即通过测量物质在加热或冷却过程中的这些性质的变化来进行定性或定量分析的。

由于物质在加热或冷却过程中的物理或化学变化是多种多样的，而每种变化均可采用一种或多种热分析方法加以测量。因此，热分析的方法颇多，这种技术发展至今已有十七种测定方法。这里扼要介绍其中较具代表性的三种常见方法：差热分析法、差示扫描量热法和热重分析法。

2.6.1 差热分析法

（1）DTA 的基本原理

差热分析法（Differential Thermal Analysis，DTA）是在程序控制温度下，测量试样与参比物质之间的温度差 ΔT 与温度 T（或时间 t）关系的一种分析技术，所记录的曲线是以 ΔT 为纵坐标，以 T（或 t）为横坐标的曲线，称为差热曲线或 DTA 曲线，如图 2-22 所示。DTA 曲线反映了在程序升温过程中，ΔT 与 T 或 t 的函数关系：$\Delta T = f(T)$ 或 $f(t)$。参比物质为一种在所测量温度范围内不发生任何热效应的物质。通常使用的参比物质是灼烧过的 $\alpha\text{-Al}_2\text{O}_3$ 或 MgO。

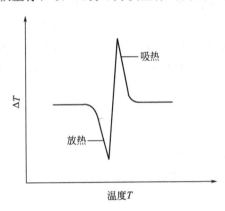

图 2-22 典型 DTA 曲线图

图 2-23 为 DTA 原理示意图。加热时，温度 T 及温差 ΔT 分别由测温热电偶及差热电偶测得。差热电偶是由分别插在试样 S 和参比物 R 的两支材料、性能完全相同的热电偶反向相连而成。当试样 S 没有热效应发生时，组成差热电偶的两支热电偶分别测出的温度 T_S、T_R 相同，即热电势值相同，但符号相反，所以差热电偶的热电势差为零，表现出 $\Delta T = T_S - T_R = 0$，记录仪所记录的 ΔT 曲线保持为零的水平直线，称为基线。若试样 S 有热效应发生时，$T_S \neq T_R$，差热电偶的热电势差不等于零，即 $\Delta T = T_S - T_R \neq 0$，于是记录仪上就出现一个差热峰。热效应是吸热时，$\Delta T = T_S - T_R < 0$，吸热峰向下；热效应是放热时，$\Delta T > 0$，放热峰向上。当试样的热效应结束后，$T_S$、$T_R$ 又趋于一样，ΔT 恢复为零位，曲线又重新返回基线。

差热峰反映试样加热过程中的热效应，峰位置所对应的温度尤其是起始温度是鉴别物质及其变化的定性依据，峰面积是代表反应的热效应总热量，是定量计算反应热的依据，而从峰的形状（峰高、峰宽、对称性等）则可求得热反应的动力学参数。

（2）DTA 的仪器结构

图 2-24 是典型的 DTA 仪器结构示意图。仪器由支撑装置、加热炉、气氛调节系统、温度及温差检测和记录系统等部分组成。试样室的气氛能调节为真空或者多种不同的气体气氛。温度和温差测定一般采用高灵敏热电偶。通常测低温时，热电偶为 CA（镍铬-镍铝合金）；测高温时，热电偶为铂-铂铑合金。因为 ΔT 一般比较小，所以要进行放大。

加热炉是一块金属块（如钢），中间有两

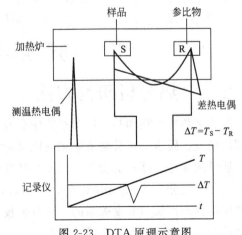

图 2-23 DTA 原理示意图

个与坩埚相匹配的空穴。两坩埚分别放置试样和参比物，置于两个空穴中。在盖板的中间孔洞插入测温热电偶，以测量加热炉的温度，盖板的左右两个孔洞插入两支热电偶并反向连接，以测定试样与参比物的温差。

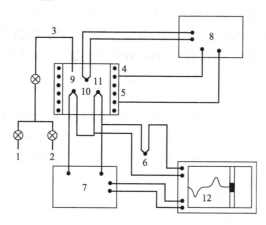

图 2-24　典型 DTA 仪器结构示意图

1—气体；2—真空；3—炉体气氛控制；4—电炉；5—底座；6—冷端校正；7—直流放大器；
8—程序温度控制器；9—试样热电偶；10—升温速率检测热电偶；11—参比热电偶；12—X-Y 记录仪

目前，热分析仪器往往不是只用于某一种热分析方法，而往往是可以几种方法同时联用，通常用到的是热重法与差热分析法联用。如国产 LCT 型示差精密热天平就是 TG-DTA 联用仪器。

（3）影响差热分析的主要因素

① 升温速度的影响　保持均匀的升温速度（φ）是 DTA 的重要条件之一，即应：$\varphi = \mathrm{d}T_R/\mathrm{d}t =$ 常数。

若升温速度不均匀（即 φ 有波动），则 DTA 曲线的基线会漂移，影响多种参数测量。此外，升温速度的快慢也会影响差热峰的位置、形状及峰的分辨率。通常升温速度控制在 5～20℃·min^{-1}。

② 气氛与压力的影响　气氛对 DTA 有较大的影响。如在空气中加热镍催化剂时，由于它被氧化而产生较大的放热峰；而在氢气中加热时，它的 DTA 曲线就比较平坦。在 DTA 测定中，为了避免试样或反应产物被氧化，经常在惰性气氛或在真空中进行。

当热效应涉及气体产生时，气氛的压力也会明显地影响 DTA 曲线，压力增大时，热效应的起始温度与顶峰温度都会增大。

③ 试样特性的影响　DTA 曲线的峰面积正比于试样的反应热和质量，反比于试样的热传导系数。为了尽可能减少基线漂移时对测定结果的影响，必须使参比物的质量、热容和热传导系数与试样尽可能相似，以减少测定误差。不同粒度的试样具有不同的热导效率，为了避免试样粒度对 DTA 的影响，通常采用小颗粒均匀的试样。

④ 参比物的选择　要获得平稳的基线，参比物的选择很重要。要求参比物在加热或冷却过程中不发生任何变化，在整个升温过程中参比物的比热、热导率、粒度尽可能与试样一致或相近。

常用三氧化二铝或煅烧过的氧化镁（MgO）或石英砂作参比物。如分析试样为金属，也可以用金属镍粉作参比物。如果试样与参比物的热性质相差很远，则可用稀释试样的方法解决，主要是减少反应剧烈程度；如果试样加热过程中有气体产生，可以减少气体大量出现，以免使试样冲出。选择的稀释剂不能与试样有任何化学反应或催化反应，常用的稀释剂有SiC、铁粉、Fe_2O_3等。

⑤ 纸速的选择　在相同的实验条件下，同一试样如走纸速率快，峰的面积大，但峰的形状平坦，误差小；走纸速率小，峰面积小。因此，要根据不同样品选择适当的走纸速度。不同条件的选择都会影响差热曲线，除上述外还有许多因素，诸如样品管的材料、大小和形状，热电偶的材质以及热电偶插在试样和参比物中的位置等。市售的差热仪，以上因素都已固定，但自己装配的差热仪就要考虑这些因素。

（4）DTA 的应用

差热分析法是热分析中使用得较早、应用得较广泛和研究得较多的一种方法，它不但类似于热重法可以研究样品的分解或挥发，而且还可以研究那些不涉及重量变化的物理变化。例如结晶的过程、晶型的转变、相变、固态均相反应以及降解等。

2.6.2　差示扫描量热法

（1）差示扫描量热的基本原理

差示扫描量热（Diffential Scanning Calorimetry，DSC）法是在程序控制温度下，测量输给试样和参比物的功率差与温度关系的一种技术。在这种方法下，试样在加热过程中发生热效应，产生热量的变化，而通过输入电能及时加以补偿，而使试样和参比物的温度又恢复平衡。所以，只要记录所补偿的电功率大小，就可以知道试样热效应（吸收或放出）热量的多少。DSC 与 DTA 的差别在于：DTA 是测量试样与参比物之间的温度差，而 DSC 是测量为保持试样与参比物之间的温度一致所需的能量（即试样与参比物之间的能量差）。DSC 法所记录的是补偿能量所得到的曲线，称 DSC 曲线。

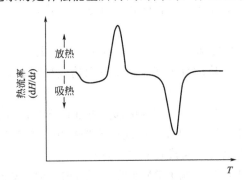

图 2-25　典型 DSC 曲线

典型的 DSC 曲线以热流率 dH/dt 为纵坐标，以温度 T 或时间 t 为横坐标，曲线的形状与差热分析法相似，如图 2-25 所示。曲线离开基线的位移，代表样品吸热或放热的速率，通常以 $mJ \cdot s^{-1}$ 表示。而曲线峰与基线延长线所包围的面积，代表热量的变化，因此，DSC可以直接测量试样在发生变化时的热效应。

（2）DSC 的仪器结构

DSC 的仪器与 DTA 的仪器最主要的不同是多了一个差示量热补偿回路。温差检测系统从试样和参比物之间检测到的温差反馈到差示量热补偿回路，该回路产生的电流加热试样（试样发生吸热的热效应）或参比物（试样发生放热的热效应），使试样和参比物的温度恢复相等。图 2-26 为 DSC 的结构示意图。

（3）影响因素

① 样品量　样品量少，样品的分辨率高，但灵敏度下降，可根据样品热效应大小调节样品量，一般 3～5mg。另外，样品量多少对所测转变温度也有影响。随样品量的增加，峰起始温度基本不变，但峰顶温度增加，峰结束温度也提高；因此，如同类样品要相互比较差异，最好采用相同的量。

② 升温速率　通常升温速率范围在 5～20℃·min^{-1}。一般来说，升温速率越快，灵敏度提高，分辨率下降。灵敏度和分辨率是一对矛盾，人们一般选择较慢的升温速率以保持好

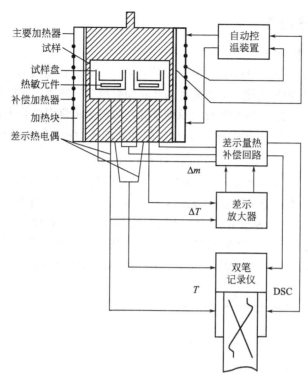

主要加热器
试样
试样盘
热敏元件
补偿加热器
加热块
差示热电偶

自动控温装置

差示量热补偿回路

Δm

ΔT

差示放大器

双笔记录仪

T DSC

图 2-26　DSC 的结构示意图

的分辨率，而适当增加样品量来提高灵敏度。

一般，随着升温速率的增加，熔化峰起始温度变化不大，而峰顶和峰结束温度提高，峰形变宽。

③ 气氛　一般使用惰性气体，如氮气、氩气、氦气等，就不会产生氧化反应峰，同时又可以减少试样挥发物对监测器的腐蚀。气流流速必须恒定（如 10mL·min^{-1}），否则会引起基线波动。

气体性质对测定有显著影响，要引起注意。如氦气的热导率比氮气、氩气的热导率大约 4 倍，所以在做低温 DSC 用氦气作保护气时，冷却速度加快，测定时间缩短，但因为氦气热导率高，使峰检测灵敏度降低，约是氮气的 40%，因此在氦气中测定热量时，要先用标准物质重新标定核准。在空气中测定时，要注意氧化作用的影响。有时可以通过比较氮气和氧气中的 DSC 曲线，来解释一些氧化反应。

（4）DSC 的应用

DTA 和 DSC 的共同特点是峰的位置、形状和峰的数目与物质的性质有关，故可以定性地用来鉴定物质；从理论上讲，物质的所有转变和反应都应有热效应，因而可以采用 DTA 和 DSC 检测这些热效应，不过有时由于灵敏度等种种原因的限制，不一定都能观测得出；而峰面积（S）的大小与反应热焓（ΔH）有关，即 $\Delta H = KS$。对 DTA 曲线，K 是与温度、仪器和操作条件有关的比例常数；而对 DSC 曲线，K 是与温度无关的比例常数。这说明在定量分析中 DSC 优于 DTA。

DSC 由于能定量地测定多种热力学和动力学参数，且使用的温度范围比较宽（$-175 \sim 725℃$），方法的分辨率较好，灵敏度较高，因此应用也较广。其主要用于测定比热、反应热、转变热等热效应以及试样的纯度、反应速率、结晶速率、高聚物结晶度等。

2.6.3 热重分析法

（1）热重法的基本原理

热重(Thermogravimetry，TG)法是在程序控制温度下，测量物质的质量与温度或时间关系的一种热分析法。由热重法所记录的曲线称为热重曲线或 TG 曲线，它以质量 m（或质量分数）为纵坐标，以温度 T 或时间 t 为横坐标，反映了在均匀升温或降温过程中物质质量与温度或时间的函数关系，即 $m = f(T)$ 或者 $m = f(t)$。例如某固体的热分解（或脱水）反应为：

$$A(s) \xrightarrow{\triangle} B(s) + C(g)$$

其 TG 曲线如图 2-27 所示。曲线上，m 不随 T 变化的水平线段 ab 与 cd 称为平台，它分别相对应于固体 A 与固体 B 稳定存在的温度区间。曲线斜率发生变化的 bc 部分则表示已发生质量变化的反应，曲线的斜率变化愈大，表明反应速度愈快。从两个平台之间的垂直距离可以计算该反应所发生的质量变化量或失重百分率，从而可以进行定量分析或反应历程的判断。T_i 为反应的起始温度，T_f 为终止温度，T_i 与 T_f 之间的间隔为反应的温度区间。

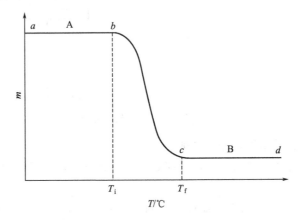

图 2-27　固体热分解的 TG 曲线

从热重曲线可以得到物质的组成、热稳定性、热分解及生成的产物等与质量相关的信息，也可得到分解温度和热稳定的温度范围等信息。

（2）TG 的仪器结构

用于热重法的仪器是热天平，它既可以加热样品，又可连续记录质量与温度的函数关系。热天平的主要组成部分包括：①加热炉；②程序控温系统；③可连续称量样品质量的天平；④记录系统。

热天平一般是根据质量的变化引起天平梁的倾斜来测定的，而测量的方法通常有变位法和零位法两种。变位法是利用质量的变化与天平梁的倾斜程度成正比的关系，直接用差动变压器检测。零位法是当由于质量变化引起天平梁倾斜时，利用电磁作用力使天平梁重新恢复到原来的平衡位置，所施加的力与质量变化成正比，这个用来平衡质量变化的电磁力，其大小和方向可通过调节转换机构线圈中的电流来实现，而天平的平衡状态则可用差动变压器或光电系统来检测和显示。图 2-28 为带有光学敏感组件的自动记录热天平示意图。测定时，试样的质量发生变化时，天平梁的平衡状态被破坏，天平梁发生倾斜，光电检测系统中的光电倍增管受到的光能量发生变化，光电信号经电子放大后反馈到安装在天平梁上的感应线圈，使天平梁又返回到原来的平衡状态。同时这个信号也被记录仪所记录，表明了质量变化的检测量。

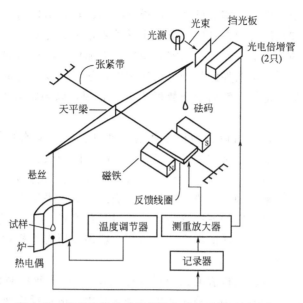

图 2-28 带有光学敏感组件的自动记录热天平示意图

为了某些特定测定需要，除了有真空及多种气氛装置的热天平外，还有高压热天平，使用压力可高达 5MPa。目前，较新式的热天平是电子自动单盘天平。

（3）TG 的影响因素

① 浮力的影响 TG 的质量测定是在精密热天平上进行的。由于温度的变化引起气体密度的变化，必然导致气体浮力的变动。即使试样质量没有改变，在升温时似乎也在"增重"，这种现象称为表观增重。表观增重 Δm 可用下式表示：

$$\Delta m = Vd\left(1 - \frac{273}{T}\right)$$

式中，V 为加热区内试样盘和支撑架的体积；d 为试样周围气体在温度 273K 时的密度。实验表明，温度小于 200℃时增重速度最快，在 200~1000℃之间，Δm 与 T 基本上呈线性关系。不同气氛对 Δm 的影响有明显的差异。

② 升温速度的影响 通常随着升温速度的减慢，TG 曲线所反映出来的分解温度也有所降低。同时升温速度的减慢及记录速度的加快有利于反应所产生的中间化合物的鉴定。

③ 试样用量及粒度的影响 在仪器的灵敏度范围内，试样的用量应尽可能的少，因为试样量多时会使热传导变差而影响分析结果。试样的粒度同样对热传导及气体扩散有较大的影响。例如不同的试样粒度可导致气体产物扩散作用的较大差异，引起反应速度及 TG 曲线形状的变化。粒度愈小反应速度愈快，TG 曲线 T_i 和 T_f 都下降，反应区间变窄。试样颗粒大时往往得不到较理想的 TG 曲线。因此，适当的粒度与均匀的试样是 TG 分析的必要条件。

（4）TG 的应用

只要物质受热时发生质量的变化，都可以用热重法来研究其变化过程。测定结晶水、脱水量，研究在生成挥发性物质的同时所进行的热分解反应、固相反应所需要的温度及反应过程，利用热分解或蒸发、升华等，进行混合物的定性、定量分析，以及判别多种材料如高聚物、合金、建筑材料及填充料等适用的温度范围等。

2.7 电化学研究方法

电极过程是一种复杂的过程，电极反应总包含有许多步骤。要研究复杂的电极过程，就必须先分析各过程及相互间的联系，以求抓住主要矛盾。一般来说，对于一个体系的电化学研究，主要有以下两个步骤，即实验条件的选择和控制、实验结果的测量以及实验数据的解析。实验条件的选择和控制必须在具体分析电化学体系的基础上根据研究的目的加以确定，通常是在电化学理论的指导下选择并控制实验条件，以抓住电极过程的主要矛盾，突出某一基本过程。在选择和控制实验条件的基础上以运用电化学测试技术测量电势、电流或电量变量随时间的变化，并加以记录，然后用于数据解析和处理，以确定电极过程和一些热力学、动力学参数等。

电化学研究方法简单地讲可以分为稳态和暂态两种。稳态系统的条件是电流、电极电势、电极表面状态和电极表面物种的浓度等基本上不随时间而改变。对于实际研究的电化学体系，当电极电势和电流稳定不变(实际上是变化速度不超过一定值)时，就可以认为体系已达到稳态，可按稳态方法来处理。需要指出的是，稳态不等于平衡态，平衡态是稳态的一个特例，稳态时电极反应仍以一定的速度进行，只不过是各变量(电流、电势)不随时间变化而已；而电极体系处于平衡态时，净的反应速度为零；稳态和暂态是相对而言的，从暂态到达稳态是一个逐渐过渡的过程。

在暂态阶段，电极电势、电极表面的吸附状态以及电极/溶液界面扩散层内的浓度分布等都可能与时间有关，处于变化中。稳态的电流全部是由于电极反应所产生的，它代表着电极反应进行的净速度，而流过电极/溶液界面的暂态电流则包括了法拉第电流和非法拉第电流。暂态法拉第电流是由电极/溶液界面的电荷传递反应所产生，通过暂态法拉第电流可以计算电极反应的量，暂态非法拉第电流是由于双电层的结构改变引起的，通过非法拉第电流可以研究电极表面的吸附和脱附行为，测定电极的实际表面积。

稳态和暂态的研究方法是各种具体的电化学研究方法的概述，下面将介绍几种常见的电化学研究方法。

2.7.1 循环伏安法

在电化学的各种研究方法中，电位扫描技术应用得最为普遍，而且这些技术的数学解析亦有了充分的发展，已广泛用于测定各种电极过程的动力学参数和鉴别复杂电极反应的过程；可以说，当人们首次研究有关体系时，几乎总是选择电位扫描技术中的循环伏安法，进行定性的、定量的实验，推断反应机理和计算动力学参数等。

(1) 基本原理

循环伏安法是指加在工作电极上的电势从原始电位 E_0 开始，以一定的速度 v 扫描到一定的电势 E_1 后，再将扫描方向反向进行扫描到原始电势 E_0(或再进一步扫描到另一电势值 E_2)，然后在 E_0 和 E_1 或 E_2 和 E_1 之间进行循环扫描。其施加的电势和时间的关系为：

$$E = E_0 - vt \tag{2-15}$$

式中，v 为扫描速度；t 为扫描时间。循环伏安法是以等腰三角形的脉冲电压加在工作电极上，在电极上施加线性扫描电压，当到达设定的终止电压后，再反向回扫至某设定的起始电压，电势-时间关系曲线如图 2-29(a)所示。

得到的电流电压曲线包括两个分支，如果前半部分电位向阴极方向扫描，电活性物质在电极上还原，产生还原波，那么后半部分电位向阳极方向扫描时，还原产物又会重新在电极上氧化，产生氧化波。因此一次三角波扫描，完成一个还原和氧化过程的循环，故该法称为循环伏安法，其电流-电位曲线称为循环伏安图，如图 2-29(b)所示。假设溶液中有电活性物质，则电极上发生如下电极反应。正向扫描时，电极上将发生还原反应：

$$O + ze^- \Longrightarrow R$$

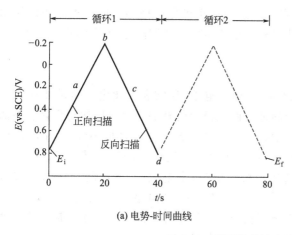
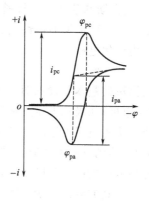

(a) 电势-时间曲线   (b) 电流-电位曲线

图 2-29 循环伏安法实验曲线

反向回扫时，电极上生成的还原态 R 将发生氧化反应：

$$R \Longrightarrow O + ze^-$$

峰电流可表示为：

$$i_p = Kn^{3/2}D^{1/2}m^{2/3}t^{2/3}v^{1/2}c \tag{2-16}$$

其峰电流与被测物质浓度 c、扫描速度 v 等因素有关。上式是扩散控制的可逆体系电极过程电流方程式，如果电极过程受吸附控制，则电流的大小与 v 成正比。由循环伏安图可以得到氧化峰峰电流（i_{pa}）与还原峰峰电流（i_{pc}）以及氧化峰峰电位 φ_{pa}、还原峰峰电位 φ_{pc} 值。

对于可逆体系，曲线上下对称，氧化峰峰电流与还原峰峰电流比等于 1，即：

$$i_{pa}/i_{pc} = 1 \tag{2-17}$$

氧化峰电位与还原峰电位差：

$$\Delta\varphi = \varphi_{pa} - \varphi_{pc} \approx 0.058/n \tag{2-18}$$

条件电位：

$$\varphi' = (\varphi_{pa} + \varphi_{pc})/2 \tag{2-19}$$

如果电活性物质可逆性差，则氧化波与还原波的高度就不同，对称性也较差，只有一个氧化或还原峰，电极过程即为不可逆，由此可判断电极过程的可逆性。

对于不可逆体系，则有：

$$\Delta\varphi > 58/n \tag{2-20}$$

$$i_{pa}/i_{pc} < 1 \tag{2-21}$$

（2）循环伏安法的应用

循环伏安法是一种很有用的电化学研究方法，可用于电极反应的性质、机理和电极过程动力学参数的研究。但该法很少用于定量分析。

① 电极可逆性的判断 循环伏安法中电压的扫描过程包括阴极与阳极两个方向，因此从所得的循环伏安法图的氧化波和还原波的峰高和对称性中可判断电活性物质在电极表面反应的可逆程度。若反应是可逆的，则曲线上下对称，若反应不可逆，则曲线上下不对称。

② 电极反应机理的判断 循环伏安法还可研究电极吸附现象、电化学反应产物、电化学-化学偶联反应等，对于有机物、金属有机化合物及生物物质的氧化还原机理研究很有用。

2.7.2 极谱法

极谱法（Polarography）是通过测定电解过程中所得到的极化电极的电流-电位（或电位-时间）曲线来确定溶液中被测物质浓度的一类电化学分析方法。极谱法是于 1922 年由捷克化学家 J. 海洛夫斯基建立的。极谱法和伏安法的区别在于极化电极的不同。极谱法是使用滴汞电极或其他表面能够周期性更新的液体电极为极化电极;伏安法是使用表面静止的液体或固体电极为极化电极。

(1) 基本原理

极谱法的基本装置见图 2-30。极化电极(滴汞电极)通常和极化电压负端相连,参比电极(甘汞电极)和极化电压正端相连。当施加于两电极上的外加直流电压达到足以使被测电活性物质在滴汞电极上还原的分解电压之前,通过电解池的电流一直很小(此微小电流称为残余电流),达到分解电压时,被测物质开始在滴汞电极上还原,产生极谱电流,此后极谱电流随外加电压增高而急剧增大,并逐渐达到极限值(极限电流),不再随外加电压增高而增大。这样得到的电流-电压曲线,称为极谱波。极谱波的半波电位 $E_{1/2}$ 是被测物质的特征值,可用来进行定性分析。扩散电流依赖于被测物质从溶液本体向滴汞电极表面扩散的速度,其大小由溶液中被测物质的浓度决定,据此可进行定量分析。

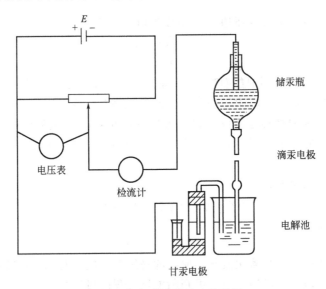

图 2-30 极谱法的基本装置图

(2) 极谱法的分类

极谱法分为控制电位极谱法和控制电流极谱法两大类。在控制电位极谱法中,电极电位是被控制的激发信号,电流是被测定的响应信号。在控制电流极谱法中,电流是被控制的激发信号,电极电位是被测定的响应信号。控制电位极谱法包括直流极谱法、交流极谱法、单扫描极谱法、方波极谱法、脉冲极谱法等。控制电流极谱法有示波极谱法,此外还有极谱催化波、溶出伏安法。

① 直流极谱法 又称恒电位极谱法。通过测定电解过程中得到电流-电位曲线来确定溶液中被测成分的浓度。其特点是电极电位改变的速率很慢。它是一种应用广泛的快速分析方法,适用于测定能在电极上还原或氧化的物质。

② 交流极谱法 将一个小振幅(几到几十毫伏)的低频正弦电压叠加在直流极谱的直流电压上面,通过测量电解池的支流电流得到交流极谱波,峰电位等于直流极谱的半波电位 $E_{1/2}$,峰电流 i_p 与被测物质浓度成正比。该法的特点是:a. 交流极谱波呈峰形,灵敏度比直流极谱高,检测下限可达到 $10^{-7} mol \cdot L^{-1}$;b. 分辨率高,可分辨峰电位相差 40mV 的相邻两极谱波;c. 抗干扰能力强,前还原物质不干扰后还原物质的极谱波测量;d. 叠加的交

流电压使双电层迅速充放电，充电电流较大，限制了最低可检测浓度进一步降低。

③ **单扫描极谱法** 在一个汞滴生长的后期，其面积基本保持恒定的时候，在电解池两电极上快速施加一脉冲电压，同时用示波器观察在一个滴汞上所产生的电流-电压曲线。该法的特点是：a. 极谱波呈峰形，灵敏度比直流极谱法高 1～2 个数量级，检测下限可达到 $10^{-7} mol \cdot L^{-1}$；b. 分辨率高，抗干扰能力强，可分辨峰电位相差 50mV 的相邻两极谱波，前还原物质的浓度比后还原物质浓度大 100～1000 倍也不干扰测定；c. 快速施加极化电压，产生较大的充电电流，故需采取有效补偿充电电流的措施；d. 不可逆过程不出现极谱峰，减小以致完全消除了氧波的干扰。

④ **方波极谱法** 在通常的缓慢改变的直流电压上面，叠加上一个低频率小振幅（≤50mV）的方形波电压，并在方波电压改变方向前的一瞬间记录通过电解池的交流电流成分。方波极谱波呈峰形，峰电位 E_p 和直流极谱的 $E_{1/2}$ 相同，峰电流与被测物质浓度成正比。该法的特点是：a. 它是在充电电流充分衰减的时刻记录电流，极谱电流中没有充电电流，因此可以通过放大电流来提高灵敏度，检测下限可达到 $10^{-8} \sim 10^{-9} mol \cdot L^{-1}$；b. 分辨率高，抗干扰能力强，可分辨峰电位相差 25mV 的相邻两极谱波，前还原物质的量为后还原物质的量 10^4 倍时，仍能有效地测定痕量的后还原物质；c. 氧波的峰电流很小，在分析含量较高的物质时，可以不需除氧；d. 为了减小时间常数，充分衰减充电电流，要求被测溶液内阻不大于 50Ω，支持电解质浓度不低于 $0.2 mol \cdot L^{-1}$，因此要求试剂具有特别高的纯度；e. 毛细管噪声电流较大，限制了灵敏度的进一步提高。

⑤ **脉冲极谱法** 在汞滴生长到一定面积时在直流电压上面叠加一小振幅（10～100mV）的脉冲方波电压并在方波后期测量脉冲电压所产生的电流。依脉冲方波电压施加方式不同，脉冲极谱法分为示差脉冲极谱和常规脉冲极谱。前者是直流线性扫描电压上叠加一个等幅方波脉冲，得到的极谱波呈峰形，后者施加的方波脉冲幅度是随时间线性增加的，得到的每个脉冲的电流-电压曲线与直流极谱的电流-电压曲线相似。该法的特点是：a. 灵敏度高，在充分衰减充电电流 i_C 和毛细管噪声电流 i_N 的基础上放大法拉第电流，使检测下限可以达到 $10^{-8} \sim 10^{-9} mol \cdot L^{-1}$；b. 分辨率好，抗干扰能力强，可分辨 $E_{1/2}$ 或 E_p 相差 25mV 的相邻两极谱波，前还原物质的量比被测物质的量高 5×10^4 倍也不干扰测定；c. 由于脉冲持续时间较长，使用较低浓度的支持电解质时仍可使 i_C 和 i_N 充分衰减，从而可降低空白值；d. 脉冲持续时间长，电极反应速度缓慢的不可逆反应，如许多有机化合物的电极反应，也可达到相当高的灵敏度，检测下限可以达到 $10^{-8} mol \cdot L^{-1}$。

（3）**极谱法的特点**

① **适用范围广** 氢在汞电极上的超电位很大，在酸性条件下 -1.0V 还不被还原，作为阳极可达 +0.4V。

② **可测定组分含量的范围宽** $10^{-5} \sim 10^{-2} mol \cdot L^{-1}$，适宜作微量组分的分析。

③ **准确度高，重现性好** 工作电极始终保持洁净，一般相对误差大约为 ±1%。

④ **选择性好，可实现连续测定** 对析出电位相差约 >50mV 的各种金属离子，可还原为金属，极谱波不相互干扰。

⑤ 汞蒸气有毒，须加强通风，注意检查空气中含汞量。

（4）**极谱法的应用**

极谱法可用来测定大多数金属离子、许多阴离子和有机化合物（如羰基化合物、硝基化合物、亚硝基化合物、过氧化物、环氧化物，硫醇和共轭双键化合物等）。此外，在电化学、界面化学、络合物化学和生物化学等方面都有着广泛的应用。

2.7.3 电化学阻抗谱

电导率测量有直流法和交流法两种，直流法可以测量样品的总电阻即体电阻和晶界电阻之和，而交流法可以将体电阻和晶界电阻对总电阻的贡献分开，故而自 20 世纪 70 年代以来在固体电解质(快离子导体)的研究中，电化学阻抗谱技术得到了广泛的应用。电化学阻抗谱分析对于确定材料的基本电化学参量，了解材料的结构特点和离子输运机制，都具有重要的应用意义。

(1) 基本原理

电化学阻抗谱(Electrochemical Impedance Spectroscopy，EIS)是指给电化学系统施加一个频率不同的小振幅的交流电势波，测量交流电势与电流信号的比值(此比值即为系统的阻抗)随正弦波频率 ω 的变化，或者是阻抗的相位角 Φ 随 ω 的变化，进而分析电极过程动力学、双电层和扩散等，研究电极材料、固体电解质、导电高分子以及腐蚀防护等机理。

电化学阻抗谱法是交流法测量电导率的发展，它通过往测试体系上施加一个频率可变的正弦波电压微扰，测试其阻抗的频率响应来得到固体电解质和界面的相应参数。对于一个电池体系(包括电解质和电极)，当施加一个正弦波微扰信号：

$$U(\omega) = U_0 \sin(\omega t) \tag{2-22}$$

式中，U 为电压有效值；ω 为角频率；t 为时间。回路所产生的电流一般也为正弦波，可以写为：

$$I(\omega) = I_0 \sin(\omega t + \theta) \tag{2-23}$$

式中，θ 为相位角。则测量体系的阻抗可以表示为：

$$Z = \frac{U(\omega)}{I(\omega)} = |Z|\cos\theta + i|Z|\sin\theta \tag{2-24}$$

由不同频率的响应信号与扰动信号之间的比值，可以得到不同频率下阻抗的模值与相位角，并且通过式(2-24)可以进一步得到实部与虚部。通常人们通过研究实部和虚部构成复阻抗平面图，以及频率与模的关系图和频率与相角的关系图(二者合称为 Bode 图)，来获得研究体系内部的有用信息。其原理示意图如图 2-31 所示。

(2) 测定方法与测定条件

给黑箱(电化学系统)输入一个扰动函数 X，它就会输出一个响应信号 Y。用来描述扰动信号和响应信号之间关系的函数，称为传输函数。若系统内部结构是线性的稳定结构，则输出信号就是扰动信号的线性函数。

如果 X 是角频率为 ω 的正弦波电流信号，则 Y 即为角频率也是 ω 的正弦电势信号。此时 Y/X 即称为系统的阻抗，用 Z 表示。

如果 X 是角频率是 ω 的正弦波电势信号，则 Y 即为角频率也是 ω 的正弦电流信号。此时 X/Y 即称为系统的导纳，用 Y 表示。

阻抗和导纳统称为阻纳，用 G 表示。阻抗和导纳互为倒数关系，$Z = 1/Y$。二者关系与电阻和电导相似。

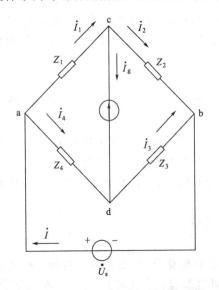

图 2-31 电化学阻抗谱法的原理示意图

（3）测定条件

① 因果性条件　输出的响应信号只是由输入的扰动信号引起的。

② 线性条件　输出的响应信号与输入的扰动信号之间存在线性关系。电化学系统的电流与电势之间是动力学规律决定的非线性关系，当采用小幅度正弦波电势信号对系统扰动，电势和电流之间可以近似看作呈线性关系。

③ 稳定性关系　扰动不会使系统内部结构发生变化，当扰动停止后，系统能够恢复到原先的状态，可逆反应容易满足稳定性条件，不可逆电极过程，只要电极表面的变化不是很快，当扰动幅度小、作用时间短、扰动停止后，系统也能够恢复到离原先状态不远的状态，可以近似认为满足稳定性条件。

（4）电化学阻抗谱的特点

① 由于采用小幅度的正弦电势信号对系统进行微扰，电极上交替出现阳极和阴极过程（也就是氧化和还原过程），二者作用相反。因此，即使扰动信号长时间作用于电极，也不会导致极化现象的积累性发展和电极表面状态的积累性变化。因此 EIS 法是一种"准稳态方法"。

② 由于电势和电流间存在着线性关系，测量过程中电极处于准稳态，使得测量结果的数学处理简化。

③ EIS 是一种频率域测量方法，可测定的频率范围很宽，因而可以比常规电化学方法得到更多的动力学信息和电极界面结构信息。

2.7.4　光谱电化学方法

前面介绍的几种电化学技术依靠电位、电流等函数的测量来获得有关电极/溶液界面的结构、电极反应动力学参数和反应的机理。但是这些方法的主要缺点是单纯电化学测量不能对反应产物或中间体的鉴定提供直接信息，同样也不能从分子水平上提供电极/溶液界面结构的直接证据。为了满足这些需要，光谱电化学方法应运而生。

光谱电化学是将光谱技术原位或非原位地用于研究电极/溶液界面的一种电化学方法。这类研究方法通常以电化学技术为激发信号，在检测电极过程信号的同时可以检测大量光学的信号，获得电极/溶液界面分子水平的、实时的信息。通过电极反应过程中电信息和光信息的同时测定，可以研究电极反应的机理、电极表面特性，鉴定参与反应的中间体和产物性质，测定电对的非标准电极电位或条件电极电位、电子转移数、电极反应速率常数以及扩散系数等。光谱电化学方法可以用于电活性、非电活性物质的研究，用于电化学研究的光谱技术有红外光谱、紫外可见光谱、拉曼光谱和荧光光谱等。

① 原位光谱电化学　原位光谱电化学的基本原理是入射光束垂直横穿透光电极及其邻近的溶液（透射法）或入射光束从溶液一侧入射，达到电极表面后并被电极表面反射（反射法）或激光束通过溶液射到电极表面（散射法），在测量电极反应的电学信息的同时，进行光谱信号的检测。透射法用于获取溶液或膜中均相反应的信息，而反射法多用于研究电极表面过程。

② 紫外可见光谱电化学　紫外可见光谱电化学方法要求在研究的体系中紫外-可见区域内要有光吸收变化，该方法仅局限于研究含有共轭体系有机物质和在紫外-可见光范围内具有光吸收的无机化合物。红外光谱电化学方法可以用于鉴定电极/溶液界面结构（尤其是吸附分子结构）、电极反应的机理以及中间体和产物的结构等。

③ 拉曼光谱电化学　拉曼光谱对检测溶液中扩散层分子结构有独特的效果，可用来研

究修饰电极膜的电子转移机理和膜分子取向，也可用来研究卤化物溶液中 Pt 电极的阳极反应。目前各种拉曼光谱主要用来确定电化学反应过程中的中间物和最终产物的结构。

表面增强拉曼光谱近年来应用较多，用来研究吸附在银电极上的吡咯环的振动频率、聚噻吩的电还原以及硝基苯、对苯二酚和乙烯的吸附及电还原。表面增强共振拉曼光谱也是目前应用较多的拉曼光谱，已用来研究由硅烷作偶合剂共价偶合到锡氧化物电极的电化学性质。

所有拉曼光谱电化学技术的难点仍在于信号太弱，干扰太多。低浓度与高分辨的研究，必须有灵敏的光学检测系统和暂态实验中缓慢扫描的时间设备。此外，样品的荧光性有可能造成严重的基底干扰。目前拉曼光谱电化学仪器通过加入多元光学检测器以及和计算机联用等使精度有很大提高。

2.8　化学动力学研究方法

化学动力学作为物理化学的三大分支学科之一已有一百多年的历史。当今，分子反应动力学的研究发展非常迅速，领域不断扩大，正从基态转向激发态，由小分子的反应转向大分子，由气相发展到界面和凝聚相。化学动力学的另一个前沿领域是催化科学，如今催化科学在工业生产中发挥着举足轻重的作用。显然，化学动力学的发展得益于现代测试手段，尤其是表面分析和快速跟踪手段的发展。下面拟对化学动力学的几种现代研究方法和活跃的研究领域作些简介。

2.8.1　唯象动力学

唯象动力学研究方法，也称经典化学动力学研究方法，它是从化学动力学的原始实验数据——浓度 c 与时间 t 的关系出发，经过分析获得某些反应动力学参数——反应速率常数 k、活化能 E_a、指前因子 A。用这些参数可以表征反应体系的速率特征，常用的关系式有：

$$r = k[A]^\alpha[B]^\beta[C]^\gamma[D]^\delta$$
$$k = A\exp(-E_a/RT)$$

式中，r 为反应速率；$[A]$、$[B]$、$[C]$、$[D]$ 为各物质的浓度；α、β、γ、δ 为相对于物质 A、B、C、D 的级数；R 为气体常数；T 为热力学温度。

化学动力学参数是探讨反应机理的有效数据。20 世纪前半叶，大量的研究工作都是对这些参数的测定、理论分析以及利用参数来研究反应机理。但是，反应机理的确认主要依赖于检出和分析反应中间物的能力。20 世纪后期，自由基链式反应动力学研究的普遍开展，给化学动力学带来两个发展趋向：一是对基元反应动力学的广泛研究；二是迫切要求建立检测活性中间物的方法，这个要求和电子学、激光技术的发展促进了快速反应动力学的发展。对暂态活性中间物检测的时间分辨率已从 20 世纪 50 年代的毫秒级变为皮秒级。

2.8.2　分子反应动力学

从微观的分子水平来看，一个元化学反应是具有一定量子态的反应物分子间的互相碰撞，进行原子重排，产生一定量子态的产物分子以致互相分离的单次反应碰撞行为。用过渡态理论解释，它是在反应体系的超势能面上一个代表体系的质点越过反应势垒的一次行为。原则上，如果能从量子化学理论计算出反应体系的正确的势能面，并应用力学定律计算具有代表性的点在其上的运动轨迹，就能计算反应速率和化学动力学的参数。但是，除了少数很简单的化学反应以外，量子化学的计算至今还不能得到反应体系的可靠的完整的势能面。因此，现行的反应速率理论(如双分子反应碰撞理论、过渡态理论)仍不得不借用经典统计力学的处理方法。这样的处理必须作出某种形式的平衡假设，因而使这些速率理论不适用于非常快的反应。尽管对平衡假设的适用性研究已经很多，但完全用非平衡态理论处理反应速率问题尚不成熟。在20世纪60年代，对化学反应进行分子水平的实验研究还难以做到。经典的化学动力学实验方法不能制备单一量子态的反应物，也不能检测由单次反应碰撞所产生的初生态产物。分子束(即分子散射)，特别是交叉分子束方法对研究化学元反应动力学的应用，使在实验上研究单次反应碰撞成为可能。分子束实验已经获得了许多经典化学动力学无法取得的关于化学元反应的微观信息，分子反应动力学是现代化学动力学的一个前沿阵地。它应用现代物理化学的先进分析方法，在原子、分子的层次上研究不同状态下和不同分子体系中单分子的基元化学反应的动态结构、反应过程和反应机理。它从分子的微观层次出发研究基元反应过程的速率和机理，着重于从分子的内部运动和分子因碰撞而引起的相互作用来观察化学基元过程的动态学行为。中科院大连化学物理研究所分子反应动力学国家重点实验室对这方面研究有突出的贡献。

2.8.3 分子反应动态学

当前，分子束技术应用于研究化学反应，使得人们能从分子反应层次上以一次具体的碰撞行为来观察化学过程的动态行为成为现实，激光技术的应用又使研究深入到不同能量状态(平动、转动、振动及电子运动状态)的反应物转化为不同能量状态的产物的态-态反应层次，形成一个新的学科分支——分子反应动态学或称微观反应动力学。

① 交叉分子束技术　研究态-态反应的基本实验手段是分子束和激光。具体的实验方法相当多，例如交叉分子束、闪光光谱、激光诱导荧光、化学激光、红外化学发光等。当前主要采用的方法有交叉分子束、红外化学发光和激光诱导荧光三种，其中交叉分子束则是最重要的实验数据提供手段，是研究分子碰撞的理想方法。常用的交叉分子束由束源、准直器、速度选择器、散射室、可移动检测器等几个主要部分组成。分子束是在高真空的容器中飞行的一束分子，它是由束源中发射出来的。

② 态-态反应与碰撞　凡涉及两个粒子间的反应必然经历碰撞过程。分子的碰撞可以区分为弹性碰撞、非弹性碰撞和反应碰撞，前两种碰撞不发生化学变化，后一种碰撞引起化学反应。在弹性碰撞过程中，分子之间平动能可交换，总平动能守恒，且分子内部能量(转动、振动及电子能量等)保持不变。非弹性碰撞过程中分子平动能可与其内部的能量互相交换，所以总平动能不守恒。反应碰撞中有平动能与内部能量的交换，所以总平动能不守恒，同时分子的完整性也由于发生了化学反应而产生变化。在交叉分子束装置中从两个束源飞出的分子束流在反应室交叉而发生弹性、非弹性或反应性散射。现代实验技术使我们能制备具有指定能量状态的分子，同时检测散射分子的角度分布及能量在平动、转动和振动自由度上的分布。这两类技术使态-态反应的实验研究成为可能。

③ 飞秒化学　跟踪化学反应的全过程是化学动力学追求的目标，超快激光脉冲技术的发展为此创造了条件。20世纪80年代以来超短激光脉冲技术已从皮秒级发展到飞秒级，最短已达6fs，大大小于分子的振动周期。这就有可能实时地检测化学反应的中间过程。最近双分子模式选择性反应的研究也已取得进展，利用激光选择性泵浦和分子振动激发模式的局域化实现了原子和特定化学键相互作用的选择性反应。飞秒化学，顾名思义是以飞秒为时间标度来研究化学反应过程。这类方法不仅适用于具有皮秒级长寿命活化络合物，而且对于寿

命为亚皮秒级的短寿命络合物也同样适用。应该说,飞秒化学研究过渡状态是很有前途的。

2.8.4 催化化学

催化是化学中的一门重要分支基础学科,又是炼油、化工和环保等部门创造巨大经济效益和社会效益的关键技术。催化剂在为社会提供燃料、日用品、精细化学品等产品以及环境保护手段等方面起着重要作用。因此,世界各国都十分重视催化学科的发展,许多科学家正致力于对催化剂和催化过程的表面现象进行研究,以寻找有实用价值的高效催化剂。下面介绍与此相关的几个研究热点问题。

① 催化剂和催化反应途径的表征　催化剂的表征往往与催化剂的评价相结合,评价催化剂的主要项目大致有:催化剂的活性、选择性、寿命、强度以及对这些性能有直接影响的一些因素(如制备方法、物理结构、再生条件等)。一个好的催化剂当然希望是活性高、选择性好、寿命长、强度大。那么这种好催化剂具有什么样的组成和结构,尤其是表面组成和结构,这就是催化剂表征的任务。由于催化剂的表面组成和结构与体相组成和结构不相同,并且在使用条件和非使用条件下的状态也不尽一致,为此提出了催化反应途径表征的概念。催化反应途径表征是指通过对催化反应途径中催化剂的表面结构和组成、反应物吸附状态、中间络合物的结构和能量及其影响因素等进行原位实时观察,以阐明催化反应机理、分子与催化剂相互作用的动态性质。为了真实有效地进行催化剂和催化反应途径表征,科学家们开发出了许多表面分析仪器,使人们对表面的结构和组成分析达到了原子空间分辨(atomic spatial resolution)水平。

② 分子设计与模拟酶催化　酶反应的特异结合(主-客体识别)及其高选择性反应,吸引人们探索如何模拟生物体反应,再现酶的催化功能。模拟酶或人工酶(artificial enzyme)是设计与合成比天然酶简单得多的非蛋白质分子,但具有酶催化的高效率与专一性。模拟酶的分子量往往只有天然酶的 $10^{-3} \sim 10^{-4}$,说明模拟酶删去了大部分对天然酶活性比较次要的结构。这种小分子的生物有机模型(bioorganic model)像天然酶一样能以很快的预平衡速度与底物配合,并起催化作用。

设计与合成人工酶的关键是催化基团的选择和结合部位的选择,前者比较明确,可根据已有的知识,选择所需催化作用的基团;后者的选择则是比较复杂的。因为天然酶的结合部位常常集中在自发盘绕折叠的蛋白质中,而人工酶一般没有盘绕结构。但是,人们已经发现,天然酶的三级结构是由多肽链的一级结构单元折叠或交联而成的,而合成化学家已能得心应手地设计合成肽链的一级结构,进而也就能进行分子的三维结构设计,即对分子的形状及结合位置基本上可以进行预测,并能根据所用的结合力进行不同的选择。对于模拟酶的结合部位的选择可以从离子对、氢链、金属配位、基团的极性等方面考虑。这些结合力也是酶催化反应的基本原理之一,其突出的优点是可在水溶液中有效地起作用,并能识别分子的形状。

2.8.5 光、声、磁对化学反应速率的影响

(1) 激光对化学反应的影响

20 世纪 60 年代初出现的激光,具有亮度高、单色性好、方向性强等突出优点。激光已在许多领域得到广泛应用,尤其是在化学中的应用引人注目。随着经济技术的发展,特别是高功率红外和紫外激光器的研制成功,为激光引发化学元反应,实现分子剪裁提供了优良的新型光源,并产生了一门新的边缘应用学科——激光化学。

不同波长范围的激光对化学反应的影响是不同的，可见和紫外波段的激光只起高强度的光源作用，即与普通光源所引起的光化反应机理一致。而红外波段激光则不同，其振动频率范围正好与分子中化学键的振动频率范围大体一致，且由于其高单色性和高强度特性，当一定频率的红外激光照射反应物分子时，可使分子中具有相近频率的某一化学键发生共振而激活，从而仅引起该键破坏，而对分子中其他化学键影响较小。这样，就有可能通过选择红外激光频率来使特定键、而不一定是最弱的键断裂，实现"分子剪裁"。

（2）超声对化学反应的影响

超声波(ultrasonic wave)是声波中的小部分，由于其特殊的频率范围，与普遍声波相比，具有功率大、束射性好、在介质中的吸收强、声压高等特性。正是由于这些特性，超声波技术已在物理、化学、生物、医学、工农业生产以及测量等许多领域中获得广泛应用。超声波技术与化学的结合已形成了一门崭新的学科——超声化学(ultrasonic chemistry)。

超声波能够在化学反应常用的介质中产生一系列接近于极端的条件，如急剧放电、产生局部的和瞬间的几千摄氏度的高温、几千兆帕斯卡的高压等，这种能量不仅能够激发或促进许多化学反应、加快化学反应速度，甚至还可以改变某些化学反应方向，产生一些令人意想不到的效果和奇迹。

超声波在液体介质中的巨大能量除能使介质质点获得很大加速度外，还能引起另一种异常重要的效应——空化作用。空化作用是指在超声波或涡流的物理作用下，液体中某一区域形成局部的、暂时的负压区，于是在液体介质中可产生空化气泡。这些空化气泡在声场的正负压强的交变作用下出现形成、溃陷或消失的交替变化状况。许多研究证实超声波对化学反应的影响乃是空化作用所致。

（3）磁场对化学反应的影响

磁场对化学反应的影响是20世纪后期物理化学的重要成就之一。苏联科学家布恰钦科等人证实了磁场能够影响化学反应，并认为这种影响取决于化学粒子的电子自旋。因为磁场能够影响电子自旋的取向、能量和位相(phasings)，从而改变反应体系的熵值，影响化学反应的进行。从磁性观点看，一切物质都是磁性体，只是程度不同而已。实验表明，外加磁场对化学反应速度的影响是改变 Arrhenius 公式中的指前系数，并且这种改变值因反应体系和磁场强度不同而可正可负，因而，磁场对化学反应有的产生正效应，也有的产生负效应。

2.9　表面化学分析方法

利用电子、光子、离子、原子、强电场、热能等与固体表面的相互作用，测量从表面散射或发射的电子、光子、离子、原子、分子的能谱、光谱、质谱、空间分布或衍射图像，得到表面成分、表面结构、表面电子态及表面物理化学过程等信息的各种技术，统称为表面分析技术。在20世纪60年代超高真空和高分辨、高灵敏电子测量技术建立和发展的基础上，已开发了数十种表面分析技术，其中主要有场致发射显微技术、电子能谱、电子衍射、离子质谱、离子和原子散射以及各种脱附谱等类。20世纪70年代后期建立的同步辐射装置，能提供能量从红外到X射线区域内连续可调的偏振度高和单色性好的强辐射源，又大大增强了光(致)发射电子能谱用于研究固体表面电子态的能力，开发了光电子衍射和表面X射线吸收精细结构。此外，电子顺磁共振、红外反射、增强拉曼散射、穆斯堡尔谱学、非弹性电子隧道谱、椭圆偏振等，也用于某些表面分析场合。

表面分析方法有数十种，常用的有离子探针、俄歇电子能谱分析和X射线光电子能谱分析，其次还有离子中和谱、离子散射谱、低能电子衍射、电子能量损失谱、紫外线电子能谱等技术，以及场离子显微镜分析等。这些表面分析方法的基本原理，大多是以一定能量的电子、离子、光子等与固体表面相互作用，然后分析固体表面所放射出的电子、离子、光子等，从而得到有关的各种信息。

2.9.1　离子探针分析

离子探针分析，又称离子探针显微分析。它是利用电子光学方法将某些惰性气体或氧的离子加速并聚焦成细小的高能离子束来轰击试样表面，使之激发和溅射出二次离子，用质谱仪对具有不同质荷比(质量/电荷)的离子进行分离，以检测在几个原子深度、数微米范围内的微区的全部元素，并可确定同位素。它的检测灵敏度高于电子探针(见电子探针分析)，对超轻元素特别灵敏，可检测 $10\mu g$ 的痕量元素，其相对灵敏度达 10^{-10}。分析速度快，可方便地获得元素的平面分布图像。还可利用离子溅射效应分析表面下数微米深度内的元素分布。但离子探针定量分析方法尚不成熟。

1938 年就有人进行过离子与固体相互作用方面的研究，但直到 20 世纪 60 年代才开始生产实用的离子探针分析仪。离子探针分析仪的基本部件包括真空系统、离子源、一次离子聚焦光学系统、质谱仪、探测和图像显示系统、样品室等。离子探针适用于超轻元素、微量和痕量元素的分析以及同位素的鉴定。广泛应用于金属材料的氧化、腐蚀、扩散、析出等问题的研究，特别是材料氢脆现象的研究，以及表面镀层和渗层等的分析。

2.9.2　次级离子质谱

(1) 静态次级离子质谱计

静态次级离子质谱计是在超高真空条件下($10^{-8}\sim10^{-9}$ Pa)，用低束流密度(约 1×10^{-9} A·cm^{-2})和较大轰击面积(典型面积为 $0.1cm^2$)的原离子束来轰击样品表面，使样品表面的消耗率降低到一个单层以下。这种仪器的检测器通常采用按脉冲计数方式工作的通道式电子倍增器。这种质谱计除了可作表面的单层检测外，还可用来研究气体与固体间的化学反应。

(2) 动态次级离子质谱计

与前者不同，动态次级离子质谱计的原离子束具有较高的能量、较高的束流密度和较大的束斑直径。它的分析灵敏度高，样品消耗率也高。通常将消耗一个单层样品的时间小于分析所需时间的次级离子质谱计称为动态次级离子质谱计；也可将分析信息深度大于一个单层的次级离子质谱计称为动态次级离子质谱计。次级离子质谱法的特点是，它可以检测从氢到铀的所有元素、同位素和化合物；同时它又是以检测原离子轰击样品表面产生的特征("指纹")次级离子谱为基础的。所以次级离子质谱法既可提供表面元素的信息，也可提供化学组分的信息。次级离子质谱法的灵敏度高，能检测 $10^{-2}\sim10^{-7}$ 单层，最小可检质量为 10^{-14} g，最小可检浓度为 $1\times10^{-6}\sim1\times10^{-9}$。由于利用了溅射原理，所以在动态工作模式下很容易直接进行包括纵向在内的三维分析。在一定条件下，能进行定量和半定量分析。除分析半导体材料微量杂质外，次级离子质谱法在金属学、薄膜及催化研究和有机化合物分析等方面也得到广泛应用。

2.9.3　俄歇电子能谱分析

俄歇电子能谱分析，用电子束(或 X 射线)轰击试样表面，使其表面原子内层能级上的电子被击出而形成空穴，较高能级上的电子填补空穴并释放出能量，这一能量再传递给另一电子，使之逸出，最后这个电子称为俄歇电子。1925 年法国科学家俄歇首先发现并解释了这种二次电子，后来被人们称为俄歇电子，但直到 1967 年俄歇电子能谱技术才用于研究金属问题。通过能量分析器和检测系统来检测俄歇电子能量和强度，可获得有关表面层化学成分的定性和定量信息，以及化学状态、电子态等情况。在适当的实验条件下，该方法对试样无破坏作用，可分析试样表面内几个原子层深度、数微米区域内除氢和氦以外的所有元素，对轻元素和超轻元素很灵敏。检测的相对灵敏度因元素而异，一般为万分之一到千分之一。可方便而快速地进行点、线、面元素分析以及部分元素的化学状态分析。结合离子溅射技术，可得到元素沿深度方向的分布。

俄歇电子能谱仪器的结构主要包括真空系统、激发源和电子光学系统、能量分析器和检测记录系统、试验室和样品台、离子枪等。

俄歇电子能谱分析在机械工业中主要用于金属材料的氧化、腐蚀、摩擦、磨损和润滑特性等的研究和合金元素及杂质元素的扩散或偏析、表面处理工艺及复合材料的黏结性等问题的研究。

2.9.4 X射线光电子能谱分析

X 射线光电子能谱分析，以一定能量的 X 射线辐照气体分子或固体表面，发射出的光电子的动能与该电子原来所在的能级有关，记录并分析这些光电子能量可得到元素种类、化学状态和电荷分布等方面的信息。这种非破坏性分析方法，不仅可以分析导体、半导体，还可分析绝缘体。除氢以外所有元素都能检测。虽然检测灵敏度不高，仅达千分之一左右，但绝对灵敏度很高。这种分析技术是由瑞典的 K. 瑟巴教授及其合作者建立起来的。1954 年便开始了研究，起初称为化学分析用电子能谱(简称 ESCA)，后普遍称为 X 射线光电子能谱(简称 XPS)。主要包括真空系统、X 射线源、能量分析器和检测记录系统、试验室和样品台等。这种分析方法已广泛用于鉴定材料表面吸附元素种类，腐蚀初期和腐蚀进行状态时的腐蚀产物、表面沉积等；研究摩擦物之间的物质转移、黏着、磨损和润滑特性；探讨复合材料表面和界面特征；鉴定工程塑料制品等。

2.9.5 电子探针技术

电子探针有三种基本工作方式：点分析用于选定点的全谱定性分析或定量分析，以及对其中所含元素进行定量分析；线分析用于显示元素沿选定直线方向上的浓度变化；面分析用于观察元素在选定微区内的浓度分布。由莫塞莱定律可知，各种元素的特征 X 射线都具有各自确定的波长，通过探测这些不同波长的 X 射线来确定样品中所含有的元素，这就是电子探针定性分析的依据。而将被测样品与标准样品中元素 Y 的衍射强度进行对比，就能进行电子探针的定量分析。当然利用电子束激发的 X 射线进行元素分析，其前提是入射电子束的能量必须大于某元素原子的内层电子临界电离激发能。

(1) 电子探针优点

① 能进行微区分析。可分析数个立方微米内元素的成分。

② 能进行现场分析。无需把分析对象从样品中取出，可直接对大块试样中的微小区域进行分析。把电子显微镜和电子探针结合，可把在显微镜下观察到的显微组织和元素成分联系起来。

③ 分析范围广。

(2) 功能及特色

电子探针可以对试样中微小区域(微米级)的化学组成进行定性或定量分析。可以进行点扫描、线扫描(得到层成分分布信息)、面扫描分析(得到成分面分布图像),还能全自动进行批量(预置 9999 个测试点)定量分析。由于电子探针技术具有操作迅速简便(相对复杂的化学分析方法而言)、实验结果的解释直截了当、分析过程不损坏样品、测量准确度较高等优点,故在冶金、地质、电子材料、生物、医学、考古以及其他领域中得到日益广泛的应用,是矿物测试分析和样品成分分析的重要工具。

(3) 主要用途

电子探针又称微区 X 射线光谱分析仪、X 射线显微分析仪。其原理是利用聚焦的高能电子束轰击固体表面,使被轰击的元素激发出特征 X 射线,按其波长及强度对固体表面微区进行定性及定量化学分析。主要用来分析固体物质表面的细小颗粒或微小区域,最小范围直径为 $1\mu m$ 左右。分析元素从原子序数 3(锂)至 92(铀)。绝对感量可达 $10^{-14}\sim 10^{-15}\,g$。近年形成了扫描电镜-显微分析仪的联合装置,可在观察微区形貌的同时逐点分析试样的化学成分及结构。广泛应用于地质、冶金材料、水泥熟料研究等部门。

2.9.6 原子探针技术

原子探针是一种定量显微分析仪器,通过对不同元素的原子逐个进行分析,可绘出金属样品中不同元素的原子在纳米空间中的分布图形。从分析逐个原子来了解物质微区化学成分的不均匀性,原子探针是一种不可替代的分析方法。

(1) 结构特点

原子探针利用约 1pm 的细焦原子束,在样品表层微区内激发元素的特征 X 射线,根据特征 X 射线的波长和强度,进行微区化学成分定性或定量分析。原子探针的光学系统、真空系统等部分与扫描电镜基本相同,通常也配有二次电子和背散射电子信号检测器,同时兼有组织形貌和微区成分分析两方面的功能。原子探针的构成除了与扫描电镜结构相似的主机系统以外,还主要包括分光系统、检测系统等部分。

(2) 基本原理

原子探针是应用场蒸发原理制成的。在超高真空及液氮冷却试样条件下,在针尖试样上施加足够的正高压,试样表面原子开始形成离子并离开针尖表面,这称为场蒸发。镜像势垒和电荷交换这两种物理模型均可描述场蒸发过程,它们认为针尖试样表面在电场(F)作用下使原子获得活化能(Q),克服金属表面势垒而离开表面。这时离子便在无场管道中飞向探测器。测量离子的飞行时间以鉴别其化学成分便构成了飞行时间质谱计。这是原子探针的基础。

(3) 技术特色

通过原子探针可以直接观察到 Cottrell 气团;分析界面处原子的偏聚;研究弥散相的析出过程,非晶晶化时原子扩散和晶体成核过程;分析各种合金元素在纳米晶材料不同相及界面上的分布等。

2.10 晶体结构分析方法

晶体物质的各种宏观性质源自于本身的微观结构。探索物质结构与性质之间的关系,是凝聚态物理、结构化学、材料科学、分子生物等许多学科的一个重要研究内容。晶体结构分析，是在原子的层次上测定固态物质微观结构的主要手段，它与上述众多学科有着密切的联系。就其本身而言，晶体结构分析是物理学中的一个小分支。这主要研究如何利用晶态物质对 X 射线、电子以及中子的衍射效应来测定物质的微观结构。晶体结构分析服务于许多不同的学科，因而许多学科的发展都对晶体结构分析产生深刻的影响。另一方面，晶体结构分析有自己独立的体系，它本身的发展又对所服务的学科起着促进作用，它是晶体学中的一个重要的领域，它研究晶态物质内部在原子尺度下的微观结构。它为固体物理学、材料科学、结构化学、分子生物学、矿物学、医药学等许多学科的基础研究和应用研究提供必不可少的实验资料，使人们有可能从分子、原子以及电子分布的水平上去理解有关物质的行为规律。

按所用试样的不同，晶体结构分析有多晶体分析和单晶体分析两类；按所用手段的差异，晶体结构分析又有 X 射线衍射分析、电子衍射分析、中子衍射分析三种。

2.10.1 多晶衍射法

多晶 X 射线衍射方法包括照相法、衍射仪法和双晶衍射法。

（1）照相法

照相法以光源发出的特征 X 射线照射多晶样品，并用底片记录衍射花样。根据样品与底片的相对位置，照相法可以分为德拜法、聚焦法和针孔法，其中德拜法应用最为普遍。

德拜法以一束准直的特征 X 射线照射到小块粉末样品上，用卷成圆柱状并与样品同轴安装的窄条底片记录衍射信息，获得的衍射花样是一些衍射弧。此方法的优点为：①所用试样量少（0.1mg 即可）；②包含了试样产生的全部反射线；③装置和技术比较简单。

聚焦法的底片与样品处于同一圆周上，以具有较大发散度的单色 X 射线照射样品上较大区域。由于同一圆周上的同弧圆周角相等，使得多晶样品中的等同晶面的衍射线在底片上聚焦成一点或一条线。聚焦法曝光时间短，分辨率是德拜法的两倍，但在小 θ 范围衍射线条较少且宽，不适于分析未知样品。

针孔法用三个针孔准直的单色 X 射线为光源，照射到平板样品上。根据底片不同的位置，针孔法又分为穿透针孔法和背射针孔法。针孔法得到的衍射花样是衍射线的整个圆环，适于研究晶粒大小、晶体完整性、宏观残余应力及多晶试样中的择优取向等。但这种方法只能记录很少的几个衍射环，不适于其他应用。

（2）衍射仪法

X 射线衍射仪以布拉格实验装置为原型，融合了机械与电子技术等多方面的成果。衍射仪由 X 射线发生器、X 射线测角仪、辐射探测器和辐射探测电路 4 个基本部分组成，是以特征 X 射线照射多晶体样品，并以辐射探测器记录衍射信息的衍射实验装置。现代 X 射线衍射仪还配有控制操作和运行软件的计算机系统。X 射线衍射仪的成像原理与聚集法相同，但记录方式及相应获得的衍射花样不同。衍射仪采用具有一定发散度的入射线，也用"同一圆周上的同弧圆周角相等"的原理聚焦，不同的是其聚焦圆半径随 2θ 的变化而变化。衍射仪法以其方便、快捷、准确和可以自动进行数据处理等特点在许多领域中取代了照相法，现在已成为晶体结构分析等工作的主要方法。

（3）双晶衍射法

双晶衍射仪用一束 X 射线（通常用 $K_{\alpha1}$ 作为射线源）照射一个参考晶体的表面，使符合布拉格条件的某一波长的 X 射线在很小角度范围内被反射，这样便得到接近单色并受到偏振化的窄反射线，再用适当的光阑作为限制，就得到近乎准值的 X 射线束。把此 X 射线作为第二晶体的入射线，第二晶体和计数管在衍射位置附近分别以 $\Delta\theta$ 及 $\Delta(2\theta)$ 角度摆动，就形成通常的双晶衍射仪。在近完整晶体中，缺陷、畸变等体现在 X 射线谱中只有几十弧秒，而半导体材料进行外延生长要求晶格失配要达到 10^{-4} 或更小。这样精细的要求使双晶 X 射线衍射技术成为近代光电子材料及器件研制的必备测量仪器，以双晶衍射技术为基础而发展起来的四晶及五晶衍射技术(亦称为双晶衍射)，已成为近代 X 射线衍射技术取得突出成就的标志。但双晶衍射仪的第二晶体最好与第一晶体是同种晶体，否则会发生色散。所以在测量时，双晶衍射仪的参考晶体要与被测晶体相同，这个要求使双晶衍射仪的使用受到限制。

2.10.2 单晶衍射法

单晶 X 射线衍射分析的基本方法为劳埃法与周转晶体法。

（1）劳埃法

劳埃法以光源发出连续 X 射线照射置于样品台上静止的单晶体样品，用平板底片记录产生的衍射线。根据底片位置的不同，劳埃法可以分为透射劳埃法和背射劳埃法。背射劳埃法不受样品厚度和吸收的限制，是常用的方法。劳埃法的衍射花样由若干劳埃斑组成，每一个劳埃斑相应于晶面的 $1 \sim n$ 级反射，各劳埃斑的分布构成一条晶带曲线。

（2）周转晶体法

周转晶体法以单色 X 射线照射转动的单晶样品，用以样品转动轴为轴线的圆柱形底片记录产生的衍射线，在底片上形成分立的衍射斑。这样的衍射花样容易准确测定。晶体的衍射方向和衍射强度，适用于未知晶体的结构分析。周转晶体法很容易分析对称性较低的晶体（如正交、单斜、三斜等晶系晶体）结构，但应用较少。

2.10.3 X 射线衍射分析

X 射线衍射分析是利用晶体形成的 X 射线衍射，对物质进行内部原子在空间分布状况的结构分析方法。将具有一定波长的 X 射线照射到结晶性物质上时，X 射线因在结晶内遇到规则排列的原子或离子而发生散射，散射的 X 射线在某些方向上相位得到加强，从而显示与结晶结构相对应的特有的衍射现象。衍射 X 射线满足布拉格(W. L. Bragg)方程：$2d\sin\theta = n\lambda$。式中，λ 是 X 射线的波长；θ 是衍射角；d 是结晶面间隔；n 是整数。波长 λ 可用已知的 X 射线衍射角测定，进而求得面间隔，即结晶内原子或离子的规则排列状态。将求出的衍射 X 射线强度和面间隔与已知的表对照，即可确定试样结晶的物质结构，此即定性分析。对衍射 X 射线强度的比较，可进行定量分析。本法的特点在于可以获得元素存在的化合物状态、原子间相互结合的方式，从而可进行价态分析，可用于对环境固体污染物的物相鉴定，如大气颗粒物中的风沙和土壤成分、工业排放的金属及其化合物(粉尘)、汽车排气中卤化铅的组成、水体沉积物或悬浮物中金属存在的状态等。

（1）物相分析

晶体的 X 射线衍射图像实质上是晶体微观结构的一种精细复杂的变换，每种晶体的结构与其 X 射线衍射图之间都有着一一对应的关系，其特征 X 射线衍射图谱不会因为他种物质混聚在一起而产生变化，这就是 X 射线衍射物相分析方法的依据。制备各种标准单相物质的衍射花样并使之规范化，将待分析物质的衍射花样与之对照，从而确定物质的组成相，就成为物相定性分析的基本方法。鉴定出各个相后，根据各相花样的强度正比于该组分存在的量(需要做吸收校正者除外)，就可对各种组分进行定量分析。目前常用衍射仪法得到衍射图谱，用"粉末衍射标准联合会(JCPDS)"负责编辑出版的"粉末衍射卡片(PDF 卡片)"进行物相分析。

目前，物相分析存在的问题主要有以下三点。

① 待测物图样中的最强线条可能并非某单一相的最强线，而是两个或两个以上相的某些次强或三强线叠加的结果。这时若以该线作为某相的最强线将找不到任何对应的卡片。

② 在众多卡片中找出满足条件的卡片，十分复杂而繁琐。虽然可以利用计算机辅助检索，但仍难以令人满意。

③ 定量分析过程中，配制试样、绘制定标曲线或者 K 值测定及计算，都是复杂而艰巨的工作。为此，有人提出了可能的解决办法，认为从相反的角度出发，根据标准数据（PDF卡片）利用计算机对定性分析的初步结果进行多相拟合显示，绘出衍射角与衍射强度的模拟衍射曲线。通过调整每一物相所占的比例，与衍射仪扫描所得的衍射图谱相比较，就可以更准确地得到定性和定量分析的结果，从而免去了一些定性分析和整个定量分析的实验和计算过程。

（2）点阵常数的精确测定

点阵常数是晶体物质的基本结构参数，测定点阵常数在研究固态相变、确定固溶体类型、测定固溶体溶解度曲线、测定热膨胀系数等方面都得到了应用。点阵常数的测定是通过X射线衍射线的位置（θ）的测定而获得的，通过测定衍射花样中每一条衍射线的位置均可得出一个点阵常数值。点阵常数测定中的精确度涉及两个独立的问题，即波长的精度和布拉格角的测量精度。波长的问题主要是 X 射线谱学家的责任，衍射工作者的任务是要在波长分布与衍射线分布之间建立一一对应的关系。知道每根反射线的密勒指数后就可以根据不同的晶系用相应的公式计算点阵常数。晶面间距测量的精度随 θ 角的增加而增加，θ 越大得到的点阵常数值越精确，因而点阵常数测定时应选用高角度衍射线。误差一般采用图解外推法和最小二乘法来消除，点阵常数测定的精确度极限处在 1×10^{-5} 附近。

（3）应力的测定

X 射线测定应力以衍射花样特征的变化作为应变的量度。宏观应力均匀分布在物体中较大范围内，产生的均匀应变表现为该范围内方向相同的各晶粒中同名晶面间距变化相同，导致衍射线向某方向位移，这就是 X 射线测量宏观应力的基础。微观应力在各晶粒间甚至一个晶粒内各部分间彼此不同，产生的不均匀应变表现为某些区域晶面间距增加、某些区域晶面间距减少，结果使衍射线向不同方向位移，使其衍射线漫散宽化，这是 X 射线测量微观应力的基础。超微观应力在应变区内使原子偏离平衡位置，导致衍射线强度减弱，故可以通过 X 射线强度的变化测定超微观应力。测定应力一般用衍射仪法。

X 射线测定应力具有非破坏性，可测小范围局部应力，可测表层应力，可区别应力类型，测量时无需使材料处于无应力状态等优点，但其测量精确度受组织结构的影响较大，X射线也难以测定动态瞬时应力。

（4）晶粒尺寸和点阵畸变的测定

若多晶材料的晶粒无畸变、足够大，理论上其粉末衍射花样的谱线应特别锋利，但在实际实验中，这种谱线无法看到。这是因为仪器因素和物理因素等的综合影响，使纯衍射谱线增宽了。纯谱线的形状和宽度由试样的平均晶粒尺寸、尺寸分布以及晶体点阵中的主要缺陷决定，故对线形作适当分析，原则上可以得到上述影响因素的性质和尺度等方面的信息。在晶粒尺寸和点阵畸变测定过程中，需要做的工作有两个。

① 从实验线形中得出纯衍射线形，最普遍的方法是傅里叶变换法和重复连续卷积法。

② 从衍射花样适当的谱线中得出晶粒尺寸和缺陷的信息。这个步骤主要是找出各种使谱线变宽的因素，并且分离这些因素对宽度的影响，从而计算出所需要的结果。主要方法有

傅里叶法、线形方差法和积分宽度法。

(5) 单晶取向和多晶织构测定

单晶取向的测定就是找出晶体样品中晶体学取向与样品外坐标系的位向关系。虽然可以用光学方法等物理方法确定单晶取向，但 X 射线衍射法不仅可以精确地单晶定向，同时还能得到晶体内部微观结构的信息。一般用劳埃法单晶定向，其根据是底片上劳埃斑点转换的极射赤面投影与样品外坐标轴的极射赤面投影之间的位置关系。透射劳埃法只适用于厚度小且吸收系数小的样品；背射劳埃法就无需特别制备样品，样品厚度大小等也不受限制，因而多用此方法。

多晶材料中晶粒取向沿一定方位偏聚的现象称为织构，常见的织构有丝织构和板织构两种类型。为反映织构的概貌和确定织构指数，有三种方法描述织构：极图、反极图和三维取向函数，这三种方法适用于不同的情况。对于丝织构，要知道其极图形式，只要求出其丝轴指数即可，照相法和衍射仪法是可用的方法。板织构的极点分布比较复杂，需要两个指数来表示，且多用衍射仪进行测定。

2.10.4 电子衍射分析

当电子波(具有一定能量的电子)落到晶体上时，被晶体中原子散射，各散射电子波之间产生互相干涉现象。晶体中每个原子均对电子进行散射，使电子改变其方向和波长。在散射过程中部分电子与原子有能量交换作用，电子的波长发生变化，此时称非弹性散射；若无能量交换作用，电子的波长不变，则称弹性散射。在弹性散射过程中，由于晶体中原子排列的周期性，各原子所散射的电子波在叠加时互相干涉，散射波的总强度在空间的分布并不连续，除在某一定方向外，散射波的总强度为零。

(1) 简单的电子衍射装置

从阴极发出的电子被加速后经过阳极的光阑孔和透镜到达试样上，被试样衍射后在荧光屏或照相底板上形成电子衍射图样。由于物质(包括空气)对电子的吸收很强，故上述各部分均置于真空中。电子的加速电压一般为数万伏至十万伏左右，称高能电子衍射。为了研究表面结构，电子加速电压也可低达数千伏甚至数十伏，这种装置称低能电子衍射装置。

(2) 衍射原理

电子衍射和 X 射线衍射一样，也遵循布拉格公式 $2d\sin\theta = n\lambda$(见 X 射线衍射)。当入射电子束与晶面簇的夹角 θ、晶面间距和电子束波长 λ 三者之间满足布拉格公式时，则沿此晶面簇对入射束的反射方向有衍射束产生。电子衍射虽与 X 射线衍射有相同的几何原理。但它们的物理内容不同。在与晶体相互作用时，X 射线受到晶体中电子云的散射，而电子受到原子核及其外层电子所形成势场的散射。除以上用布拉格公式或用倒易点阵和反射球来描述产生电子衍射的衍射几何原理外，严格的电子衍射理论从薛定谔方程 $H\psi = E\psi$ 出发，式中，ψ 为电子波函数；E 为电子的总能量；H 为哈密顿算子，它包括电子从外电场得到的动能和在晶体静电场中的势能。若解此方程时，考虑到其势能远小于动能，认为衍射束远弱于入射束，忽略掉方程中的二级小量，则所得的解称运动学解，此解与上述衍射几何原理相一致。建立在薛定谔方程运动学解基础上的电子衍射理论称电子衍射运动学理论，此理论的物理内容是忽略了衍射波与入射波之间以及衍射波彼此之间的相互作用。若在解方程时作较高级的近似，例如认为衍射束中除一束(或二束、或三束、……、或 $n-1$ 束)外均远弱于入射束，则所得的解称双光束(或三光束、或四光束、……、或 n 光束)动力学解。建立在动力学解基础上的电子衍射理论称电子衍射动力学理论。

2.10.5 中子衍射分析

热中子流被固体、液体或气体中的原子散射引起的衍射现象，用于研究物质(金属)的微观结构。中子衍射用于晶体结构的分析比 X 射线衍射和电子衍射要晚，这是由于中子衍射要求使用从反应堆中得到的热中子流。热中子具有约 0.025eV 的动能。

(1) 中子衍射的特点

与 X 射线衍射和电子衍射相似，布拉格公式也适用于中子衍射。但中子与物质中原子的相互作用有其特点。

① 当 X 射线或电子流与物质相遇产生散射时，主要是以原子中的电子作为散射中心，因而散射本领随物质的原子序数的增加而增加，并随衍射角的增加而降低。中子流不带电，与物质相遇时，主要与原子核相互作用，产生各向同性的散射，且散射本领和物质的原子序数无一定的关系。

② 中子的磁矩和原子磁矩(即电子和原子核的自旋磁矩和轨道磁矩的总和)有相互作用，其散射振幅随原子磁矩的大小和取向而变化。

(2) 中子衍射的应用　上述特点使中子衍射和 X 射线衍射及电子衍射能相互补充。在金属研究中中子衍射的最主要的应用领域为下列三个方面。

① 含有重原子的化合物中轻原子的位置的测定　当某种化合物中含有原子序数很大的重元素(如钨、金、铅等)及原子序数小的轻元素(如氢、锂、碳等)时，利用 X 射线或电子衍射测定其晶体结构比较困难，因为这时重元素的电子多，散射本领比轻元素的散射本领要高出许多，以致轻元素在晶胞中的位置很难确定。中子衍射可以成功地解决这一问题。例如，利用中子衍射，测定出锆、铪、钛等的氢化物中氢原子单个地处在四面体间隙中；还测定出碳原子在含锰的奥氏体中处于八面体间隙位置上。

② 原子序数相近的原子相对位置的确定　例如，Fe-Co 合金在有序无序转变时，其 X 射线衍射图上应该出现超点阵线条；但由于这两种元素的原子序数相近，它们对 X 射线及电子波的散射本领也很相近，使超点阵线条难以分辨。若采用中子衍射，超点阵线条就清晰得多。

③ 铁磁、反铁磁和顺磁物质的研究　根据磁散射的强度可以判定原子磁矩的数值，借以测定磁的超结构。

基础验证性实验

验证性实验是指对研究对象有了一定了解，并形成了一定认识或提出了某种假说，为验证这种认识或假说是否正确而进行的一种实验。验证性实验强调演示和证明科学内容的活动，科学知识和科学过程分离，与背景无关，注重验证的结果（事实、概念、理论），而不是验证的过程。验证性实验传递了这样一种信息：了解一个发现和如何把这个发现的结果应用到一个确定的问题上比直接学习如何发现要重要得多。

验证性实验是为了培养学生的实验操作、数据处理等其他技能，学生们检验一个已知的结果是正确的，通常采用"告诉——验证——应用"的教学模式，学生们用实验验证已学过的物理化学原理、概念或性质。

本教材中，共选取热效应的测量、相图的绘制、平衡常数与活度系数以及分配系数测定、电动势测定与应用、反应速率与活化能的测定、分子量测定、物质结构的测定、多组分热力学中偏摩尔量的测定、真空技术应用共九类验证性实验。

Ⅰ 热效应的测量

实验 1 燃烧热的测定

【实验目的与要求】

1. 学会用氧弹量热计测定萘的燃烧热；
2. 了解燃烧热的定义以及恒压燃烧热和恒容燃烧热的差别；
3. 了解量热计中主要部件的作用，掌握氧弹量热计的实验技术；
4. 学会雷诺图解法校正温度改变值。

【实验原理】

1. 燃烧和量热

1mol 物质在等温下完全氧化（注意其条件）时的反应热称为燃烧热。燃烧热的测定，除了有其实际应用价值外，还可用于求算化合物的生成热、键能等。

在恒压条件下测定的燃烧热称为恒压燃烧热 Q_p；在恒容条件下测定的燃烧热称为恒容燃烧热 Q_V。由热力学第一定律可知，$Q_V = \Delta U$，$Q_p = \Delta H$。若把参加反应的气体和反应生成的气体都作为理想气体处理，则它们之间存在以下关系：

$$\Delta H = \Delta U + \Delta nRT \qquad (3\text{-}1)$$

式中，Δn 为反应前后气体的物质的量的变化数；R 为气体常数；T 为反应温度，K。

量热计的种类很多，本实验所用的氧弹量热计是一种环境恒温式的量热计。

2. 氧弹量热计

氧弹量热计的基本原理是能量守恒定律。样品完全燃烧所释放的能量使得氧弹本身及其周围的介质和量热计有关附件的温度升高。测量氧弹及相关介质在燃烧前后温度的变化值，就可求算该样品的恒容燃烧热。其关系式如下：

$$-\frac{W_Y}{M}Q_V - LQ_L = (W_水 C_{S水} + C_J)\Delta T \tag{3-2}$$

式中，W_Y 为样品的质量；Q_V 为样品的摩尔等容燃烧热；Q_L 为燃烧丝的等容燃烧热；M 为样品的摩尔质量；L 为燃烧丝的质量；$W_水 C_{S水} + C_J$ 为仪器水当量；ΔT 为燃烧前后的温差。为了保证样品完全燃烧，氧弹中必须充以高压氧气或其他氧化剂。因此氧弹应有很好的密封性和耐高压且能耐腐蚀。氧弹放在一个与室温一致的恒温套壳中。盛水桶与套壳之间有一个高度抛光的挡板，以减少热辐射和空气的对流。

3.雷诺温度校正图

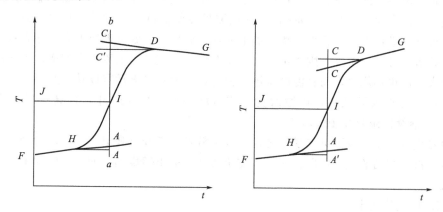

图 3-1　雷诺温度校正图

实际上，量热计和周围环境之间的热交换是无法完全避免的，它对温差测量值的影响可用雷诺温度校正图（图3-1）校正。具体方法如下：称取适量的待测物质，估计其燃烧后可使水温上升 1.5～2.0℃。预先调节水温低于室温 1.0℃ 左右。按操作步骤测定，将燃烧前后观察所得的一系列水温和时间关系作图，得一曲线。图中 H 点意味着燃烧开始，热传入介质；D 点为观察到的最高温度值；从相当于室温的 J 点作水平线交曲线于 I，过 I 点作垂线 ab，再将 FH 线和 GD 线延长并交 ab 线于 A、C 两点，其间的温度差值即为经过校正的 ΔT。图中 AA' 为开始燃烧到温度上升到室温这一段时间内由环境辐射和搅拌引进的能量所造成的升温，故应予扣除；CC' 为由室温上升到最高点这一段时间内，量热计向环境的热漏造成的温度降低，计算时必须考虑在内。故认为 AC 两点的差值较客观地表示了样品的燃烧所引起的升温数值。

在某些情况下，量热计的绝热性能良好，热漏很小，而搅拌器的功率较大，不断引进的能量使得曲线不出现极高温度点，校正法相似。

本实验采用贝克曼温度计来测量温度差。

【**仪器、 试剂与材料**】

1.仪器：氧弹式量热计一套，氧气钢瓶一个，万用电表一只，贝克曼温度计一只。

2.试剂与材料：萘（AR），苯甲酸（AR）。

【**实验步骤**】

1.量热计水当量的测定

（1）样品制作　量取 15cm 长的燃烧丝，精确称其质量，将铁丝穿在钢模的底板内，然后将钢模底板装进模子中，从上面倒入约 1.0g 苯甲酸，慢慢旋紧压片机的螺杆，直到样品压成片状为止。抽去模底的托板，再继续向下压，使模底和样品一起脱落。将压好的样品表面的碎屑除去，在分析天平上准确称量后即可供燃烧热测定用。

（2）装置氧弹　拧开氧弹盖，将氧弹内壁擦干净，特别是电极下端的不锈钢接线柱擦干净，小心地将压好的样片放在金属小杯内，将点火丝的两端分别绕在电极的下端。旋紧氧弹盖，用万用表检查两电极是否通路。若通路，则旋紧氧弹出气口后即可以充氧气。在氧弹中充约 15atm（1atm＝101325Pa）的氧气。

（3）燃烧和测量温度　将充好的氧弹再用万用表测量两电极是否通路；若通路，则把氧弹放入量热计的水桶中，用容量瓶准确量取 3000mL 自来水倒入水桶中，装好搅拌马达，盖好盖子，将已调节好的贝克曼温度计插入水中，用导线将氧弹两电极和点火器相连接，然后开动马达，待温度稳定上升后，每隔 1min 读取贝克曼温度计的度数，这样继续 10min，迅速合上点火开关进行点火，若点火指示器上的灯亮后熄掉，温度迅速上升，这表示氧弹内样品燃烧。若指示灯亮后不熄，则表示点火丝没有烧断，应加大电流引发燃烧；若指示灯根本不亮或加大电流也不熄灭，而且温度也不见上升，则表示点火没有成功，此时需打开氧弹检查原因。自合上点火开关后，读数改为每隔 30s 一次，当温度升到最高点后，读数仍可 1min 一次，继续记录温度 10min。

实验停止后，小心取下贝克曼温度计，取出氧弹，打开氧弹出气口，放出余气，最后旋开氧弹盖，检查样品的燃烧情况。看是否完全燃烧。取出燃烧剩下的点火丝称重，自点火丝质量中减去。

2. 萘的燃烧热测定

称取 0.6g 左右的萘，按上述方法，进行压片、燃烧等实验。

实验完毕后，取出并洗净氧弹，倒出水桶中的自来水，并擦干待用。

【实验结果与数据处理】

1. 按作图法求出苯甲酸燃烧所引起的温度的变化值，计算量热计的水当量。已知苯甲酸在 298.2K 的恒压燃烧热 3226.8kJ·mol^{-1}。

2. 按作图法求出萘燃烧所引起的温度的变化值，并计算萘的恒容燃烧热。

3. 计算萘的恒压燃烧热。

4. 由数据手册查出萘的恒压燃烧热，计算本次实验的误差。

【实验注意事项】

1. 苯甲酸及萘要干燥，受潮样品不易点燃且带来称量误差。

2. 注意压片的紧实程度，太紧不易点燃，太松易脱落样品碎屑引起误差。

3. 燃烧丝需压在药片内，如浮在药片表面层上，会因药品熔化而脱落，不发生燃烧。

【思考题】

1. 简述安装氧弹和拆开氧弹的操作步骤。

2. 实验测得的温度为什么要校正？

3. 使用氧气钢瓶时应注意哪些事项？

【e 网链接】

1. http：//151. fosu. edu. cn/hxsy/wulihuaxueshiyan/my％20web/ranshaore％20z. htm

2. http：//jpkc. yzu. edu. cn/course2/jchxsy2/04dzja. htm
3. http：//www. doc88. com/p-6761656508549. html

实验 2 溶解热的测定

【实验目的与要求】

1. 掌握用电热补偿法测定 KNO_3 的积分溶解热；
2. 学会用作图法求出硝酸钾在水中的微分溶解热、积分冲淡热和微分冲淡热；
3. 掌握溶解热测定仪的使用。

【实验原理】

物质溶解在溶剂过程中的热效应称为溶解热，溶解热可分为积分溶解热和微分溶解热两种。积分溶解热系指在定温定压条件下把 1mol 溶质溶解在 n_0 mol 的溶剂中时所产生的热效应。由于过程中溶液的浓度逐渐改变，因此积分溶解热也称变浓溶解热，以 Q_s 表示。微分溶解热系指在定温定压条件下把 1mol 溶质溶解在无限量的某一定浓度的溶液中时所产生的热效应，以 $\left(\dfrac{\partial Q}{\partial n}\right)_{T,p,n_0}$ 表示。由于过程中溶液的浓度实际上可视为不变，因此也称为定浓溶解热。

把溶剂加到溶液中，使之冲淡的热效应称为冲淡热。冲淡热也分为积分冲淡热和微分冲淡热两种，通常都以对含有 1mol 溶质溶液的冲淡热而言。积分冲淡热系指在定温定压下把含 1mol 溶质及 n_{01} mol 溶剂的溶液冲淡到含溶剂为 n_{02} 时的热效应，以 Q_d 表示。显然，$Q_d = Q_{s,n_{02}} - Q_{s,n_{01}}$。微分冲淡热则指在含 1mol 溶质及 n_{01} mol 溶剂的无限量溶液中加入 1mol 溶剂的热效应，以 $\left(\dfrac{\partial Q}{\partial n_0}\right)_{T,p,n}$ 表示。

积分溶解热可以由实验直接测定，微分溶解热则可根据图形计算得到，如图 3-2 所示。图中，AF 与 BG 分别为将 1mol 溶质溶于 n_{01} mol 及 n_{02} mol 溶剂时的积分溶解热 Q_s；微分溶解热 $=OC$；BE 表示在含有 1mol 溶质的溶液中加入溶剂，使溶剂量由 n_{01} mol 增加到 n_{02} mol 过程中的积分冲淡热 Q_d。

$$Q_d = Q_{s,n_{02}} - Q_{s,n_{01}} = BG - AF \quad (3-3)$$

曲线在 A 点的斜率等于该浓度溶液的微分冲淡热：

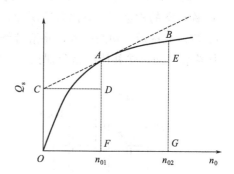

图 3-2 溶解热曲线

$$\left(\frac{\partial Q}{\partial n_0}\right)_{T,p,n} = AD/DC \quad (3-4)$$

在绝热容器中测定热效应的方法有两种：其一，先测出量热系统的热容 c，再根据反应过程中测得的温度变化 ΔT，由 ΔT 和 c 之积求出热效应之值；其二，先测出体系的起始温度 T_0，当溶解过程中温度随反应进行而降低，再用电热法使体系温度恢复到起始温度，根据所消耗电能求出热效应 Q(J)。

$$Q = I^2Rt = IUt \qquad\qquad (3-5)$$

式中，I 为通过电阻丝加热器的电流强度，A；U 为电阻丝的两端所加的电压，V；t 为通电时间，s。这种方法称为电热补偿法。

本实验采用电热补偿法测定 KNO_3 在水中的积分溶解热，通过 Q_s-n_0 图，计算其他热效应。

【仪器、试剂与材料】

1. 仪器：杜瓦瓶量热器一个，电磁搅拌器一台，精密温度计一支，直流稳压器一台，直流伏特计一只，直流安培表一只，滑线电阻一个，停表一块，称量瓶 8 个，毛笔一支。

2. 试剂与材料：KNO_3(CP)，蒸馏水。

【实验步骤】

1. 取 KNO_3 约 26g 置于研钵中磨细，放入烘箱在 110℃下烘 1.5～2h，然后取出放入干燥器中待用。

2. 将 8 个称量瓶编号，并依次加入约 2.5g、1.5g、2.5g、2.5g、3.5g、4.0g、4.0g、4.5g KNO_3，称量至 0.1mg，称量完毕，仍将称量瓶放入干燥器中待用。

3. 装置量热器，在台秤上称取 216.2g 的蒸馏水注入杜瓦瓶中。

4. 接好线路，经教师检查后予以接通电源，调节滑线电阻，使 IU 等于 2.2W 左右，保持电流和电压稳定。开启搅拌器，当水温慢慢上升到比室温高出 0.5℃后，读取并记录准确温度。立即将已称好的第一份 KNO_3 从加料漏斗中加入量热器中，同时用停表开始记录时间(注：漏斗要干燥，用毛笔将残留在漏斗上的 KNO_3 全部掸入量热器，然后用塞子塞住加料口)。读取电流电压值并记录(在实验过程中应随时注意电流和电压之值是否改变，若有微小变化，也要随时调整)。加入 KNO_3 后，溶液温度会很快下降，然后慢慢上升，直到温度上升到原温度时，记录时间和温度。紧接着加入第二份 KNO_3 进行测定。测定必须连续进行，不能脱节，直至把 8 份样品全部加完为止。

5. 称量空的称量瓶，算出各次所加入的 KNO_3 的准确质量。

6. 测定完毕后，切断电源，将溶液倒入回收瓶中，将所用杜瓦瓶量热器冲洗干净。

加热装置与电热补偿线路分别见图 3-3、图 3-4。

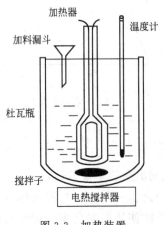

图 3-3 加热装置

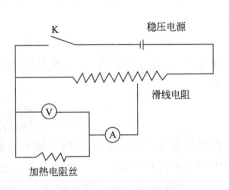

图 3-4 电热补偿线路

【实验结果与数据处理】

1. 计算水的物质的量 n_0、8 份硝酸钾样品的质量及相应的通电时间。

2. 计算每次加入 KNO_3 后的总质量 m_{KNO_3} 和通电的总时间。

3. 按照下式计算各次溶解过程的热效应。

$$Q = IUt = Kt \quad (K = IU, J \cdot s^{-1}) \tag{3-6}$$

4. 将上述所算各数据分别换算，求出当把 1mol KNO_3 溶于 n_0 mol 水中时的积分溶解热 Q_s。

$$Q_s = \frac{Q}{n_{KNO_3}} = \frac{Kt}{\left(\dfrac{m}{M}\right)_{KNO_3}} = \frac{101.1Kt}{m_{KNO_3}} \tag{3-7}$$

其中：$n_0 = \dfrac{n_{H_2O} \times 1mol}{n_{KNO_3}}$。

5. 将以上数据列表作 Q_s-n_0 图，并从图中求得 $n_0 = 80mol$、$100mol$、$200mol$、$300mol$ 和 $400mol$ 处的积分溶解热、微分稀释热、微分溶解热，以及 n_0 从 $80mol \rightarrow 100mol$、$100 \rightarrow 200mol$、$200mol \rightarrow 300mol$、$300mol \rightarrow 400mol$ 的积分冲淡热。

【实验注意事项】

1. 仪器要先预热，以保证系统的稳定性。在实验过程中要求 I、V 也即加热功率保持稳定。

2. 加样要及时，注意不要将样品碰到杜瓦瓶。加入样品时速度要加以注意，防止样品进入杜瓦瓶过速，致使磁子被陷住不能正常搅拌；也要防止样品加得太慢，可用小勺帮助样品从漏斗加入。搅拌速度要适宜，一是不要太快，以免磁子碰损电加热器、温度探头或杜瓦瓶；二是不能太慢，以免因水的传热性差而导致 Q_s 值偏低，甚至使 Q_s-n_0 图变形。

3. 样品要先研细，以确保其充分溶解；实验结束后，杜瓦瓶中不应有未溶解的硝酸钾固体。否则重做。

4. 电加热丝不可从其玻璃套管中往外拉，以免功率不稳甚至短路。

5. 为了节省时间，可以先称好蒸馏水和前两份 KNO_3 样品，后几份 KNO_3 样品可边做边称。

【思考题】

1. 本实验装置是否适用于放热反应的热效应的测定？为什么？

2. 图 3-4 是一种电热补偿线路，你还能设计其他的电热补偿线路吗？但不论采用何种线路所得之 IU 值总是有一定的近似，若要精确知道 I、U 值，则又如何测定？

3. 设计由测定溶解热的方法求 $CaCl_2(s) + 6H_2O(l) \rightleftharpoons CaCl_2 \cdot 6H_2O(s)$ 的反应热。

4. 实验开始时系统的设定温度比环境温度高 0.5℃，这是为什么？

5. 温度和浓度对溶解热有无影响？

6. 本实验装置还可用来测定液体的热容、水化热、生成热及液态有机物的混合热吗？

【e 网链接】

1. http://www.jyu.edu.cn/huaxue/kejian/wulihuaxueshiyan/dzja/01.doc

2. http://jpkc.yzu.edu.cn/course2/jchxsy2/04dzja.htm

3. http://www.docin.com/p-114071561.html

4. http：//www. njuwh. com/product _ view. asp? id＝89
5. http：//www. hxc. sdnu. edu. cn/hxx/jiaoxuekejian/wuhuashiyan/III-2-1. HTM

实验 3　中和热的测定

【实验目的与要求】

1. 掌握酸碱中和反应热效应的测定方法；
2. 学会用雷诺图解法校正温差。

【实验原理】

在一定的温度和压力下，1mol 酸和 1mol 碱发生中和反应时所放出的热量叫做中和热。本实验利用盐酸与氢氧化钠反应，测定其中和热。离子方程式如下：

$$H^+ + OH^- \rightleftharpoons H_2O \tag{3-8}$$

图 3-5 为量热计装置图，反应在绝热容器杜瓦瓶中进行，温度传感器为热电偶，温度时间曲线由计算机采样自动绘出。根据反应后量热计温度升高的值以及量热计的热容 K，就可以算出该反应的热效应。在实验过程中，让氢氧化钠过量，故反应的量可准确地用盐酸的量来进行计算。设 HCl 溶液浓度为 c （mol·L^{-1}），体积为 V(L)，反应后温度升高 $\Delta T_{中}$，则中和热为：

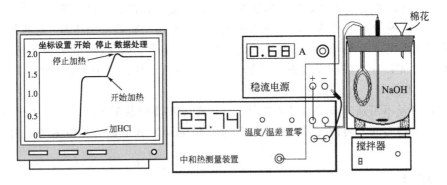

图 3-5　量热计装置图

$$\Delta H_{中和} = -\frac{K}{cV} \cdot \Delta T_{中} \tag{3-9}$$

量热计的热容 K 可用电热标定法标定。当中和反应结束后，系统中溶液的量是一定的，此时在恒定的电压 U 下向系统中的电加热器提供一恒定的电流 I，加热一段时间 t 后，系统的温度会升高，若升高的温度为 $\Delta T_{电}$，则可用式(3-9)计算出量热计的热容 K。本实验加热过程中向系统提供的电功由计算机对电流、电压和时间进行采样后自动计算出来，不需要人工计算。

$$K = \frac{电功}{\Delta T_{电}} = \frac{UIt}{\Delta T_{电}} \tag{3-10}$$

【仪器、 试剂与材料】

1. 仪器：计算机 1 台、打印机 1 台、杜瓦瓶 1 个、中和热测量数据采集接口装置 1 台、恒流源 1 台、容量瓶(100mL 1 个)。

2. 试剂与材料：标准 HCl 溶液(约 $0.1 mol \cdot L^{-1}$，准确浓度要标定)、NaOH 溶液(约 $0.11 mol \cdot L^{-1}$)。

【实验步骤】

1. 用 100mL 容量瓶量取 100mL NaOH 溶液(约 $1.1 mol \cdot L^{-1}$)注入杜瓦瓶中，再加入 800mL H_2O。并放入磁力搅拌子，开启磁力搅拌器，缓慢搅拌。用 100mL 容量瓶精确量取 100mL HCl 溶液，放置一旁备用。

2. 用滤纸将温度传感器擦干净后插入杜瓦瓶中。将电热丝加热插头插入电源插孔，迅速设定加热电流为 0.6～0.8A 之间后，拔下加热插头。

3. 运行中和热测定软件，选择串口，当有温度显示时，则说明计算机已与温度采样系统连接好了，可以进行实验。等 5min 后，按中和热测量装置上的"温度/温差"切换按钮，将温度测量切换为温差测量，再按置零键将温差置为零。

4. 用鼠标点击"开始实验"菜单，依提示输入 HCl 的浓度和体积后，点击"继续"并保存数据文件。待计算机屏幕显示了约 20 个点后，迅速将 HCl 溶液由漏斗注入杜瓦瓶内，并用少量 H_2O 冲洗容量瓶两次，冲洗液也要注入，用棉花塞住漏斗孔，以免热量泄漏。

5. 待升高的温度稳定后，再测约 20 个点，然后开始加热，待系统温度升高 0.2～0.3℃ 后，拔下加热电源插头，停止加热。

6. 待温度下降、稳定后，再测约 20 个点，然后点击"停止实验"按钮停止实验。

【实验结果与数据处理】

利用中和热计算软件，输入数据文件名，读取数据后，在对话框中输入 B、C、D、E 4 个拐点的点号以后，点击"计算"按钮就可自动算出加热的电功 W、量热计的热容 K 以及反应的中和热 $\Delta H_{中和}$。在计算 $\Delta T_{中}$ 和 $\Delta T_{电}$ 时，均使用了雷诺校正，雷诺校正法请参考燃烧热实验数据处理部分的介绍。

【实验注意事项】

1. 中和热与浓度和温度有关，因此在阐述中和过程的热效应时，必须注意记录酸和碱的浓度以及测量的温度。

2. 实验中所用碱的浓度要略高于酸的浓度，或使碱的用量略多于酸的量，以使酸全部被中和。为此，应在实验后用酚酞指示剂检查溶液的酸碱性。

3. 实验所用 NaOH 溶液必须用丁二酸或草酸进行标定，并且尽量不含 CO_3^{2-}，所以最好现用现配。

【思考题】

1. 实验时，为什么要先测 $\Delta T_{中}$ 而后测 $\Delta T_{电}$？

2. 能否用其他的方法测定量热计的热容，请自查文献后说明。

【e 网链接】

1. http://wenku. baidu. com/view/39ec9e8bd0d233d4b14e697e. html

2. http://www. doc88. com/p-9069095777529. html

Ⅱ 相图的绘制

实验 4 双液系气-液平衡相图

【实验目的与要求】

1. 用沸点仪测定标准压力下环己烷-异丙醇双液系的气-液平衡相图，绘制温度-组成图，并找出恒沸混合物的组成及恒沸点；

2. 了解用沸点仪测量液体沸点的方法及进一步理解分馏原理；

3. 了解阿贝折光仪的测量原理和使用方法。

【实验原理】

两种在常温时为液态的物质混合起来而组成的二组分体系称为双液系，两种液体若能按任意比例互相溶解，称为完全互溶的双液系。若只能在一定比例范围内互相溶解，则称部分

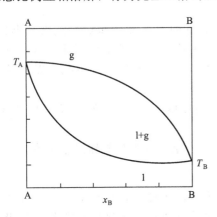

图 3-6 完全互溶双液系的恒压气-液平衡相图

互溶双液系。对于双液系的沸点不仅与外压有关，而且还和双液系的组成有关。通常用几何作图的方法将在一定外压下双液系的沸点对其气相、液相组成作图，称为双液系气-液平衡相图；它反映沸点与液相组成、气相组成之间的关系。图 3-6 是一种最简单的完全互溶双液系的恒压气-液平衡相图，即 T-x 图。

图 3-6 中纵轴是温度(沸点)T，横轴是液体 B 的摩尔分数 x_B，下面的一根曲线是液相线，上面的一根曲线是气相线。对应于同一沸点温度的二曲线上的两个点，就是互相平衡的气相点和液相点。按照对拉乌尔定律偏差程度和方向，可把完全互溶

双液系的 T-x 图分为三类。

图 3-6 是对拉乌尔定律偏差程度较小，溶液的沸点介于 A、B 两纯物质沸点之间。而图 3-7 是典型的完全互溶双液系的气-液平衡相图，是对拉乌尔定律有较大偏差。这两种相图的特点是出现极小值或极大值，因此就不能用普通蒸馏的方法将 A 和 B 完全分开。相图中出

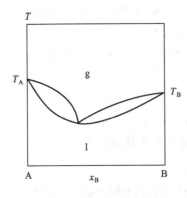
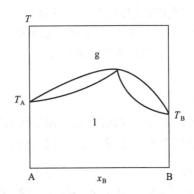

图 3-7 完全互溶双液系的另两种类型相图

现极值的那一点的温度称为恒沸点，该点的气相组成和
液相组成完全相同，在整个蒸馏过程中的沸点亦恒定不
变。对应于恒沸点的溶液称为恒沸混合物。外压不同
时，同一双液系的相图也不尽相同，故恒沸点和恒沸混
合物的组成还与外压有关。

测绘具有恒沸点的相图时，要求同时测定溶液的沸
点及气-液平衡时两相的组成。本实验用回流冷凝法测
定环己烷-异丙醇体系在不同组成时的沸点。沸点的测
定是很不容易的，原因在于沸腾时常易发生过热现象，
且在气相中又易出现分馏效应。为此，人们设计出多种
沸点仪，其基本设计思想均不外乎防止过热现象与分馏
效应等主要引起误差的因素发生作用。本实验采用图3-
8所示的沸点仪，它是一只带有回流冷凝管的长颈圆底
烧瓶1。冷凝管底部有一球形小室2，用以收集冷凝下
来的气相样品，液相样品则通过烧瓶上的支管6抽取。
图3-8中8是一根电热丝，直接浸在溶液中加热溶液，
这样可以减少溶液沸腾时的过热现象，同时还防止了
暴沸。

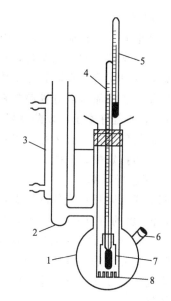

图3-8　沸点仪

1—盛液容器；2—球形小室；3—冷凝管；
4—测量温度计；5—辅助温度计；6—支管；
7—小玻管；8—电热丝

本实验溶液的组成用物理方法分析，因为环己烷和异丙醇的折射率相差较大，且折射率
法所需样品量较少，用以测定气相和液相样品的组成较合适。

【仪器、试剂与材料】

1. 仪器：沸点仪，阿贝折光仪，超级恒温槽，1kV调压变压器，0～5A交流电表，
50～100℃温度计(最小分度0.1℃)1支，0～100℃温度计(最小分度1℃)1支，50mL烧杯1
只，250mL烧杯1只。

2. 试剂与材料：环己烷(AR)，异丙醇(AR)，丙酮(AR)，重蒸馏水，冰。

【实验步骤】

1. 安装沸点仪

将干燥的沸点仪安装好。检查带有温度计的木塞是否塞紧，加热用的电热丝要靠近容器
1底部的中心，温度计水银球的位置要在支管6之下且稍高于电热丝。测量温度计安装的具
体位置是：使水银球的一半浸在液面下，一半露在蒸气中，并在水银球外围套一小玻管7。
小玻管7的作用：溶液沸腾时在气泡的带动下，使气流不断地喷向水银球而自玻管上端溢
出；另外，小玻管7还可以减少周围环境(如风或其他热源的辐射)对温度计读数可能引起的
波动，由此测得的温度能较好地代表气液两相的平衡温度。

2. 粗略配制10％、30％、45％、55％、65％、80％、95％等组成的环己烷-异丙醇
溶液。

3. 测定沸点

将一配制好的样品注入沸点仪中，液体量应盖过电热丝，处在温度计水银球的中部。旋
开冷凝水，接通电源，调节变压器电压，使电流表指示约为1A，否则会烧断电热丝(注：电
热丝一定要淹没在液面下，否则，遇到空气马上就会被烧断)。当液体沸腾、温度稳定(一般
在沸腾后10～15min可达平衡)后，记下沸腾温度及环境温度。

4. 取样

切断电源，停止加热。用 250mL 烧杯，内盛冷水，套在沸点仪底部，冷却容器 1 内的液体。用一支细长的干燥滴管，自冷凝管口伸入球形小室 2，吸取其中全部冷凝液。用另一支干燥滴管自支管 6 吸取容器 1 内的溶液 1mL。上述两样品分别代表平衡时的气相样品和液相样品。各样品可以分别储放在事先准备好的干燥取样管中（取样管插在盛有冰水的小烧杯内），立即盖好塞子，以防挥发。在样品的转移过程中，动作应迅速而仔细，并应尽早测定样品的折射率，不宜久存，以免挥发造成浓度改变。当沸点仪内的溶液冷却后，将溶液自支管 6 倒向指定的试剂瓶。

5. 测定折射率

调节通入阿贝折光仪的恒温水温度为 (25.0±0.2)℃。用重蒸馏水测定阿贝折光仪的读数校正值（水的折射率 $n_D^{20}=1.33299$），然后分别测定平衡时的气相样品与液相样品的折射率。对每一样品要测量至少三次折射率值，并取其平均值作为所测样品在该温度时的折射率。阿贝折光仪的原理和操作方法详见本丛书第一分册仪器部分。

重复步骤 3~5，分别测定环己烷和异丙醇的沸点，以及各溶液的沸点和平衡时气相、液相的组成。

6. 实验前后记录大气压力，取其平均值作为实验时的大气压。

【实验结果与数据处理】

1. 按表 3-1 数据，用坐标纸绘出异丙醇的 n_D^{20} 与摩尔分数组成的标准工作曲线，即 n_D^{20}-x 曲线。

表 3-1　20℃异丙醇折射率随浓度的关系

$x_{异丙醇}$	0	0.1066	0.1704	0.2000	0.2834	0.3203	0.3714
n_D^{20}	1.4263	1.4210	1.4181	1.4168	1.4130	1.4113	1.4090
$x_{异丙醇}$	0.4040	0.4604	0.5000	0.6000	0.8000	1.0000	
n_D^{20}	1.4077	1.4050	1.4029	1.3983	1.3882	1.3773	

2. 将气相和液相样品的折射率（已校正），从 n_D^{20}-x 的标准工作曲线上查得相应组成。

3. 溶液的沸点与大气压有关。应用鲁顿规则及克劳休斯-克拉贝龙方程可得溶液沸点受大气压变动而改变的近似校正公式：

$$\Delta T = \frac{RT_沸}{21} \times \frac{\Delta p}{p} = \frac{T_沸}{10} \times \frac{101325-p}{101325} \qquad (3-11)$$

式中，ΔT 为沸点因大气压变动而改变的校正值；$T_沸$ 为溶液的沸点（热力学温度）；p 为测定沸点时的大气压力，Pa。

由此可求得标准压力下溶液的正常沸点为：$T_{正常} = T_沸 + \Delta T$ (3-12)

另外，由于温度计 4 的水银柱未全部浸入待测温度的体系内，须进行露茎校正。经以上两项校正后，得到校正后的溶液沸点。

4. 将由标准工作曲线查得的溶液组成及校正后的沸点列表，绘制环己烷-异丙醇气-液平衡相图。由相图确定该体系最低恒沸点及恒沸混合物的组成。

【实验注意事项】

1. 沸点仪中没有装入溶液之前绝对不能通电加热，如果没有溶液，通电加热丝后沸点仪会炸裂。

2. 一定要在停止通电加热之后，方可取样进行分析。

3. 沸点仪中蒸气的分馏作用会影响气相的平衡组成，使得气相样品的组成与气-液平衡时气相的组成产生偏差，因此要减少气相的分馏作用。本实验所用的沸点仪是将平衡的蒸气冷凝在球形小室 2 内，在容器中的溶液不会溅入球形小室 2 的前提下，尽量缩短球形小室 2 与原溶液的距离，以达到减少气相的分馏作用。

4. 实验过程中，冷凝管中必须始终通入冷凝水，以使气相全部冷凝。

5. 使用阿贝折光仪时，棱镜上不能触及硬物（滴管），每次加样前，必须先将折光仪的棱镜面洗净，可用数滴挥发性溶剂（如丙酮）淋洗，再用擦镜纸轻轻吸去残留在镜面上的溶剂。在使用完毕后，也必须将阿贝折光仪的镜面处理干净。

【思考题】

1. 沸点仪中的球形小室 2 体积过大或过小，对测量有何影响？

2. 若在测定时，存在过热或分馏作用，将使测得的相图图形产生什么变化？

3. 按所得相图，讨论环己烷-异丙醇溶液蒸馏时的分离情况。

4. 本实验的误差来源主要有哪些？

5. 如何判定汽-液相已达平衡？

【e 网链接】

1. http：//jpkc. yzu. edu. cn/course2/jchxsy2/04dzja. htm

2. http：//www. doc88. com/p-468115259074. html

3. http：//course. zjnu. cn/lyzhao/show. aspx？ id＝1480＆cid＝66

实验 5　三元相图的绘制

【实验目的与要求】

1. 熟悉相律和利用等边三角形坐标表示三组分相图的方法；

2. 用溶解度法绘制具有一对共轭溶液的三组分相图，并绘制联结线。

【实验原理】

在定温定压下，三组分体系的状态和组成之间的关系通常可用等边三角形坐标来表示，如图 3-9 所示。等边三角形三顶点分别表示三个纯物质 A、B、C；AB、BC 及 CA 三边分别表示 A 和 B、B 和 C、C 和 A 所组成的二组分组成。三角形内任一点，则表示三组分组成的一个三元体系。如 O 点的组成：$x_A = Cc'$，$x_B = Aa'$，$x_C = Bb'$。

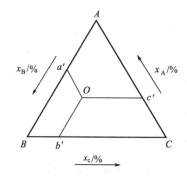

图 3-9　三角形坐标系

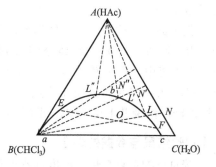

图 3-10　具有一对共轭溶液的三液系相图

对于具有一对共轭溶液的三液系相图如图 3-10 所示，该三液系相图中组分 A 和 B、A 和 C 为完全互溶，而 B 和 C 为部分互溶，曲线 abc 为溶解度曲线。曲线上方为单相区，曲线下方为二相区，物系点落在二相区内，即分为两相，如 O 点则分成组成为 E 和 F 的两相，而 EF 线称为联结线。

绘制溶解度曲线的方法很多，本实验是先以完全互溶的两个组分(如 A 和 C)以一定的比例混合所组成的均相溶液，如图 3-10 上的 N 点，滴加入组分 B，物系点则沿着 NB 线移动直至溶液变浑，即为 L 点。再加入 A，物系点由 LA 上升至 N' 点而变清。如再加入 B，此时物系点又沿着 $N'B$ 由 N' 移动至 L' 而再次变浑，再滴加 A 使变清……如此重复，最后连接 L,L',L''……即可画出溶解度曲线。

由于联结线是表示在两相区内呈平衡两相的组成(或 A 在两相中的分配)，所以可以在两相区内配制溶液，待平衡后分析每相中的任何一种组成的含量，连接在溶解度曲线上该两含量的组成点而得出。

【仪器、试剂与材料】

1. 仪器：滴定管 50mL (酸式或碱式各 1 支)，移液管 2mL 和 5mL 各 2 支，移液管 10mL 4 支，有塞锥形瓶 25mL 4 只，有塞锥形瓶 100mL 2 只，分液漏斗 60mL 2 只，锥形瓶 150mL 2 只。

2. 试剂与材料：氯仿(AR)，冰醋酸(AR)，$0.5\text{mol} \cdot \text{L}^{-1}$ 标准 NaOH 溶液，酚酞指示剂。

【实验步骤】

1. 在干燥而洁净的酸式滴定管内装入水，而在碱式滴定管内装入 $0.5\text{mol} \cdot \text{L}^{-1}$ 的 NaOH 溶液。

分别用 10mL 移液管移 6mL 氯仿及 1mL 醋酸于干洁的 100mL 磨口锥形瓶中，摇匀成均相后，然后慢慢滴入水并不停振荡，滴至溶液由清变浑，即为终点。记下所加水的体积或再在此瓶中加入 2.0mL 的醋酸，继续用水滴定至再次变浑。同法再把 3.0mL 醋酸，7.0mL 醋酸依次加入并分别再用水滴定。记下各次各组分的累计用量，最后加到 40mL 水，加塞振摇(每隔 5min 振摇一次)30min 后，再将此溶液作测联结线用(溶液Ⅰ)，瓶塞塞紧，勿使瓶内液体振出。

吸 1mL 氯仿、3mL 醋酸于另一干燥洁净的 100mL 磨口锥形瓶，用水滴定至终点，其后如前依次加入 2mL、5mL、5mL 醋酸后并分别再用水滴定至终点，记下各次各组分的累计用量。最后加入 10mL 氯仿，以同样的方法每 5min 振摇一次，振摇 30min 后作测另一根联结线用(溶液Ⅱ)。

2. 把上面所得的溶液Ⅰ转移到分液漏斗(事先需要干燥)，待两层液体分清把上下两层分开。用干燥洁净移液管吸取溶液Ⅰ上层溶液 2mL、下层溶液 2mL 分别放于已知称重干燥洁净的称量瓶中，再称其重量。用水洗入 150mL 的锥形瓶中，然后以酚酞指示剂，用约 $0.5\text{mol} \cdot \text{L}^{-1}$ NaOH 溶液滴定至终点。

同法吸取溶液Ⅱ上层 2mL、下层 2mL，称重并滴定。

【实验结果与数据处理】

1. 按每一物系点氯仿、醋酸及水的体积和实验温度下这三种物质的密度，算出每一物系点的质量分数，填入下表：

CH$_3$COOH		CHCl$_3$		H$_2$O		总质量/g	质量分数/%		
累计体积/mL	质量/g	体积/mL	质量/g	体积/mL	质量/g		CH$_3$COOH	CHCl$_3$	H$_2$O
1		6							
3		6							
6		6							
13		6							
13		6		40					
3		1							
5		1							
10		1							
15		1							
15		再加 10mL							

在温度 t 时的密度可从下式求算：

$$d_t = d_s + \alpha(t - t_s) \times 10^{-3} + \beta(t - t_s)^2 \times 10^{-6} + \gamma(t - t_s)^3 \times 10^{-9} \qquad (3\text{-}13)$$

式中，$t_s = 0℃$，其他参数见下表。

组分	d_s	α	β	γ
CH$_3$COOH	1.072	−1.229	0.2058	−2.0
CHCl$_3$	1.5264	−1.856	−0.531	−8.8

根据各点的质量分数在三角形相图上标出并连成线，即为溶解度曲线。在 BC 边上共轭溶液的组成也即该温度下水在 CHCl$_3$ 中的溶解度。

2. 联结线绘制

记录实验数据如下。

溶液	溶液质量/g	NaOH 用量/mL	HAc 量/g	CH$_3$COOH 质量分数/%
（Ⅰ）上层				
（Ⅰ）下层				
（Ⅱ）上层				
（Ⅱ）下层				

根据 CH$_3$COOH 的质量分数，在溶解度曲线上找出相应点，将其连成直线即为联结线，它应该通过物系点。

【实验注意事项】

1. 用水滴定如超过终点，则可再滴几滴醋酸至由浑变清作为终点，只要记下实际溶液用量即可。另外，在作最后几点时（氯仿含量较少）终点是逐渐变化的，需滴至出现明显浑浊才停止滴加水。

2. 另一种测绘这种相图的方法是在两相区内以任一比例将三种溶液混合后置于一定温度下使之平衡，然后分析互成平衡的二共轭相的组成。但此法较麻烦。

【思考题】

1. 如联结线不通过物系点，其原因可能是什么？

2. 在三角相图上画出本实验过程中物系点改变的途径，若不用这种途径，你能设计另一种实验途径吗？

3. 为什么说，具有一对共轭溶液的三液系相图对确定各区的萃取条件极为重要？

4. 在用水滴定溶液Ⅱ的最后一点时，由清变浑的终点不明显，这是为什么？

【e网链接】

1. http：//jpkc. yzu. edu. cn/course2/jchxsy2/04dzja. htm

2. http：//www. docin. com/p-579862188. html

3. http：//www. doc88. com/p-988344207456. html

实验 6 二组分金属相图

【实验目的与要求】

1. 学会用步冷曲线法绘制 Pb-Sn 二组分金属相图；

2. 掌握热分析法的测量技术；

3. 熟悉 UJ-36 型电位差计和小型台式记录仪的使用；

4. 了解热电偶温度计的使用和校正方法。

【实验原理】

热分析法是绘制相图常用的基本方法之一，这种方法是通过观察体系在冷却或加热时温度随时间的变化关系，来判断有无相变的发生。通常的做法是先将体系全部熔化，然后让其在一定的环境中自行冷却，并每隔一定的时间记录一次温度，以温度(T)为纵坐标、时间(t)为横坐标，画出温度逐渐降低的所谓步冷曲线，即 T-t 图。图 3-11 是二组分金属体系的常见的步冷曲线。当体系均匀冷却时，如果体系不发生相变，其温度随时间的变化也将是均匀的，且冷却也较快。若在冷却过程中发生了相变，由于相变过程中伴随着热效应，致使体系温度随时间的变化将发生改变，体系的冷却速度减慢，步冷曲线就出现转折。当熔液继续冷却到某一点时，由于此时熔液的组成已达到最低共熔混合物的组成，故有最低共熔混合物析出，在最低共熔混合物完全凝固之前，体系温度保持不变，因此步冷曲线出现平台。当熔液完全凝固后，温度才开始下降(见图 3-11)。

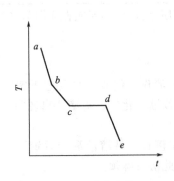

图 3-11 步冷曲线

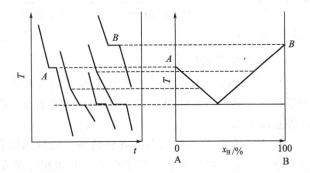

图 3-12 步冷曲线与相图

由此可见，对组成一定的二组分低共熔混合物体系来说，可以根据它的步冷曲线，判断有固体析出时的温度和最低共熔点的温度。如果作出一系列组成不同的体系的步冷曲线,从中找出各转折点,即能画出二组分体系最简单的相图。不同组成熔液的步冷曲线与对应相图的关系可从图 3-12 中看出。

热电偶的测温原理,当一导体两端温度不同时,由于高温端下的电子能量比低温端下的电子能量大,所以由高温端跑到低温端的电子数要比从低温端跑到高温端的电子数多,故最终结果将使高温端因失去电子而带正电,低温端得到电子而带负电,形成电势差。

【仪器、 试剂与材料】

1. 仪器:UJ-36 型电位差计(上海电子仪器厂)1 台,1kV 调压变压器 1 只,500W 电烙铁芯(内径 2.8cm)1 只,停钟 1 只,陶质坩埚 1 只,杜瓦瓶 1 只,试管(内径约 1.5cm)7 支,热电偶(铜-康铜,丝直径 0.5mm,长 90cm)1 支,导线若干。

2. 试剂与材料:Pb(AR),Sn(AR),石蜡油。

【实验步骤】

1. 按图 3-13 连接好装置。将组成分别为 0、20%、40%、61.9%、80%、100%(Sn)的 6 个 100g 样品放在加热炉中缓慢加热,再各加入少许石蜡油(约 3g),以防止金属在加热过程中接触空气而被氧化。将热电偶端随套管插入样品管内,冷端插入冰水混合物中。连接并调好金属相图加热炉,热电偶与小型台式记录仪相连,打开小型台式记录仪,使之每小时走 30cm,并做相应的调零。将电压调至中间挡使样品完全熔化,过一小会儿停止加热。余热会使温度继续升高,相应的热电势增加。用热电偶玻璃套管轻轻搅拌样品,使各处温度均匀一致,避免过冷。炉温控制在样品熔化后再升 50℃ 为

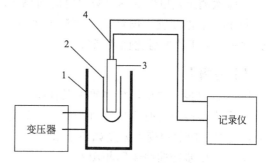

图 3-13 实验装置简图
1—加热炉;2—坩埚;3—玻璃套管;4—热电偶

宜,用调压变压器控制电炉冷却速率,通常为每分钟 6～8℃,每隔 30s 用电位差计读取热电势值一次,直至三相共存温度以下约 50℃。当小型台式记录仪出现平台后温度下降为止,找出平台和拐点处对应的热电势和温度。

2. 水的沸点测定,将热电偶热端置于沸腾的蒸馏水中测定其热电势。

【实验结果与数据处理】

1. 数据记录

$x_{Sn}/\%$	0	20	40	61.9	80	100	纯水
熔点/℃							
状态	纯铅			低共熔		纯锡	纯水
拐点热电势/mV							
拐点温度/℃							
平台热电势/mV							—
平台温度/℃							

2. 绘制相图

按照上述数据绘制步冷曲线及相图。

【实验注意事项】

1. 用电炉加热时，注意调节电压，不宜过高(约 160V)；待金属全部熔融后，即需切断电源停止升温，以防超温过剧而使欲测金属发生氧化。

2. 适当搅拌可避免过冷现象出现，但搅拌时须是平动，忌上下搅动，否则测温点会不断变化而致温度变化不规律。

3. 热电偶的一端，即热端须插到套管底部，以保证测温点的一致性。其另一端，即冷端应保持在 0℃，由于有些用作冷阱的杜瓦瓶绝热性能并不良好，所以在其内的冰要颗粒小，冷阱中的温度不能均匀一致为 0℃，有时在下部的温度可能比 0℃高 3～4℃。

4. 用电位差计测量热电势时，每次事前均需用标准电池校正之，而每次读数的时间间隔须严格一致。

5. 结果偏差原因

① 转折点不明显，甚至不出现：a. 金属尚未全部熔融就开始进行步冷曲线的测定；b. 冷却速度过快，特别是离开最低共熔点组成较远的那些体系、在气温较冷的冬天所测的步冷曲线，故有时在降温过程中不完全切断电炉的电源，加以一定的电压(约 20V)来减缓冷却速度；c. 每次测定热电偶的热电势时时间间隔未严格一致；d. 热电偶测温点不固定。

② 相变点温度发生偏差：a. 所测金属不纯，存有其他少量杂质；b. 冷端温度在较长的实验过程中由于冰的融化而逐渐升高。

【思考题】

1. 什么叫步冷曲线，纯物质和混合物的步冷曲线有何不同？

2. 测定步冷曲线时应自何时开始记录数据为较宜？如何防止发生过冷现象？如有过冷现象，与之相应的相变点温度如何推求？

3. 如何由步冷曲线绘制相图？

4. 简述热电偶温度计的简单工作原理。

5. 简述 UJ-36 型电位差计的简单原理和使用方法。

【e 网链接】

1. http：//jpkc. yzu. edu. cn/course2/jchxsy2/04dzja. htm

2. http：//www. doc88. com/p-74787872041. html

Ⅲ 平衡常数与活度系数以及分配系数测定

实验 7 液相反应平衡常数

【实验目的与要求】

1. 掌握一种测定弱电解质电离常数的方法；

2. 掌握分光光度计的测试原理和使用方法；

3. 掌握 pH 计的原理和使用。

【实验原理】

根据 Lambert-Beer 定律，溶液对于单色光的吸收遵守下列关系式：

$$A = \lg I/I_0 = klc \tag{3-14}$$

式中，A 为吸光度；I/I_0 为透光率；k 为摩尔吸光系数，它是溶液的特性常数；l 为被测溶液的厚度；c 为溶液浓度。

在分光光度分析中，将每一种单色光，分别、依次地通过某一溶液，测定溶液对每一种光波的吸光度，以吸光度 A 对波长 λ 作图，就可以得到该物质的分光光度曲线，或吸收光谱曲线，如图 3-14 所示。由图可以看出，对应于某一波长有一个最大的吸收峰，用这一波长的入射光通过该溶液就有着最佳的灵敏度。

从式(3-14)可以看出，对于固定长度吸收槽，在对应最大吸收峰的波长(λ)下测定不同浓度 c 的吸光度，就可作出线性的 A-c 线，这就是光度法的定量分析的基础。以上讨论是对于单组分溶液的情况，对含有两种以上组分的溶液，情况就要复杂一些。

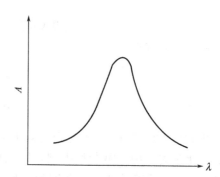

图 3-14 分光光度曲线

① 若两种被测定组分的吸收曲线彼此不相重合，这种情况很简单，就等于分别测定两种单组分溶液。

② 两种被测定组分的吸收曲线相重合，且遵守 Lambert-Beer 定律，则可在两波长 λ_1 及 λ_2 时(λ_1、λ_2 是两种组分单独存在时吸收曲线最大吸收峰波长)测定其总吸光度，然后换算成被测定物质的浓度。

根据 Lambert-Beer 定律，假定吸收槽的长度一定，则：

$$\left. \begin{array}{l} \text{对于单组分 A} \quad A_{\lambda}^{A} = K_{\lambda}^{A} c^{A} \\ \text{对于单组分 B} \quad A_{\lambda}^{B} = K_{\lambda}^{B} c^{B} \end{array} \right\} \tag{3-15}$$

设 $A_{\lambda_1}^{A+B}$，$A_{\lambda_2}^{A+B}$ 分别代表在 λ_1 及 λ_2 时混合溶液的总吸光度，则：

$$A_{\lambda_1}^{A+B} = A_{\lambda_1}^{A} + A_{\lambda_1}^{B} = K_{\lambda_1}^{A} c^{A} + K_{\lambda_1}^{B} c^{B} \tag{3-16}$$

$$A_{\lambda_2}^{A+B} = A_{\lambda_2}^{A} + A_{\lambda_2}^{B} = K_{\lambda_2}^{A} c^{A} + K_{\lambda_2}^{B} c^{B} \tag{3-17}$$

此处 $A_{\lambda_1}^{A}$、$A_{\lambda_2}^{A}$、$A_{\lambda_1}^{B}$、$A_{\lambda_2}^{B}$ 分别代表在 λ_1 及 λ_2 时组分 A 和 B 的吸光度。由式(3-16)可得：

$$c^{B} = \frac{A_{\lambda_1}^{A+B} - K_{\lambda_1}^{A} c^{A}}{K_{\lambda_1}^{B}} \tag{3-18}$$

将式(3-18) 代入式(3-17)得：

$$c^{A} = \frac{K_{\lambda_1}^{B} A_{\lambda_2}^{A+B} - K_{\lambda_2}^{B} A_{\lambda_1}^{A+B}}{K_{\lambda_2}^{A} K_{\lambda_1}^{B} - K_{\lambda_2}^{B} K_{\lambda_1}^{A}} \tag{3-19}$$

这些不同的 K 值均可由纯物质求得，也就是说，在纯物质的最大吸收峰的波长为 λ 时，测定吸光度 A 和浓度 c 的关系。如果在该波长处符合 Lambert-Beer 定律，那么 A-c 为直线，直线的斜率为 K 值，$A_{\lambda_1}^{A+B}$、$A_{\lambda_2}^{A+B}$ 是混合溶液在 λ_1、λ_2 时测得的总吸光度，因此根据式(3-18)、式(3-19)即可计算混合溶液中组分 A 和组分 B 的浓度。

③ 若两种被测组分的吸收曲线相互重合，而又不遵守 Lambert-Beer 定律。

④ 混合溶液中含有未知组分的吸收曲线。

③与④两种情况，由于计算及处理比较复杂，此处不讨论。

本实验是用分光光度法测定弱电解质(甲基红)的电离常数,由于甲基红本身带有颜色,而且在有机溶剂中电离度很小,所以用一般的化学分析法或其他物理化学方法进行测定都有困难,但用分光光度法可不必将其分离,且同时能测定两组分的浓度。甲基红在溶液中存在如下解离平衡:

酸式(A,红色)　　　　　　碱式(B,黄色)

甲基红的电离常数

$$K = \frac{[H^+][B]}{[A]}$$

或

$$pK = pH - \lg\frac{[B]}{[A]} \tag{3-20}$$

由式(3-20)可知,只要测定溶液中 B 与 A 的浓度及溶液的 pH 值(由于本体系的吸收曲线属于上述讨论中的第②种类型,因此可用分光光度法通过式(3-18)、式(3-19)求出 [B] 与 [A]),即可求得甲基红的电离常数。

【仪器、试剂与材料】

1. 仪器:紫外-可见分光光度计(Unico2000)1 台,pHs-3c 型酸度计 1 台,容量瓶(100mL)7 只,量筒(100mL)1 只,烧杯(100mL)4 只,移液管(25mL,胖肚)2 支,移液管(10mL,刻度)2 支,洗耳球 1 只。

2. 试剂与材料:酒精(95%,CR),盐酸(0.1mol·L^{-1}),盐酸(0.01mol·L^{-1}),醋酸钠(0.01mol·L^{-1}),醋酸钠(0.04mol·L^{-1}),醋酸(0.02mol·L^{-1}),甲基红(固体)。

【实验步骤】

1. 溶液制备

(1) 甲基红溶液　将 1g 晶体甲基红加 300mL 95% 酒精,用蒸馏水稀释到 500mL(已配制,公用)。

(2) 标准溶液　取 10mL 上述配好的溶液加 50mL 95% 酒精,用蒸馏水稀释到 100mL。

(3) 溶液 A　将 10mL 标准溶液加 10mL 0.1mol·L^{-1} HCl,用蒸馏水稀释至 100mL。

(4) 溶液 B　将 10mL 标准溶液加 25mL 0.04mol·L^{-1} NaAc,用蒸馏水稀释至 100mL。

溶液 A 的 pH 约为 2,甲基红以酸式存在。溶液 B 的 pH 约为 8,甲基红以碱式存在。把溶液 A、溶液 B 和空白溶液(蒸馏水)分别放入三个洁净的比色槽内,测定吸收光谱曲线。

2. 测定吸收光谱曲线

(1) 用分光光度计测定溶液 A 和溶液 B 的吸收光谱曲线,求出最大吸收峰的波长。波长从 360nm 开始,每隔 20nm 测定一次(每改变一次波长都要先用空白溶液校正),直至 620nm 为止。由所得的吸光度 A 与 λ 绘制 A-λ 曲线,从而求得溶液 A 和溶液 B 的最大吸收峰波长 λ_1 和 λ_2。

(2) 求 $K_{\lambda_1}^A$、$K_{\lambda_2}^A$、$K_{\lambda_1}^B$、$K_{\lambda_2}^B$　将 A 溶液用 0.01mol·L^{-1} HCl 稀释至开始浓度的 0.8 倍(取 20mL A 溶液用 0.01mol·L^{-1} HCl 稀释至 25mL),0.50 倍(取 12.5mL A 溶液用 0.01mol·L^{-1} HCl 稀释至 25mL),0.3 倍(取 7.5mL A 溶液用 0.01mol·L^{-1} HCl 稀释至 25mL)。

将 B 溶液用 0.01mol·L^{-1} NaAc 稀释至开始浓度的 0.8 倍(取 20mL B 溶液用 0.01mol·

L^{-1}NaAc 稀释至 25mL），0.50 倍（取 12.5mL B 溶液用 0.01mol·L^{-1}NaAc 稀释至 25mL），0.3 倍（取 7.5mL B 溶液用 0.01mol·L^{-1}NaAc 稀释至 25mL）。并在溶液 A、溶液 B 的最大吸收峰波长 λ_1 和 λ_2 处测定上述相对浓度为 0.3、0.5、0.8、1.0 的各溶液的吸光度。如果在 λ_1、λ_2 处上述溶液符合 Lambert-Beer 定律，则可得到四条 A-c 直线，由此可求出 $K_{\lambda_1}^A$、$K_{\lambda_2}^A$、$K_{\lambda_1}^B$、$K_{\lambda_2}^B$。

3. 测定混合溶液的总吸光度及其 pH

(1) 配制四个混合液

① 10mL 标准液＋25mL 0.04mol·L^{-1}NaAc＋50mL 0.02mol·L^{-1} HAc，加蒸馏水稀释至 100mL。

② 10mL 标准液＋25mL 0.04mol·L^{-1}NaAc＋25mL 0.02mol·L^{-1} HAc，加蒸馏水稀释至 100mL。

③ 10mL 标准液＋25mL 0.04mol·L^{-1}NaAc＋10mL 0.02mol·L^{-1} HAc，加蒸馏水稀释至 100mL。

④ 10mL 标准液＋25mL 0.04mol·L^{-1}NaAc＋5mL 0.02mol·L^{-1} HAc，加蒸馏水稀释至 100mL。

(2) 用 λ_1、λ_2 的波长测定上述四个溶液的总吸光度。

(3) 测定上述四个溶液的 pH 值。

【实验结果与数据处理】

1. 画出溶液 A、溶液 B 的吸收光谱曲线，并由曲线上求出最大吸收峰的波长 λ_1、λ_2。

2. 将 λ_1、λ_2 时溶液 A、溶液 B 分别测得的浓度与吸光度值作图，得四条 A-c 直线。求出四个摩尔吸光系数 $K_{\lambda_1}^A$、$K_{\lambda_2}^A$、$K_{\lambda_1}^B$、$K_{\lambda_2}^B$。

3. 由混合溶液的总吸光度，根据关系式，求出混合溶液中 A、B 的浓度。

4. 求出各混合溶液中甲基红的电离常数。

【实验注意事项】

1. 使用分光光度计时，为了延长光电管的寿命，在不进行测定时，应将暗室盖子打开。仪器连续使用时间不应超过 2h，如使用时间长，则中途需间歇 0.5h 再使用。

2. 比色槽经过校正后，不能随意与另一套比色槽个别的交换，需经过校正后才能更换，否则将引入误差。

3. pH 计应在接通电源 20～30min 后进行测定。

4. 本实验 pH 计使用的复合电极，在使用前复合电极需在 3mol·L^{-1}KCl 溶液中浸泡一昼夜。复合电极的玻璃电极玻璃泡很薄，容易破碎，切不可与任何硬东西相碰。

【思考题】

1. 制备溶液时，所用的 HCl、HAc、NaAc 溶液各起什么作用？

2. 用分光光度法进行测定时，为什么要用空白溶液校正零点？理论上应该用什么溶液校正？在本实验中用的什么？为什么？

【e 网链接】

1. http://www.docin.com/p-430883411.html

2. http://www.doc88.com/p-297946465800.html

实验 8　氨基甲酸铵分解压的测定——静态法

【实验目的与要求】

1. 掌握真空系统操作技术及压力校正方法；
2. 了解静态法测定固态物质分解压的方法和原理；
3. 了解复相反应热力学参数测定的原理和方法。

【实验原理】

参加反应的各种物质不在同一相中的反应称为复相反应。氨基甲酸铵的分解就是一种典型的复相反应。

$$NH_2COONH_4(s) \Longrightarrow 2NH_3(g) + CO_2(g) \tag{3-21}$$

该反应在常温下可很快达到平衡，其标准平衡常数 $K^\ominus$ 为：

$$K^\ominus = \frac{(p_{NH_3}/p^\ominus)^2(p_{CO_2}/p^\ominus)}{p_s/p^\ominus} \tag{3-22}$$

式中，p_{NH_3}、p_{CO_2} 分别为平衡时 NH_3 及 CO_2 的分压；$p^\ominus$ 为标准大气压(101325Pa 或 10^5Pa)；p_s 为固态氨基甲酸铵的平衡蒸气压(即气相中氨基甲酸铵的分压)。在通常情况下 p_s 很小，而且随温度变化不大，可视为常数。则式 (3-22) 经重排后得到一个新的压力常数 $K_p^\ominus$，其表达式为：

$$K_p^\ominus = (p_{NH_3}/p^\ominus)^2(p_{CO_2}/p^\ominus) \tag{3-23}$$

$K_p^\ominus$ 即为要测的反应式(3-21)的平衡常数。

若反应系统中未预先加入 NH_3 或 CO_2，则有如下压力关系：

$$p_{NH_3} = 2p_{CO_2} \tag{3-24}$$

显然 $p_s \ll p_{NH_3}$ 和 $p_s \ll p_{CO_2}$，则反应系统的总压 p 可近似为 NH_3 与 CO_2 的分压之和，即：

$$p = p_{NH_3} + p_{CO_2} \tag{3-25}$$

根据式(3-24)和式(3-25)，可得：

$$p_{NH_3} = 2p/3, p_{CO_2} = p/3 \tag{3-26}$$

将式(3-26)代入式(3-23)可得用总压 p 表示的 $K_p^\ominus$：

$$K_p^\ominus = (2p/3p^\ominus)^2(p/3p^\ominus) = \frac{4}{27}(p/p^\ominus)^3 \tag{3-27}$$

实验时，测定不同温度 T_i 下氨基甲酸铵的分解总压 p_i，再根据式 (3-27) 求不同温度下的平衡常数 $K_p^\ominus$，从热力学基本定律可以推知，平衡常数与温度的关系可用下式表示：

$$d\ln K_p^\ominus/dT = \Delta H(RT^2)^{-1} \tag{3-28}$$

式中，R 为气体常数；T 为热力学温度；ΔH 为反应的热效应。若温度变化范围不大，ΔH 可视为常数，式(3-28)写成积分形式：

$$\lg K_p^\ominus = -\Delta H(2.303RT)^{-1} + I \tag{3-29}$$

式中，I 为积分常数。从式(3-29)可知，若以 $\lg K_p^\ominus$ 对 $1/T$ 作图可得直线，据其斜率可求得反应热效应 ΔH。

【仪器、试剂与材料】

1. 仪器：真空系统，恒温装置（控温精度±0.1℃），水银温度计（量程分别为 0～50℃ 及 0～100℃，最小刻度分别为 0.1℃ 和 1℃）。

2. 试剂与材料：氨基甲酸铵（新制）。

【实验步骤】

1. 按照图 3-15 安装好实验装置。

2. 准确读取实验时的大气压值。

3. 检漏：检查旋塞 5、6 是否关闭，其余旋塞是否开启。按要求正确开启真空泵，待真空泵系统稳定后，缓慢开启旋塞 6，使测量系统减压直至精密真空表 9 读数为 0.05MPa 左右，关闭旋塞 6 后；缓慢打开进气毛细管旋塞 5，使平衡管 2 之 U 形管两边液柱相平，并在 5min 内保持不变。表明此系统密闭不漏气，可以进行正常实验。否则，需查明原因，排除漏气点。

4. 接通冷却水，将恒温槽温度调至 25℃。

5. 缓慢打开抽气旋塞 6，使平衡管中有单个气泡连续逸出，以赶净平衡管中样品小球内的空气。赶气约 5min 后，关闭旋塞 6。此时缓缓开启进气毛细管旋塞 5，使系统缓慢加压，直至平衡管两边液柱相平，并在约 3min 内保持不变，记下压力表读数及系统测量温度计和用于温度校正的环境温度计读数。

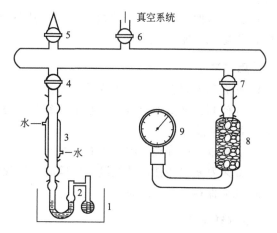

图 3-15　静态法测定氨基甲酸铵分解压装置
1—恒温槽；2—平衡管；3—冷凝管；
4～7—旋塞；8—干燥管；9—精密真空表

6. 重复步骤 5，若压力表两次读数值之差在测量误差范围之内，说明空气已被赶净，可进行其他温度的测量，否则必须再次重复步骤 5，直至符合上述要求。

7. 将温度调高 5℃，并缓缓打开进气毛细管旋塞 5，以保持平衡管内压力与系统压力平衡。待温度稳定后，使平衡管维持平衡约 3min 不变，即可记下有关数据，如此每隔 5℃ 测量一次，直至 50℃。

8. 为确保测量精度，每组实验数据至少测量 2～3 次。

9. 通过降温法，测量分解压随温度的变化关系。

【实验结果与数据处理】

1. 按要求对所测温度进行校正，并对气压值进行温度校正。将有关数据设计成表格形式列出。

2. 计算不同温度下氨基甲酸铵的分解压及分解反应的平衡常数 $K_p^{\ominus}$。

3. 以 $\lg K_p^{\ominus}$ 对 $1/T$ 作图得一直线，根据直线的斜率计算分解反应的热效应 ΔH。

4. 根据误差传递理论讨论压力与温度测量精度对反应热效应测量精度的影响。将测量值与文献值进行比较，讨论影响测量准确度的可能原因。

【实验注意事项】

1. 固体氨基甲酸铵很不稳定，遇水很快分解，立即生成（NH₄）₂CO₃ 和 NH₄HCO₃，故不易保存，也无市售商品供应，一般是需要时临时制备。其制备方法是将氨气及 CO_2 气体分别通过各自的干燥塔后，再一同通入一种温度较低的液体(如无水乙醇)中使其生成氨基甲酸铵。也可将上述干燥后的气体通入干燥的塑料袋中，直接在气相中反应生成氨基甲酸铵。其中部分粘附于袋壁上的氨基甲酸铵，只要稍加搓揉即可掉下，便于收集样品。

2. 测量过程中应仔细控制进气压力，加入过快会引起空气倒吸入样品球中，尤其在降温法测量过程中，由于温度的下降，氨基甲酸铵的分解压下降。为避免空气倒吸，应微微开启旋塞 6，使系统同步减压。

3. 无论在任何一步发生空气倒吸现象，均应重复实验步骤 5 与 6，重新赶气，直至达到要求。

4. 进气与抽气均应缓慢进行，一次快速进气会使平衡管中液封液体反冲入样品管中，将样品覆盖，影响实验测量。

【思考题】

1. 开启和关闭真空泵应注意哪几点？

2. 如何判别平衡管中盛装氨基甲酸铵的小球一侧中空气是否赶净？如果不赶净空气对实验结果有何影响？

3. 影响本实验准确度的因素有哪些？

4. 如果氨基甲酸铵已经受潮，实验时有何现象？

5. 如何保存氨基甲酸铵？

【e 网链接】

1. http：//jpkc. yzu. edu. cn/course2/jchxsy2/04dzja. htm

2. http：//hxx. hstc. edu. cn/rcpy/images/2009/10/26/1CA3CA128C4D45CA83B0BCF 0FB926B99. pdf

实验 9　乙酸电离度和电离常数的测定

【实验目的与要求】

1. 了解溶液电导的基本概念；

2. 学会电导(率)仪的使用方法；

3. 掌握溶液电导的测定及应用。

【实验原理】

AB 型弱电解质在溶液中电离达到平衡时，电离平衡常数 $K_c^\ominus$ 与原始浓度 c 和电离度 α 有以下关系：

$$K_c^\ominus = \frac{\frac{c}{c^\ominus}\alpha^2}{1-\alpha} \tag{3-30}$$

$$c^\ominus = 1\,mol \cdot L^{-1} \tag{3-31}$$

在一定温度下 $K_c^\ominus$ 是常数，因此可以通过测定 AB 型弱电解质在不同浓度时的 α 代入式 (3-30) 求出 $K_c^\ominus$。

醋酸溶液的电离度可用电导法来测定，图 3-16 是用来测定溶液电导的电导池。

将电解质溶液放入电导池内，溶液电导(G)的大小与两电极之间的距离(l)成反比，与电极的面积(A)成正比：

$$G = \kappa \frac{A}{l} \tag{3-32}$$

式中，$\frac{l}{A}$ 为电导池常数，以 K_{cell} 表示；κ 为电导率。

由于电极的 l 和 A 不易精确测量，因此在实验中是用一种已知电导率值的溶液先求出电导池常数 K_{cell}，然后把欲测溶液放入该电导池测出其电导值，再根据式(3-32)求出其电导率。

溶液的摩尔电导率是指把含有 1mol 电解质的溶液置于

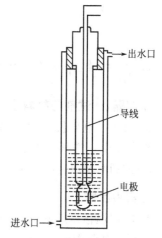

图 3-16　电导池示意图

相距为 1m 的两平行板电极之间的电导，以 Λ_m 表示，其单位以 SI 单位制表示为 $S \cdot m^2 \cdot mol^{-1}$。摩尔电导率与电导率的关系：

$$\Lambda_m = \frac{\kappa}{c} \tag{3-33}$$

式中，c 为该溶液的物质的量浓度。对于弱电解质溶液来说，可以认为：

$$\alpha \approx \frac{\Lambda_m}{\Lambda_m^\infty} \tag{3-34}$$

Λ_m^∞ 是溶液在无限稀释时的摩尔电导率。对于强电解质溶液(如 KCl、NaAc)，其 Λ_m 和 c 的关系为 $\Lambda_m = \Lambda_m^\infty(1 - \beta\sqrt{c})$。对于弱电解质(如 HAc 等)，$\Lambda_m$ 和 c 则不是线性关系，故它不能像强电解质溶液那样，从 $\Lambda_m - \sqrt{c}$ 的图外推至 $c = 0$ 处求得 Λ_m^∞。但我们知道，在无限稀释的溶液中，每种离子对电解质的摩尔电导率都有一定的贡献，是独立移动的，不受其他离子的影响，对电解质 $M^{\nu+} A^{\nu-}$ 来说，即 $\Lambda_m^\infty = \nu_+ \Lambda_{m_+}^\infty + \nu_- \Lambda_{m_-}^\infty$。弱电解质 HAc 的 Λ_m^∞ 可由强电解质 HCl、NaAc 和 NaCl 的 Λ_m^∞ 的代数和求得：

$$\Lambda_m^\infty(HAc) = \Lambda_m^\infty(H^+) + \Lambda_m^\infty(Ac^-) = \Lambda_m^\infty(HCl) + \Lambda_m^\infty(NaAc) - \Lambda_m^\infty(NaCl) \tag{3-35}$$

$$\Lambda_m^\infty(H^+, T) = \Lambda_m^\infty(H^+, 298.15K) \times [1 + 0.042(T/K - 298.15)] \tag{3-36}$$

$$\Lambda_m^\infty(Ac^-, T) = \Lambda_m^\infty(Ac^-, 298.15K) \times [1 + 0.02(T/K - 298.15)] \tag{3-37}$$

$$\Lambda_m^\infty(H^+, 298.15K) = 349.82 \times 10^{-4} S \cdot m^2 \cdot mol^{-1} \tag{3-38}$$

$$\Lambda_m^\infty(Ac^-, 298.15K) = 40.90 \times 10^{-4} S \cdot m^2 \cdot mol^{-1} \tag{3-39}$$

把式(3-34)代入式(3-30)可得：

$$K_c^\ominus = \frac{\dfrac{c}{c^\ominus}\left(\dfrac{\Lambda_m}{\Lambda_m^\infty}\right)^2}{1 - \dfrac{\Lambda_m}{\Lambda_m^\infty}} = \frac{\dfrac{c}{c^\ominus}\Lambda_m^2}{\Lambda_m^\infty(\Lambda_m^\infty - \Lambda_m)} \tag{3-40}$$

$$\frac{1}{\Lambda_m} = \frac{1}{\Lambda_m^{\infty}} + \frac{\frac{c}{c^{\ominus}}\Lambda_m}{K_c^{\ominus}(\Lambda_m^{\infty})^2} \tag{3-41}$$

以 $\frac{1}{\Lambda_m}$ 对 $\frac{c}{c^{\ominus}}\Lambda_m$ 作图，其直线的斜率为 $\frac{1}{K_c^{\ominus}(\Lambda_m^{\infty})^2}$，就可算出 $K_c^{\ominus}$。

【仪器、试剂与材料】

1. 仪器：电导仪(或电导率仪)1 台，恒温槽 1 套，烧杯(50mL)5 个，移液管(25mL)6 支，洗瓶 1 个，洗耳球 1 个。

2. 试剂与材料：$0.01mol \cdot L^{-1}$ KCl 溶液，$0.20mol \cdot L^{-1}$ HAc 溶液，蒸馏水。

【实验步骤】

1. 将恒温槽温度调至(25.0 ± 0.1)℃或(30.0 ± 0.1)℃，按图 3-16 所示使恒温水流经电导池夹层。如气温低于 25℃，则恒温至 25℃。否则在恒温 30℃下进行测定。

2. 测定前，用蒸馏水淋洗电导电极与双层夹套玻璃反应器，淋洗废液倒入大烧杯中。

3. 测定 KCl 的电导率(即电导池常数校正)：事先可用少许 KCl 溶液润洗电导电极和玻璃反应器，以使得在测定时溶液的浓度与容量瓶的溶液浓度尽最大限度保持不变，旋转"常数校正按钮"，使得其电导率为 1413×10^{-6} S·cm^{-1}，之后的测定不能再调节"常数校正按钮"。30℃时 $0.01mol \cdot L^{-1}$ KCl 的电导率为 1552×10^{-6} S·cm^{-1}。

4. 测定蒸馏水的电导率：反复淋洗电极与玻璃反应器，加入蒸馏水，测定其电导率，掌握量程的意义。

5. 测定不同浓度 HAc 的电导率：轻轻甩一甩电导电极，使其上附着的水珠被甩落，要求玻璃反应器尽可能不黏附水滴。此步不能润洗，用专用移液管(标签 $0.20mol \cdot L^{-1}$ HAc)移取 50mL $0.20mol \cdot L^{-1}$ HAc 溶液至玻璃反应器中，待电导率 4min 内基本不变可认为已到恒温。

再用专用移液管(标签 $0.20mol \cdot L^{-1}$ HAc)从玻璃反应器移出 25mL 溶液，用专用移液管(标签 H$_2$O 或水)添加 25mL 蒸馏水至玻璃反应器，如此则玻璃反应器的 HAc 溶液浓度减小，测定电导率。

依上法，分别测定浓度依次减半，即 $0.10mol \cdot L^{-1}$、$0.05mol \cdot L^{-1}$、$0.025mol \cdot L^{-1}$、$0.0125mol \cdot L^{-1}$、$0.00625mol \cdot L^{-1}$ HAc 溶液的电导率。

【实验结果与数据处理】

1. 电导水与醋酸溶液的电离常数

大气压：_____；室温：_____；实验温度：_____。

电导水的电导率：_____，HAc 原始浓度：_____。

参数	$c_{HAc}/mol \cdot L^{-1}$	电导率/S·cm^{-1}	Λ_m /S·m^2·mol^{-1}	$c\Lambda_m$/S·m^{-1}	α	$K_c^{\ominus}$
原始浓度	0.20					
1/2	0.10					
1/4	0.05					
1/8	0.025					
1/16	0.0125					
1/32	0.00625					

2. 按公式(3-41)以 $\frac{1}{\Lambda_m}$ 对 $c\Lambda_m$ 作图应得一直线，直线的斜率为 $\frac{1}{K_c^{\ominus}(\Lambda_m^{\infty})^2}$，由此求得 $K_c^{\ominus}$，并与上述结果进行比较。

3. 画三线表，有表名称等，用 Excel 或 Origin 软件作图，不用坐标纸作图(已淘汰)。先输入数据，选中数据，插入"图表"，选择散点图，去除网格线与阴影，点击"添加趋势线"，默认"直线"，正合需要。在"添加趋势线"窗口中的"选项"中，前推与后推相当于通常所说的将直线向上与向下延伸，勾中"显示公式"与"显示 R 平方值"，R 即相关系数。在"图表选项"中输入图名、坐标轴的名称。对着数据标记双击，出现"数据系列格式"窗口，可改变坐标线形与数据标记及大小。要求所作的图美观大方。

【实验注意事项】

1. 实验中温度要恒定，测量必须在同一温度下进行。恒温槽的温度要控制在(25.0±0.1)℃或(30.0±0.1)℃或(20.0±0.1)℃，视实验时气温而定。

2. 每次测定前，都必须将电导电极及电导池洗涤干净，以免影响测定结果。

3. DDS-12A 数字电导率仪的使用：背面有电源开关，正面有一排按钮，自左至右分别为粉红色、黑色、米白色。按下粉红色按钮，显示电导电极电导池常数；弹起粉红色按钮，测量电导率。

黑色按钮一排 5 个，按下按钮为测量，5 个按钮都可用于测定电导率，但是测量范围不同，依次测量范围为 $<2\mu S$、$<20\mu S$、$<200\mu S$、$<2mS$、$<20mS$。m 和 μ 之前的系数 10 或 100 只是表明该挡比左边相邻挡的测量范围大 10 倍。所得数据不能乘该系数。注意选择合适的量程，使得测定的电导率数据有效数字最多。

米白色按钮为可旋式按钮，用于电导池常数校正。校正办法：已知在 25℃时 0.01mol·L^{-1} KCl 的电导率为 1413×10^{-6} S·cm^{-1}。在 25℃时测定 0.01mol·L^{-1} KCl 的电导率，旋转"常数校正按钮"，使得其电导率为 1413×10^{-6} S·cm^{-1}，之后的测定不能再调节"常数校正按钮"。30℃时 0.01mol·L^{-3} KCl 的电导率为 1552×10^{-6} S·cm^{-1}，20℃时 0.01mol·L^{-1} KCl 的电导率为 1278×10^{-6} S·cm^{-1}。

4. 雷磁 DDS-11C 电导率仪的使用：开启电源，加入标准 KCl 水溶液，按"常数"，常数有四个挡次，按"△""▽"可变，用 1 这个挡次，再按最左边"常数"按钮，显示详细的常数，如".997"或"1.017"，按"△""▽"增大或减小常数，再按"确定"按钮，液晶面板上将显示"测量"，过 10s 会显示电导率，要求 KCl 的电导率达标。

单位换算：

$$[\Lambda_m] = \left[\frac{\kappa}{c}\right] = \frac{S\cdot cm^{-1}}{mol\cdot dm^{-3}} = \frac{S/0.01m}{mol/0.001m^3} = 0.1S\cdot m^2\cdot mol^{-1} \tag{3-42}$$

【思考题】

1. 为什么要测电导池常数？如何得到该常数？

2. 测定电导时为什么要恒温？实验中测电导池常数，温度是否要一致？

【e 网链接】

1. http://wenku.baidu.com/view/1410712a0066f5335a8121c8.html

2. http://baike.soso.com/v7526117.htm

3. http://www.cnki.com.cn/Article/CJFDTotal-CFXB200910009.htm

4. http://wenku.baidu.com/view/1d7e78d85022aaea998f0fd7.html

实验 10 电解质溶液活度系数的测定

【实验目的与要求】

1. 掌握用电动势法测定不同浓度电解质溶液平均离子活度系数的基本原理和方法;
2. 学会锌电极的制备与处理;
3. 进一步掌握电位差计的原理及使用方法。

【实验原理】

活度系数 γ 是用于表示真实溶液与理想溶液任一组分浓度的偏差而引入的一个校正因子,它与活度 a、质量摩尔浓度 m 之间的关系为:

$$a = \gamma \frac{m}{m^{\ominus}} \tag{3-43}$$

在理想溶液中,各电解质的活度系数为 1,在稀溶液中活度系数近似为 1。对于电解质溶液,由于溶液是电中性的,不存在单独的正离子或负离子,所以目前没有任何严格的实验方法可以直接测得单个离子的活度和活度系数。因此,对实际的电解质溶液,只能测量离子的平均活度系数 $\gamma_{\pm}$,它与平均活度 $a_{\pm}$、质量摩尔浓度 $m_{\pm}$ 之间的关系为:

$$a_{\pm} = \gamma_{\pm} \frac{m_{\pm}}{m^{\ominus}} \tag{3-44}$$

其中,$m_{\pm} = (m_{+}^{v_{+}} m_{-}^{v_{-}})^{1/v}$。

平均活度系数的测量方法主要有:气液相色谱法、动力学法、稀溶液依数性法、电动势法等。本实验采用电动势法测量 $ZnCl_2$ 溶液的平均活度系数。其原理如下。

组成如下单液电池:

$$Zn(s) \mid ZnCl_2(m) \mid AgCl(s) \mid Ag$$

电池反应为:

$$Zn + 2AgCl(s) \rightleftharpoons 2Ag(s) + Zn^{2+}(m) + 2Cl^{-}(2m)$$

该电池的电动势可由能斯特方程计算:

$$E = E_{AgCl/Ag}^{\ominus} - E_{Zn^{2+}}^{\ominus} - \frac{RT}{2F}\ln(a_{Zn^{2+}})(a_{Cl^{-}})^2$$

$$= E_{AgCl/Ag}^{\ominus} - E_{Zn^{2+}}^{\ominus} - \frac{RT}{2F}\ln(a_{\pm})^3 \tag{3-45}$$

即

$$E = E^{\ominus} - \frac{RT}{2F}\ln(m_{Zn^{2+}})(m_{Cl^{-}})^2 - \frac{RT}{2F}\ln(\gamma_{\pm})^3 \tag{3-46}$$

式中,$E^{\ominus} = E_{AgCl/Ag}^{\ominus} - E_{Zn^{2+}}^{\ominus}$,称为电池的标准电动势。

因此,当电解质浓度 m 已知时,在一定温度下,只要测得电池的电动势 E,再由标准电极电势表的数据求得 $E^{\ominus}$,即可求得 $\gamma_{\pm}$。

此外,$E^{\ominus}$ 值还可以根据实验结果由外推法得到。根据 Debye-Hückel 极限公式:

$$\ln\gamma_{\pm} = -A\sqrt{I} \tag{3-47}$$

其中,I 为离子强度,定义为:

$$I = \frac{1}{2}\sum m_i Z_i^2 \tag{3-48}$$

对于 $ZnCl_2$ 溶液，$I = 3m$，代入可得：

$$E + \frac{RT}{2F}\ln 4m^3 = E^{\ominus} + \frac{3\sqrt{3}ART}{2F}\sqrt{m} \tag{3-49}$$

由此可见，以 $E + \frac{RT}{2F}\ln 4m^3$ 对 $\sqrt{m}$ 作图可得一条直线，且当 $m \to 0$ 时，$E + \frac{RT}{2F}\ln 4m^3 \to$ $E^{\ominus}$。即将直线外推至 $m \to 0$ 时，所得截距即为 $E^{\ominus}$。

【仪器、 试剂与材料】

1. 仪器：恒温装置一套，UJ-59 型直流电位差计，电池装置，100mL 容量瓶 6 只，5mL 和 10mL 移液管各 1 支，250mL 和 400mL 烧杯各 1 只，Ag-AgCl 电极，细砂纸。

2. 试剂与材料：$ZnCl_2$（AR），锌片。

【实验步骤】

1. $ZnCl_2$ 溶液的配制

用二次蒸馏水配制浓度为 $1.0mol \cdot L^{-1}$ 的 $ZnCl_2$ 溶液 250mL。分别取 0.5mL、1.0mL、2.0mL、5.0mL、10.0mL 的上述配制好的标准溶液于 100mL 容量瓶中，加二次蒸馏水稀释至刻度，得到 $0.005mol \cdot L^{-1}$、$0.01mol \cdot L^{-1}$、$0.02mol \cdot L^{-1}$、$0.05mol \cdot L^{-1}$、$0.1mol \cdot L^{-1}$ 的 $ZnCl_2$ 标准溶液。

2. 控制恒温水浴温度为 $(25 \pm 0.1)℃$。

3. 电极的制备

将锌电极用细砂纸打磨光亮，再浸入稀硫酸中几秒钟以除去表面氧化物，取出后用蒸馏水淋洗干净备用。

4. 电动势的测定

将配制好的 $ZnCl_2$ 标准溶液，按由稀到浓的次序分别装入电池管恒温。将锌电极和 Ag-AgCl 电极分别插入装有 $ZnCl_2$ 溶液的电池管中，用电位差计分别测定不同 $ZnCl_2$ 浓度时电池的电动势。

5. 实验结束后，将电池、电极等洗净备用。

【实验结果与数据处理】

1. 记录不同浓度 $ZnCl_2$ 溶液相应的电动势 E 值。

2. 以 $E + \frac{RT}{2F}\ln 4m^3$ 为纵坐标，$\sqrt{m}$ 为横坐标作图，并用外推法求出 $E^{\ominus}$。

3. 通过查表计算出 $E^{\ominus}$ 的理论值，并求其相对误差。

4. 计算出不同浓度 $ZnCl_2$ 溶液的平均离子活度系数，然后再计算相应溶液的平均离子活度和 $ZnCl_2$ 的活度。

【实验注意事项】

1. 锌电极要仔细打磨、处理干净后方可使用，否则会影响实验结果。

2. 配制 $ZnCl_2$ 溶液时，由于 $ZnCl_2$ 很容易消解，可加入少量的稀硫酸溶液避免溶液出现浑浊。

3. Ag-AgCl 电极要避光保存，若表面 AgCl 层脱落，须重新电镀后再使用。

【思考题】

1. 通过库仑计阴极的电流密度为什么不能过大？

2. 为什么本实验电池的锌电极和 Ag-AgCl 电极不通过盐桥而直接浸入 $ZnCl_2$ 溶液组成电池?

3. 影响本实验测定结果的主要因素有哪些? 分析 $E^{\ominus}$ 的理论值与实验值出现误差的原因。

【e 网链接】

1. http：//wenku. baidu. com/link? url=zAhHPqtkSqKlQaAB7aGl5zG45ET _ kQtqoB 2mfx5s0khPcZlgOQUDDavL _ oQljraB8A0CFpypFTfN3－6v—y81iDOzJkiqLr8uj3uPZUNVol3

2. http：//wenku. baidu. com/link? url=xMukGRdn4Cqj4iYbFi2Zz _ 8SecDGQRM02N xGgBg6F6wUGYrYxgsWyBa-BlHWwvUrSr _ 23vZ2s02RqwRfWqE7KZp8PSH _ hnfvWlZ3-U-OIpO

3. http：//wenku. baidu. com/link? url=DZbZOlRHur0Ta0YNbgHu1XLD—oEyVSxF PVjdFJqBC3RIgOFLeJLEfI7ZrK9lrakFFiw9Sja40KvyN5kWEEl _ 6KeYWhNPfIuSpz0pROmcitO

实验 11　I_2 分配系数和 I_3^- 不稳定常数的测定

【实验目的与要求】

1. 测定碘在四氯化碳和水中的分配系数;

2. 测定碘和碘离子反应的平衡常数;

3. 了解温度对分配系数及平衡常数的影响。

【实验原理】

1. 分配系数

将溶质(如碘)加入两种互不相溶的液体中(如水与四氯化碳),达到平衡后,这个溶质在两种溶剂中的溶解度是不一样的。在恒定温度时,溶质在两种溶剂中的浓度之比通常是一个常数,谓之分配定律。即:

$$c_1/c_2 = K_d \tag{3-50}$$

式中,c_1 为溶质在第一种溶剂中的浓度;c_2 为溶质在第二种溶剂中的浓度;K_d 为分配系数,它与温度、溶质及溶剂性质有关,而与溶剂及溶质的绝对量无关。

2. 化学平衡常数

将碘溶于碘化物(如 KI)溶液中,主要生成 I_3^-,并存在下列平衡:

$$I_3^- \Longrightarrow I_2 + I^-$$

其平衡常数即 I_3^- 的解离常数 K 为:

$$K = \frac{a_{I_2} a_{I^-}}{a_{I_3^-}} = \frac{c_{I_2} c_{I^-}}{c_{I_3^-}} \times \frac{\gamma_{I_2} \gamma_{I^-}}{\gamma_{I_3^-}} \tag{3-51}$$

式中,a、c、γ 分别为活度、浓度和活度系数。显然,K 值越大,溶液中 I_2、I^- 浓度越大,I_3^- 越不稳定,所以 K 称为 I_3^- 的不稳定常数。在离子强度不大的稀溶液中,由于 $\gamma \to 1$,即 $\dfrac{\gamma_{I_2} \gamma_{I^-}}{\gamma_{I_3^-}} \approx 1$,所以:

$$K = \frac{c_{I_2} c_{I^-}}{c_{I_3^-}} \tag{3-52}$$

然而,要在 KI 溶液中用碘量法直接测出平衡时各物质的浓度是不可能的。因为当用

$Na_2S_2O_3$ 滴定 I_2 时，$I_3^- \rightleftharpoons I_2 + I^-$ 表达的平衡会向右移动，直到 I_3^- 被消耗完毕。因此，这样测得的 I_2 量实际上是 I_2 及 I_3^- 量之和。化学反应方程如下：

$$I_2 + 2S_2O_3^{2-} \rightleftharpoons S_4O_6^{2-} + 2I^-$$

为了克服上述困难，本实验采用溶有适量碘的 CCl_4 溶液和 KI 水溶液混合，经充分振荡，达成复相平衡。此时，I^- 和 I_3^- 不溶于 CCl_4，而 KI 水溶液中的 I_2 不仅与水层中的 I^- 和 I_3^- 达成化学平衡，而且与 CCl_4 中的 I_2 也建立了两相平衡。可见，这是一个多重平衡，如图 3-17 所示。

由于在一定温度下达到平衡时，碘在四氯化碳层中的浓度和在水层中的浓度之比为一常数 K_d（即分配系数）：

$$K_d = \frac{c_{I_2}(CCl_4)}{c_{I_2}(KI)} \tag{3-53}$$

因此，当测定了碘在四氯化碳层中的浓度后，便可通过预先测定出的分配系数 K_d 求碘在 KI 溶液中的浓度。而分配系数可借助于碘在 CCl_4 和纯水中的分配来确定：

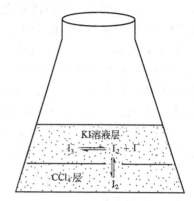

图 3-17　I_2 在水和 CCl_4 中的多重平衡

$$K_d = \frac{c_{I_2}(CCl_4)}{c_{I_2}(H_2O)} \tag{3-54}$$

再分析出上面的水层即 KI 溶液中的总碘量（$c_{I^-} + c_{I_3^-}$），然后减去 c_{I_2}(KI) 即得 $c_{I_3^-}$。由于形成一个 I_3^-，需要消耗一个 I^- 和一个 I_2，所以水层中（$c_{I^-} + c_{I_3^-}$）与原来 KI 溶液中 I^- 的浓度 c_{I^-} 相等，于是平衡时有下式：

$$c_{I^-} = I^- \text{的原始浓度（即 KI 溶液的浓度）} - c_{I_3^-}$$

将 c_{I_2}(KI 溶液)、c_{I^-}、$c_{I_3^-}$ 代入式(3-52)即得 I_3^- 的不稳定常数 K。

【仪器、试剂与材料】

1. 仪器：恒温水浴振荡器 1 套(公用)，250mL 碘量瓶 2 个，250mL 锥形瓶 4 个，移液管 3 支(25mL 1 支，5mL 2 支)，滴定管 2 支(25mL，5mL 各一支)，量筒 3 个(100mL 2 支，25mL 1 支)，滴定台 1 套。

2. 试剂与材料：KI 固体(AR)，0.100mol·L^{-1} KI 溶液，0.025mol·L^{-1} $Na_2S_2O_3$ 标准溶液，0.04mol·L^{-1} I_2 的 CCl_4 溶液，0.02% I_2 的水溶液，0.5%淀粉指示剂。

【实验步骤】

1. 控制恒温水浴温度为(30±0.5)℃(一般要求比室温高 5～10℃)。

2. 按下表配制溶液，取 2 个 250mL 碘量瓶，标上号码。

编号	0.02% I_2 水溶液	0.100mol·L^{-1} KI 溶液	0.04mol·L^{-1} I_2(CCl_4)
1	100mL	—	25mL
2	—	100mL	25mL

3. 配好后随即塞紧瓶盖，并置于恒温水浴中恒温均匀振荡 1h。恒温期间应经常振荡，每个样品至少要振荡 5 次以上。如果取出水浴锅进行振荡，每次不得超过 0.5min，以免温

度改变，影响结果。最后一次振荡后，须将附在水层表面的 CCl_4 振荡下去。静置待两液层充分分离后，才可吸取样品进行分析。

4. 在各样品瓶中，准确吸取 25mL 水溶液层样品 2 份(一个同学拿洗耳球吸，另一个同学把住移液管控制插入的深度)，用 $Na_2S_2O_3$ 标准溶液滴定($1^\#$ 水层用 5mL 滴定管，$2^\#$ 水层用 25mL 滴定管)。滴到淡黄色时再加几滴淀粉指示剂，此时溶液呈蓝色，继续用 $Na_2S_2O_3$ 标准溶液滴至蓝色刚好消失为止。

5. 在各号样品瓶中，准确吸取 5mL CCl_4 层样品 2 份(为了不让水层样品进入移液管，必须用手指按紧移液管上端管口，一直插入 CCl_4 层；或者用洗耳球对着移液管上端口边吹气边将其插入 CCl_4 层，也是两人配合操作)，放入盛有 10mL 蒸馏水的锥形瓶中，加入少许固体 KI，以保证 CCl_4 层中的 I_2 被完全提取到水层中。然后用 $Na_2S_2O_3$ 标准溶液滴定($1^\#$ CCl_4 层用 25mL 滴定管，$2^\#$ CCl_4 层用 5mL 滴定管)，滴至水层蓝色刚好消失、CCl_4 层中红色刚好消失。标定 $Na_2S_2O_3$ 采用 $K_2Cr_2O_7$ 标准溶液，淀粉溶液作指示剂。

【实验结果与数据处理】

1. 数据记录格式

水浴温度 ＿＿＿ ℃	$Na_2S_2O_3$ 溶液浓度＿＿＿ $mol \cdot L^{-1}$		KI 溶液浓度＿＿＿ $mol \cdot L^{-1}$	
样品编号	$1^\#$		$2^\#$	
取样对象	25mL 水层	5mL CCl_4 层	25mL 水层	5mL CCl_4 层
消耗 $Na_2S_2O_3$ 体积/mL	一次 | 二次	一次 | 二次	一次 | 二次	一次 | 二次
消耗 $Na_2S_2O_3$ 体积平均值/mL	$V_{上}^{1\#}$:	$V_{下}^{1\#}$:	$V_{上}^{2\#}$:	$V_{下}^{2\#}$:

2. 根据 $1^\#$ 样品的数据，按式(3-54)计算分配系数 K_d。

$$K_d = \frac{c_{I_2}(CCl_4)}{c_{I_2}(H_2O)} = \frac{V_{下}^{1\#}/5mL}{V_{上}^{1\#}/25mL} = \frac{5V_{下}^{1\#}}{V_{上}^{1\#}}$$

式中，$V_{下}^{1\#}$、$V_{上}^{1\#}$ 分别为滴定 5mL CCl_4 样品及 25mL 水层样品所要消耗的 $Na_2S_2O_3$ 溶液的体积。

3. 根据 $2^\#$ 样品的数据，分别计算 $c_{I_2}(KI)$、c_{I^-}、$c_{I_3^-}$，然后代入式(3-52)即得不稳定常数 K。

【实验注意事项】

1. 碘溶于碘化物溶液中时，还形成少量的 I_5^-、I_7^- 等离子，但因量少，本实验可以忽略不计。

2. 由于所用的 KI 溶液浓度很稀，溶液中离子之间的影响很小，可以忽略。因此，可用碘在 CCl_4 和纯水中的分配系数代替碘在 CCl_4 和 KI 溶液中的分配系数。

3. 测定分配系数 K_d 时，为了使体系较快达到平衡，水中可预先溶入超过平衡时的碘量，约为 0.02%，以加速水中的碘向 CCl_4 层移动达到平衡。

【思考题】

1. 测定分配系数、平衡常数，为什么需要恒温？

2. 如何加速平衡的到达？

3. 配制溶液时，哪种试剂需要精确计算其体积，为什么？

4. 测定 CCl_4 层中 I_2 的浓度时要注意什么？

【e 网链接】

1. http：//blog. 163. com/r _ yo. cc/blog/static/9311674201232211622814/

2. http：//www. doc88. com/p-970197707068. html

3. http：//www. docin. com/p-442055328. html

Ⅳ　电动势测定与应用

实验 12　电极电势的测定

【实验目的与要求】

1. 掌握对消法测定电动势的原理及电位差计、检流计及标准电池的使用方法；

2. 学会几种金属电极的制备方法；

3. 了解盐桥的作用和制备方法；

4. 掌握电池电动势的测定方法。

【实验原理】

原电池由正、负两极和电解质组成。电池在放电过程中，正极上发生还原反应，负极则发生氧化反应，电池反应是电池中所有反应的总和。设正极电势为 E_+，负极电势为 E_-，则：

$$E = E_+ - E_-$$

单个单极的电极电势无法直接测定，为方便计算和理论研究，人们提出了相对电极电势的概念，即选择标准氢电极作为参比电极，与所研究的电极组成一个电池，该电池的电动势即为所研究电极的电极电势。由于标准氢电极制备困难、使用不便，实际应用中常用其他一些容易制备、电极电势稳定的电极作为参比电极，如饱和甘汞电极、银-氯化银电极等。

电池除可用作电源外，还可用它来研究构成此电池的化学反应的热力学性质，从化学热力学得知，在恒温、恒压、可逆条件下，电池反应有以下关系：

$$\Delta_r G_m = - zFE \tag{3-55}$$

式中，$\Delta_r G_m$ 为电池反应的摩尔吉布斯函数变；z 为电极反应的反应进度为 1 时转移的电子数；F 为法拉第常数（96485C·mol^{-1}）；E 为电池的电动势。故只要在恒温、恒压下，测出可逆电池的电动势，便可求得 $\Delta_r G_m$，进而由热力学基本关系式求得其他热力学函数。但须注意，被测电池必须是可逆电池方满足上述关系。这就要求：

① 电极反应是可逆的，即电池具有化学可逆性；

② 通过的电流必须无限小，即具有能量可逆性，这一点由波根多夫（Poggendorff）对消法来实现；

③ 电池内没有由液接电势等因素引起的实际过程的不可逆性，即具有实际可逆性。

因此，在用电化学方法研究化学反应的热力学性质时，所设计的电池应尽量避免出现液接界，在精确度要求不高的测量中，常用"盐桥"来减小液接界电势。盐桥是一个由琼脂固化的高浓度电解质溶液。由盐桥连接两个半电池，电解质溶液的扩散作用则主要出自盐桥，而盐桥中的阴阳离子的迁移数大致相等，从而使液接电势减至最小。

在测定金属电极的电极电势时，将金属电极与饱和甘汞电极组成如下电池：

$$Hg \mid Hg_2Cl_2(s) \mid KCl(饱和溶液) \parallel M^{n+}(a_\pm) \mid M(s)$$

电池的电动势为：$E = E^{\ominus}_{M^{n+},M} + \dfrac{RT}{zF}) \ln a_{M^{n+}} - E(饱和甘汞电极)$。

由能斯特方程可计算出金属电极的标准电极电势。

【仪器、 试剂与材料】

1. 仪器：电动势测量装置 1 套，饱和甘汞电极 1 支，银电极 2 支，铜电极 1 支，锌电极 1 支，铂电极 1 支，盐桥玻管 4 根。

2. 试剂与材料：$AgNO_3$（$0.1000mol \cdot kg^{-1}$），$CuSO_4$（$0.1000mol \cdot kg^{-1}$），$ZnSO_4$（$0.1000mol \cdot kg^{-1}$），KNO_3 饱和溶液，KCl 饱和溶液，镀银液，盐酸溶液（$0.1000mol \cdot kg^{-1}$），稀硝酸溶液（1:3）。

【实验步骤】

1. 盐桥的制备

为了消除液接电势，必须使用盐桥，其制备方法是以质量 $m(琼胶):m(KNO_3):m(H_2O)=1.5:20:50$ 的比例加入到烧杯中，于电炉上加热并不断用玻璃棒搅拌使之溶解，然后用滴管将它注入干净的 U 形管中，U 形管中以及管两端不能留有气泡，冷却后待用。

2. 电动势的测定

测定下列四个电池的电动势：

$$Hg \mid Hg_2Cl_2(s) \mid KCl(饱和溶液) \parallel CuSO_4(0.1000mol \cdot kg^{-1}) \mid Cu(s)$$
$$Hg \mid Hg_2Cl_2(s) \mid KCl(饱和溶液) \parallel AgNO_3(0.1000mol \cdot kg^{-1}) \mid Ag(s)$$
$$Zn(s) \mid ZnSO_4(0.1000mol \cdot kg^{-1}) \parallel KCl(饱和溶液) \mid Hg_2Cl_2(s) \mid Hg$$
$$Ag(s) \mid AgCl(s) \mid HCl(0.1000mol \cdot kg^{-1}) \parallel AgNO_3(0.1000mol \cdot kg^{-1}) \mid Ag(s)$$

【实验结果与数据处理】

由第一、二、三个电池求 $E^{\ominus}_{Cu^{2+}/Cu}$，$E^{\ominus}_{Ag^+/Ag}$，$E^{\ominus}_{Zn^{2+}/Zn}$，其中离子活度系数见附录 26。

【实验注意事项】

1. 连接线路时，红线接阳极，黑线接阴极。
2. 标准电池在使用时，要平衡放置，不可倾斜或倒置。
3. 盐桥内不能有气泡。
4. 新制备的电池电动势不够稳定，应隔数分钟测一次，取其平均值。
5. 实验完毕，关掉所有电源开关，检流计短路放置，清洗盐桥、电极。

【思考题】

1. 对消法测电动势的原理是什么？
2. 在测量电动势的过程中，若检流计总是向一个方向偏转，可能的原因是什么？
3. 盐桥有什么作用？选用盐桥的原则是什么？

【e 网链接】

1. http://class.ibucm.com/wjhx/4/right3_2_1.htm
2. http://www.docin.com/p-486071928.html

实验 13 难溶盐溶度积的测定

【实验目的与要求】

1. 学会用电池电动势法测定氯化银的溶度积；
2. 加深对液接电势概念的理解及学会消除液接电势的方法。

【实验原理】

电池电动势法是测定难溶盐溶度积的常用方法之一。测定氯化银的溶度积，可以设计下列电池：

$$Ag(s)\,|\,AgCl(s)\,|\,KCl(a_1)\,\|\,AgNO_3(a_2)\,|\,Ag(s)$$

银电极反应　　　　　　　　$Ag^+ + e^- \longrightarrow Ag$

银-氯化银电极反应　　　　$Ag + Cl^- \longrightarrow AgCl + e^-$

总的电池反应　　　　　　　$Ag^+ + Cl^- \longrightarrow AgCl$

$$E = E^{\ominus} - \frac{RT}{F}\ln\frac{1}{a_{Ag^+} a_{Cl^-}} \tag{3-56}$$

$$E^{\ominus} = E + \frac{RT}{F}\ln\frac{1}{a_{Ag^+} a_{Cl^-}} \tag{3-57}$$

又　　　　　　　$\Delta_r G_m^{\ominus} = -nFE^{\ominus} = -RT\ln\frac{1}{K_{sp}} \tag{3-58}$

式(3-58)中 $n=1$，在纯水中 AgCl 的溶解度极小所以活度积就等于溶度积。所以

$$-E^{\ominus} = \frac{RT}{F}\ln K_{sp} \tag{3-59}$$

式(3-59)代入式(3-57)得　　$\ln K_{sp} = \ln a_{Ag^+} + \ln a_{Cl^-} - \frac{EF}{RT} \tag{3-60}$

【仪器、试剂与材料】

1. 仪器：电势差计及附件，超级恒温水浴，粗试管，烧杯(50mL)，Ag-AgCl 电极，饱和氯化钾盐桥。
2. 试剂与材料：KCl(饱和)，$AgNO_3$(0.1000mol·L^{-1})。本实验所用试剂均为分析纯，溶液用重蒸水配制。

【实验步骤】

1. 电极的制备

制备 Ag-AgCl 电极，将表面经过清洁处理的铂丝电极作为阴极，把经过金相砂纸打磨光洁的银丝电极作为阳极，在镀银溶液中镀银。电流控制在 5mA 左右，40min 后在铂丝上镀上紧密的银层。制好的银电极用蒸馏水仔细冲洗。然后用它作阳极，另用一铂丝作阴极，用 0.1mol·L^{-1} 的 HCl 溶液电解，电流同前。通电 20min，在银层上形成 Ag-AgCl 镀层(紫褐色)。制成的电极不用时放在含 AgCl 沉淀的 HCl 中，暗处保存。

镀银液配方：分别将 $AgNO_3$(35～45g)、$K_2S_2O_5$(35～45g)、$Na_2S_2O_3$(200～250g)溶于 300mL 蒸馏水中，然后，混合前两种溶液，并不断搅拌，生成白色的焦亚硫酸银沉淀，

再加入 $Na_2S_2O_3$，不断搅拌，直到沉淀消失，加水到 1000mL。新配制的镀银溶液略呈黄色，或略混浊或沉淀，放置数日后，经过滤可得非常澄清的镀银液。

制得的 Ag-AgCl 电极电势之差不得大于 $5 \times 10^{-4} V$。

2. 电池的组合

将 Ag-AgCl 电极组合成下列电池：

$$Ag(s) \mid AgCl(s) \mid KCl(a_1) \parallel AgNO_3(a_2) \mid Ag(s)$$

3. 电池电动势的测量

用 UJ-25 型电势差计测量 25℃时电池电动势值。电池电动势的测定可将电池置于 25℃的超级恒温槽中进行。测定时，电池电动势值开始时可能不稳定，每隔一定时间测定一次，到测定得稳定值为止。

【实验结果与数据处理】

1. 记录上述电池的电动势值。

2. 已知 25℃时 0.1000mol·kg^{-1} 硝酸银溶液中银离子的平均活度系数为 0.731，0.1000mol·kg^{-1} 氯化钾溶液中氯离子的平均活度系数为 0.769，并将测得的电池电动势代入式(3-60)，求出氯化银的溶度积。

3. 将本实验测得的氯化银的溶度积与文献值比较。

【实验注意事项】

1. 实验用水应为重蒸水，以免水中的 Cl^- 的影响。

2. 实验应在恒温条件下进行测量。

【思考题】

1. 试分析有哪些因素影响实验结果？

2. 简述消除液接电势的方法。

【e 网链接】

http：//hxx.hstc.edu.cn/rcpy/images/2009/10/26/6930CD365A4B41A0913C89574C914A9C.pdf

实验 14　电动势法测定溶液 pH 值

【实验目的与要求】

1. 理解并掌握抵消法测定原电池电动势的原理；

2. 理解电动势法测定溶液 pH 值的原理及测定方法。

【实验原理】

1. 抵消法测定原电池电动势原理

电池由正负两个电极组成，当电池放电时有电流通过从负极到正极的电池的每个相界面，而电动势 E 则是电流 $I=0$ 时电池各相界面上电位差的代数和，最后得出 $E = \varphi_+ - \varphi_-$，其中 φ_+ 是正极的电极电势，φ_- 是负极的电极电势。

电池的电动势并不能直接用伏特计来测量。因为当电池接通后必须有适量的电流通过才能使伏特计显示，这样电池中就发生化学反应，溶液浓度不断改变，电池不是可逆电池。另外，电池本身有内阻，用伏特计测量的只是两电极间的电势差，而不是可逆电池的电动势。所以测量可逆电池的电动势必须在几乎没有电流通过的情况下进行。

抵消法是在测定装置中连接了一个与待测电池方向相反但电动势大小相等的外电势，如图 3-18 所示。当电位差计输出电压与原电池电动势量值相等、方向相反，检流计指针不偏转，即可认为原电池已处于电化学平衡状态。工作回路由工作电池 E、可变电阻 R 和滑线电阻 AB 组成。测量回路由双向开关 S、待测电池 E_x（或标准电池 E_s）、单向开关 K、检流计 G 和均匀滑线电阻的一部分组成。这里，工作回路中的工作电池与测量回路中的待测电池并接，当测量回路中电流为零时，工作电池在滑线电阻 AB 上的某一段电位降恰好等于待测电池的电动势。

2. 电动势法测定溶液 pH 的原理

溶液的 pH 值可用电动势法精确测量。把氢离子指示电极（对氢离子可逆的电极）与参比电极（一般是用饱和甘汞电极作参比电极）组成电池，由于参比电极的电极电势在一定条件下是不变的，那么原电池的电动势就会随着被测溶液中氢离子的活度而变化，因此，可以通过测量原电池的电动势，进而计算出溶液的 pH 值。

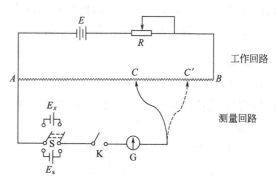

图 3-18　抵消法测定原电池电动势的工作原理图
E—工作电路；R—可变电阻；AB—滑线电阻；
S—双线开关；E_x—待测电池；E_s—标准电池

醌-氢醌电极构造和操作都很简单，反应较快，不易中毒，不易损坏。对溶有气体的溶液，氧化还原性不强的溶液，含有盐类及氢电位系以上金属的溶液和未饱和的有机酸都可以进行测定，准确度达到 0.01pH。

醌-氢醌[分子式 $C_6H_4O_2 \cdot C_6H_4(OH)_2$，简写 $Q \cdot H_2Q$]在酸性水溶液中的溶解度很小，将此少量化合物加入待测溶液中，并插入一光亮铂电极构成一个醌-氢醌电极，其电极反应为：

$$Q \cdot H_2Q \Longrightarrow 2Q + 2H^+ + 2e^-$$

因为醌和氢醌的浓度相等，稀溶液情况下活度系数均近于 1，或者活度相等，因此：

$$\varphi_{Q \cdot H_2Q} = \varphi_{Q \cdot H_2Q}^{\ominus} + \frac{RT}{nF} \ln \frac{a(Q)a(H^+)^2}{a(H_2Q)} = \varphi_{Q \cdot H_2Q}^{\ominus} + \frac{RT}{2F} \ln a(H^+)^2 = \varphi_{Q \cdot H_2Q}^{\ominus} - 2.303 \frac{RT}{F} pH$$

$$(3-61)$$

醌-氢醌电极和参比电极构成的原电池的表达式如下：

$$Hg(l)，Hg_2Cl_2(s) | KCl(饱和) \| 待测液（为 Q \cdot H_2Q 所饱和） | Pt$$

此电池的电动势为：

$$E_{池} = \varphi_{Q \cdot H_2Q} - \varphi_{甘汞} = \varphi_{Q \cdot H_2Q}^{\ominus} - 2.303 \frac{RT}{F} pH - \varphi_{甘汞} \qquad (3-62)$$

注意事项：在 25℃下待测液 pH=7.7 时，醌-氢醌电极电位与饱和甘汞电极电位相等；pH<7.7 时醌-氢醌电极为正极，用下面的式(3-63)算出 pH 值；7.7<pH<8.5 时，醌-氢醌电极作负极而饱和甘汞电极作正极，用下面的式(3-64)算出 pH 值，测量时正负极不能接反；待测液 pH>8.5 时，由于溶液中醌(Q)的活度不能很好地近似等于氢醌(H_2Q)的活度，故不能用此法测量和计算，否则会有很大误差。

$$pH = \frac{E^{\ominus}_{Q \cdot H_2Q} - E_{池} - E_{甘汞}}{2.303 \frac{RT}{F}} \tag{3-63}$$

$$pH = \frac{E^{\ominus}_{Q \cdot H_2Q} + E_{池} - E_{甘汞}}{2.303 \frac{RT}{F}} \tag{3-64}$$

【仪器、 试剂与材料】

1. 仪器：BC9 型饱和标准电池，饱和甘汞电极，水浴恒温槽，UJ-25 型电位差计，甲电池(1.5V)，AZ19 检流计，特制饱和甘汞电极(上海雷磁厂)，H 管。

2. 试剂与材料：醋酸-醋酸钠缓冲溶液，醌-氢醌电极。

【实验步骤】

1. 取待测溶液 1，加入少许 $Q \cdot H_2Q$ 固体，充分搅拌使其溶解达到饱和，然后插入铂电极而构成醌-氢醌电极作正极。把饱和甘汞电极插入待测液中作负极，与 $Q \cdot H_2Q$ 电极组成待测原电池。

2. 打开恒温槽，调节恒温槽温度为 25.0℃。

3. 读出标准电池所处的环境温度，根据公式(3-65)计算室温时标准电池的电动势。

$$E_{s,t} = E_{s,20} - 4.06 \times 10^{-5}(t-20) - 9.5 \times 10^{-7}(t-20)^{-2} \tag{3-65}$$

4. 把检流计、标准电池、待测电池和工作电池接入到电位差计中。

5. 把电位差计上的双向开关调至标准位置，校正好标准电池电动势。

6. 按下单向开关 K 看检流计指针是否有偏转，如有偏转则按粗、中、细、微的顺序调节可变电阻旋钮，使得按下单向开关 K 检流计指针几乎不偏转。如检流计指针单方向偏转或不偏转则需要检查连线是否有问题。

7. 把双向开关调至未知，按下单向开关 K 看检流计指针是否有偏转，如有偏转则调节表盘，使得按下单向开关 K 检流计指针几乎不偏转，此时表盘上显示的读数即为待测电池的电动势。

8. 分别取待测溶液 2 和待测溶液 3，重复以上步骤，测定待测电池的电动势。

【实验结果与数据处理】

1. 根据公式(3-62)求出 25℃时醌-氢醌电极的电极电势。

2. 根据公式(3-63)或公式(3-64)求出待测溶液的 pH 值。

【思考题】

1. 为什么不能用电压表直接测量原电池反应电动势？请从全电路欧姆定律与平衡电势两方面进行解释。

2. 甘汞电极使用后为什么应放置在饱和氯化钾溶液中？

3. 为什么每次测定电动势前都需用标准电池对电位差计进行标定？

4. 测定电池反应电动势时，为什么按电位差计上的单向开关应间断而短促？

5. 如果平衡指示仪指针在实验过程中不发生偏转或始终单方向偏转，从接线上分析可能有什么原因。

【e 网链接】

1. http：//wenku. baidu. com/link? url＝1BLKgNdTQc7x4 _ NSbBJYKS81j _ jkZnN6h plrTL-soUXwLXRBwT9VoYB9Pg3Zxj4jtZpwOayv _ YSMml0uLhdvo11FIzLg16KU9quXZ7ZWuzi

2. http：//wenku. baidu. com/link? url＝E69pQoQI64bB5k5PyF5CUXjeyYHhcVA1FN q-7WMuPAIXQNjW2Fbn58uq1b _ qiexQSU4pPMHsWZxgayq1bkqRGKI6e _ wnyLsgfGP22uykuT7

Ⅴ 反应速率与活化能的测定

实验 15 蔗糖的转化—— 一级反应

【实验目的与要求】

1. 了解反应的反应物浓度与旋光度之间的关系；
2. 了解旋光仪的基本原理，掌握其基本使用方法；
3. 利用旋光法测定蔗糖水解反应的速率常数与半衰期。

【实验原理】

蔗糖在水中水解成葡萄糖的反应为：

$$C_{12}H_{22}O_{11}＋H_2O \longrightarrow C_6H_{12}O_6（葡萄糖）＋C_6H_{12}O_6（果糖） \tag{3-66}$$

为使水解反应加速，反应常以 H_3O^+ 为催化剂，故在酸性介质中进行水解反应。在水大量存在的条件下，反应达终点时，虽有部分水分子参加反应，但与溶质浓度相比认为它的浓度没有改变，故此反应可视为一级反应，其动力学方程式为：

$$\ln c ＝－ kt ＋ \ln c_0 \tag{3-67}$$

式中，c_0 为反应开始时蔗糖的浓度；c 为 t 时间时蔗糖的浓度。当 $c＝1/2c_0$ 时，t 可用 $t_{1/2}$ 表示，即为反应的半衰期：

$$t_{1/2} ＝ (\ln 2)/k \tag{3-68}$$

上式说明一级反应的半衰期只决定于反应速率常数 k，而与起始浓度无关，这是一级反应的一个特点。蔗糖及其水解产物均为旋光物质，当反应进行时，如测定体系的旋光度的改变就可以量度反应的进程。而溶液的旋光度与溶液中所含旋光物质的种类、浓度、液层厚度、光源波长及反应温度等因素有关。

为了比较各种物质的旋光能力，引入比旋光度 $[\alpha]$ 这一概念，并表示为：

$$[\alpha]_D^t ＝ \alpha \times 100/(Lc) \tag{3-69}$$

式中，t 为实验时温度；D 为实验温度为 20℃时所用钠灯光源 D 线，波长 589nm；α 为旋光度；L 为液层厚度，dm；c 为浓度，g•(100mL)$^{-1}$。当其他条件不变时，即：

$$\alpha ＝ \beta c \tag{3-70}$$

β 在一定条件下是一常数。

蔗糖$[\alpha]＝66.5°$，葡萄糖$[\alpha]＝52.0°$，果糖$[\alpha]＝－91.9°$，式中整个反应过程中，旋光度由右旋向左旋变化（旋光度与浓度成正比，且溶液的旋光度为各组成旋光度之和——加和性），且当温度及测定条件一定时，其旋光度与反应物浓度有下列关系：

反应时间为 0 时： $\alpha_0 = \beta_{反} c_0$ (3-71)

反应时间为 t 时： $\alpha_t = \beta_{反} c + \beta_{生}(c_0 - c)$ (3-72)

反应时间为∞时： $\alpha_\infty = \beta_{生} c_0$ (3-73)

式中 α_0、α_t、α_∞ 为反应时间为 0、t、∞时溶液的旋光度。

联立以上三式：

$$\ln(\alpha_t - \alpha_\infty) = -kt + \ln(\alpha_0 - \alpha_\infty)$$ (3-74)

整理即为： $$\ln(\alpha_t - \alpha_\infty) - \ln(\alpha_0 - \alpha_\infty) = -kt$$ (3-75)

由上式可以看出，以 $\ln(\alpha_t - \alpha_\infty)$ 对 t 作图可得一直线，由截距可得到 α_0 值，由直线斜率即可求得反应速度常数 k。

【仪器、 试剂与材料】

1. 仪器：WZZ-2B 自动旋光仪，样品管，秒表，恒温槽，量筒，锥形瓶。

2. 试剂与材料：蔗糖水溶液，盐酸水溶液。

【实验步骤】

1. 从烘箱中取出锥形瓶。恒温槽调至 55℃。

2. 开启旋光仪，按下"光源"和"测量"。预热 10min 后，洗净样品管，然后在样品管中装入蒸馏水，测量蒸馏水的旋光度，之后清零。

3. 量取蔗糖和盐酸溶液各 30mL 置干净、干燥的锥形瓶，盐酸倒入蔗糖中，摇匀，然后迅速用此溶液洗涮样品管 3 次，再装满样品管，放入旋光仪中，开始计时。将锥形瓶放入恒温槽中加热，待 30min 后取出，冷却至室温。

4. 计时至 2min 时，按动"复测"，记录。如此，每隔 2min 测量一次，直至 30min（注意：数值为正值时使用"+复测"，数值为负值时使用"−复测"）。

5. 倒去样品管中的溶液，用加热过的溶液洗涮样品管 3 次，再装满样品管，测其旋光值，共测 5 次，求平均值。

【实验结果与数据处理】

1. 蔗糖浓度：$c_{蔗糖} = $ _____ ；HCl 浓度：$c_{盐酸} = $ _____ 。

2. 完成下表：$\alpha_\infty = $ _____ 。

编号	1	2	3	4	5	6	7	8	9
时间/min									
旋转角									
$\ln(\alpha_t - \alpha_\infty)$									
编号	10	11	12	13	14	15	16	17	18
时间/min									
旋转角									
$\ln(\alpha_t - \alpha_\infty)$									

3. 作 $\ln(\alpha_t - \alpha_\infty)$-$t$ 图，求出反应速率常数 k 及半衰期 $t_{1/2}$。

【实验注意事项】

1. 本实验用 HCl 溶液作催化剂，如果 HCl 溶液浓度改变，蔗糖转化速率也会变化。

2. 为了获得 α_∞，将溶液置于 50～60℃的水浴内恒温，注意温度不能高于 60℃，否则会产生副反应。

3. 测试中有酸，旋光测定管使用后，应确保充分洗净，以防止金属部分腐蚀。

【思考题】

1. 实验中，为什么用蒸馏水来校正旋光仪的零点？在蔗糖转化反应过程中，所测的旋光度 α_t 是否需要零点校正？为什么？

2. 蔗糖溶液为什么可粗略配制？

3. 蔗糖的转化速度和哪些因素有关？

4. 溶液的旋光度与哪些因素有关？

5. 反应开始时，为什么将盐酸溶液倒入蔗糖溶液中，而不是相反？

【e 网链接】

http://www.doc88.com/p-432424775058.html

实验 16　乙酸乙酯的皂化——二级反应

【实验目的与要求】

1. 通过电导法测定乙酸乙酯皂化反应速率常数；

2. 求反应的活化能；

3. 进一步理解二级反应的特点；

4. 掌握电导仪的使用方法。

【实验原理】

乙酸乙酯的皂化反应是一个典型的二级反应：

$$CH_3COOC_2H_5 + OH^- \longrightarrow CH_3COO^- + C_2H_5OH \tag{3-76}$$

设在时间 t 时生成浓度为 x，则该反应的动力学方程式为：

$$-\frac{dx}{dt} = k(a-x)(b-x) \tag{3-77}$$

式中，a，b 分别为乙酸乙酯和碱的起始浓度；k 为反应速率常数。若 $a = b$，则式(3-77)变为：

$$\frac{dx}{dt} = k(a-x)^2 \tag{3-78}$$

积分上式得：

$$k = \frac{1}{t} \times \frac{x}{a(a-x)} \tag{3-79}$$

由实验测得不同 t 时的 x 值，则可根据式(3-79)计算出不同 t 时的 k 值。如果 k 值为常数，就可证明反应是二级的。通常以 $\frac{x}{a-x}$ 对 t 作图，如果所得是直线，也可证明反应是二级反应，并可从直线的斜率求出 k 值。

不同时间下生成物的浓度可用化学分析法测定，也可用物理化学分析法测定。本实验用电导法测定 x 值，测定方法的根据有以下两点。

① 溶液中 OH^- 的电导率比离子(即 CH_3COO^-)的电导率要大很多。因此，随着反应的进行，OH^- 的浓度不断降低，溶液的电导率就随着下降。

② 在稀溶液中，每种强电解质的电导率与其浓度成正比，而且溶液的总电导率就等于组成溶液的电解质的电导率之和。

依据上述两点，对乙酸乙酯皂化反应来说，反应物和生成物只有 NaOH 和 CH_3COONa 是强电解质，乙酸乙酯和乙醇不具有明显的导电性，它们的浓度变化不至于影响电导率的数值。如果是在稀溶液下进行反应，则：

$$\kappa_0 = A_1 a \tag{3-80}$$

$$\kappa_\infty = A_2 a \tag{3-81}$$

$$\kappa_t = A_1(a - x) + A_2 x \tag{3-82}$$

式中，A_1，A_2 为与温度、溶剂、电解质 NaOH 和 CH_3COONa 的性质有关的比例常数；κ_0，κ_∞ 分别为反应开始和终了时溶液的总电导率；κ_t 为时间 t 时溶液的总电导率。由此三式可以得到：

$$x = \frac{\kappa_0 - \kappa_t}{\kappa_0 - \kappa_\infty} a \tag{3-83}$$

若乙酸乙酯与 NaOH 的起始浓度相等，将式(3-83)代入式(3-79)得：

$$k = \frac{1}{ta} \times \frac{\kappa_0 - \kappa_t}{\kappa_t - \kappa_\infty} \tag{3-84}$$

由上式变换为：

$$\kappa_t = \frac{\kappa_0 - \kappa_t}{kat} + \kappa_\infty \tag{3-85}$$

作 κ_t-$\dfrac{\kappa_0 - \kappa_t}{t}$ 图，由直线的斜率可求 k 值，即：

$$m = \frac{1}{ka}, k = \frac{1}{ma} \tag{3-86}$$

由式(3-86)可知，本反应的半衰期为：

$$t_{1/2} = \frac{1}{ka} \tag{3-87}$$

可见，两反应物起始浓度相同的二级反应，其半衰期 $t_{1/2}$ 与起始浓度成反比，由式(3-87)可知，此处 $t_{1/2}$ 亦即作图所得直线之斜率。

若由实验求得两个不同温度下的速率常数 k，则可利用公式(3-88)计算出反应的活化能 E_a：

$$\ln \frac{k_2}{k_1} = \frac{E_a}{R}\left(\frac{1}{T_1} - \frac{1}{T_2}\right) \tag{3-88}$$

【仪器、 试剂与材料】

1. 仪器：恒温槽 1 套，移液管(20mL) 2 支，电导仪 1 套，比色管(50mL) 2 支，锥形瓶(250mL) 2 只，秒表 1 只，烧杯(250mL) 1 只，容量瓶(100mL) 2 只。

2. 试剂与材料：0.02mol·L^{-1} NaOH 溶液，0.02mol·L^{-1} $CH_3COOC_2H_5$ 溶液，0.01mol·L^{-1} NaOH 溶液，0.01mol·L^{-1} CH_3COONa 溶液。

【实验步骤】

1. 准确配制 0.02mol·L^{-1} NaOH 溶液和 $CH_3COOC_2H_5$ 溶液。调节恒温槽温度至 25℃，调试好电导仪。将电导池及 0.02mol·L^{-1} NaOH 溶液和 $CH_3COOC_2H_5$ 溶液浸入恒温槽中恒温待用。

2. 分别取适量 $0.01\text{mol}\cdot\text{L}^{-1}$ NaOH 溶液和 CH_3COONa 溶液注入干燥的比色管中，插入电极，溶液面必须浸没铂黑电极，置于恒温槽中恒温 15min，待其恒温后测其电导率，分别为 κ_0 和 κ_∞ 值，记下数据。

3. 取 20mL $0.02\text{mol}\cdot\text{L}^{-1}$ NaOH 溶液和 20mL $0.02\text{mol}\cdot\text{L}^{-1}$ $CH_3COOC_2H_5$ 溶液，分别注入双叉管的两个叉管中(注意勿使两溶液混合)，插入电极并置于恒温槽中恒温 10min。然后摇动双叉管，使两种溶液均匀混合并导入装有电极一侧的叉管之中，同时开动秒表，作为反应的起始时间。从计时开始，在第 5min、10min、15min、20min、25min、30min、40min、50min、60min 各测一次电导率值。

4. 在 30℃下按上述三步骤进行实验。

【实验结果与数据处理】

将测得数据记录于下表。

室温：____℃；大气压：____ mmHg；$c_{NaOH}=$____ $\text{mol}\cdot\text{L}^{-1}$；$c_{CH_3COOC_2H_5}=$____ $\text{mol}\cdot\text{L}^{-1}$。

t/min	25℃		30℃		
	$\kappa_t\times10^4$/S·m^{-1}	$\dfrac{\kappa_0-\kappa_t}{t}$/S·m^{-1}·s^{-1}	t/min	$\kappa_t\times10^4$/S·m^{-1}	$\dfrac{\kappa_0-\kappa_t}{t}$/S·m^{-1}·s^{-1}
0					
5					
10					
15					
20					
25					
30					
40					
∞					

说明：其中温度为 30℃时的实验数据为本小组所测，25℃时的数据是参考其他小组所测。

1. 利用表中数据以 κ_t 对 $\dfrac{\kappa_0-\kappa_t}{t}$ 作图求两温度下的 k。

2. 利用所作之图求两温度下的 x_m，并与测量所得之 x_m 进行比较。

25℃：测量得 $x_m=$_____；作图所得 $x_m=$_____。

30℃：测量得 $x_m=$_____；作图所得 $x_m=$_____。

可以看出作图所求的两温度下的 x_m 比测量值小一些，说明可能是测量时间太短，反应不完全所造成的，再就是可能数据处理存在着误差，使得结果偏小。

3. 求此反应在 25℃和 30℃时的半衰期 $t_{1/2}$ 值。

4. 计算此反应的活化能 E_a。

【实验注意事项】

1. 注意每次测量之前都应该校正。

2. 选择合适的量程，使得读取的数值在 10～100 之间。

3. 进行实验时，溶液面必须浸没电极，实验完毕，一定要用蒸馏水把电极冲洗干净并放入去离子水中。

【思考题】

1. 为什么以 $0.01mol \cdot L^{-1}$ NaOH 溶液和 $0.01mol \cdot L^{-1}$ CH_3COONa 溶液测得的电导率,就可以认为是 κ_0 和 κ_∞。

2. 为什么本实验要在恒温条件下进行?而且 $CH_3COOC_2H_5$ 溶液和 NaOH 溶液在混合前还要预先恒温?

3. 如何从实验结果来验证乙酸乙酯皂化反应为二级反应?

【e 网链接】

http://www.docin.com/p-135702590.html

实验 17   丙酮的碘化效应

【实验目的与要求】

1. 根据实验原理由同学设计实验方案,包括仪器、药品、实验步骤等;
2. 测定反应速率常数 k、反应级数 n、活化能 E_a;
3. 通过实验加深对复杂反应的理解。

【实验原理】

丙酮碘化反应是一个复杂反应,其反应式为:

$$H_3CCOCH_3 + I_2 \xrightarrow{H^+} H_3CCOCH_2I + I^- + H^+ \qquad (3-89)$$

实验测定表明,反应速率在酸性溶液中随氢离子浓度的增大而增大。反应式中包含产物,故本反应是自催化反应,其动力学方程式为:

$$-dc_A/dt = -dc_{I_2}/dt = kc_A^\alpha c_{H^+}^\beta c_{I_2}^\gamma \qquad (3-90)$$

式中,c 为各物质浓度,$mol \cdot L^{-1}$;k 为反应速率常数或反应比速;指数和为反应级数 n。

丙酮碘化反应的反应机理可分为两步:

$$H_3CCOCH_3 + H^+ + H_2O \xrightarrow{k_2} H_3CC(OH)\!=\!CH_2 + H_3O^+ \qquad (3-91)$$

$$H_3CC(OH)\!=\!CH_2 + I_2 \xrightarrow{k_3} H_3CCOCH_2I + I^- + H^+ \qquad (3-92)$$

第一步为丙酮烯醇化反应,其速率常数较小,第二步是烯醇碘化反应,它是一个快速的且能进行到底的反应。

用稳态近似法处理,可以推导证明,当 $k_2 c_{H^+} \gg k_3 c_{I_2}$ 时,反应机理与实验证明的反应级数相符。

丙酮碘化反应对碘的反应级数是零级,零级碘的浓度对反应速率没有影响,原来的速率方程可写成:

$$dc_{I_2}/dt = -kc_A^\alpha c_{H^+}^\beta \qquad (3-93)$$

为了测定 α 和 β,在 $c_A \gg c_{I_2}$、$c_{H^+} \gg c_{I_2}$ 及反应进程不大的条件下进行实验,则反应过程中,c_A 和 c_{H^+} 可近似视为常数,积分上式得:

$$c_{I_2} = -kc_A^\alpha c_{H^+}^\beta t + A' \qquad (3-94)$$

以 c_{I_2} 对 t 作图应为直线。通过直线的斜率可求得反应速率常数 k 及反应级数。

在某一指定的温度下，进行两次实验，固定氢离子的浓度不变，改变丙酮的浓度，使其为 $c_{A_2} = mc_{A_1}$，根据式(3-93)得：

$$\alpha = \frac{\lg(r_i/r_j)}{\lg m} \tag{3-95}$$

若测得两次反应的反应速率，即求得对丙酮的反应级数 α。用同样的方法，改变氢离子的浓度，固定丙酮的浓度不变，也可以得到对氢离子的反应级数 β。

若已经证明 $\alpha = \beta = 1, \gamma = 0$，反应速率方程可写为 $-dc_{I_2}/dt = kc_A c_{H^+}$。在大量外加酸存在下及反应进程不大的条件下，反应过程的氢离子可视为不变，因此，反应表现为准一级反应或假一级反应 $-dc_{I_2}/dt = k'c_A$，式中 $k = k'c_{H^+}$，k' 为与氢离子浓度有关的准反应比速。

设丙酮及碘的初始浓度为 c_A^0、$c_{I_2}^0$，则有 $c_A = c_A^0 - (c_{I_2}^0 - c_{I_2})$，由数学推导最终可得：

$$c_{I_2} = -c_A^0 k't + c_A^0 c_A + c_{I_2}^0 \tag{3-96}$$

若在不同的时刻 t，测得一系列 c_{I_2}，将其对 t 作图，得一直线，斜率为 $-c_A^0 k'$，即可求得 k' 的值。在不同的氢离子浓度下，k' 值不同。

分光光度法，在 550nm 跟踪 I_2 随时间变化率来确定反应速率。

【仪器、试剂与材料】

1. 仪器：721 分光光度计 1 套，秒表 1 块，碘瓶(50mL)6 个，刻度移液管(20mL)5 支。
2. 试剂与材料：丙酮标准液(2.000mol·L^{-1})，HCl 标准液(1.000mol·L^{-1})，I_2 标准液(0.01mol·L^{-1})。

【实验步骤】

1. 仪器准备：实验前先打开光度计预热。
2. 标准曲线法测定摩尔吸光系数(每组配一种浓度，共 5 个浓度，在一台仪器上测出吸光度，数据共享)。
3. 丙酮碘化过程中吸光度的测定：迅速混合，每隔 1min 记录光度计读数，记录至少 15min。记住先加丙酮、碘，最后加盐酸！

注意事项：比色皿的拿法和清洗；测量碘溶液标准曲线由低到高；移液管不要吹掉最后一滴；标准曲线法测定摩尔吸光系数(每组配一种浓度，共 5 个浓度，在一台仪器上测出吸光度，数据共享)；锥形瓶上的体积是粗刻度，要以移液管所取的体积为准；溶液数目多，制备溶液时防止加错体积。

【实验结果与数据处理】

丙酮碘化过程中吸光度的测定数据如下表。

碘瓶编号	1	2	3	4
$V(H_2O)/mL$				
$V(HCl 溶液)/mL$				
$V(丙酮溶液)/mL$				
$V(碘溶液)/mL$				
$c_{HCl}/\text{mol·L}^{-1}$				
$c_{丙酮}/\text{mol·L}^{-1}$				
$c_{I_2}/\text{mol·L}^{-1}$				

续表

碘瓶编号		1	2	3	4
A(反应开始后 测定一次/min)	0				
	1				
	2				
	3				
	4				
	5				
	6				
	7				
	8				
	9				
	10				
	11				
	12				
	13				
	14				

1. 作标准曲线，求出碘溶液摩尔吸光度。

2. 利用丙酮碘化过程中吸光度的测定数据，以 A 对时间作图，求得四条直线，由各直线斜率分别计算反应速率 r_1、r_2、r_3、r_4，由公式 $r = -(\mathrm{d}A/\mathrm{d}t)/\varepsilon b$ 进行计算。

3. 由式(3-95)计算丙酮、酸和碘的分级数，建立丙酮碘化反应的速率方程。

4. 分别计算 1、2、3 和 4 号瓶中丙酮和酸的初始浓度，再根据式(3-90)计算四种不同初始浓度的反应速率常数，求其平均值。

【实验注意事项】

1. 温度影响反应速率常数，实验时体系始终要恒温。

2. 实验所需溶液均要准确配制。

3. 混合反应溶液时要在恒温槽中进行，操作必须迅速准确。

4. 比色皿位置不得变化。

5. 手执比色皿粗糙面。

6. 添加溶液至比色皿后，注意用擦镜纸将透光面擦干净。

【思考题】

1. 动力学实验中，正确计算时间是实验的关键。本实验中，将丙酮溶液加入盛有 I_2 和 HCl 溶液的碘瓶中时，反应即开始，而反应时间却以溶液混合均匀并注入比色皿中才开始计时，这样做对实验结果有无影响，为什么？

2. 本实验对于丙酮溶液和 HCl 的初始浓度相对于 I_2 的初始浓度有何要求？为什么？

3. 本实验结果表明碘的浓度对反应速率有何影响？据此推测反应机理。

【e网链接】

1. http：//www.cnki.com.cn/Article/CJFDTotal-THSF200506026.htm

2. http：//mall.cnki.net/magazine/Article/HXYJ200607021.htm4

实验 18　甲酸氧化反应速率常数及活化能的测定

【实验目的与要求】

1. 用电动势法测定甲酸被溴氧化的反应动力学；
2. 了解化学动力学实验和数据处理的一般方法；
3. 加深理解反应速率方程、反应级数、速率常数、活化能等重要概念和一级反应动力学的特点、规律。

【实验原理】

甲酸被溴氧化的反应的计量方程式如下：

$$HCOOH + Br_2 \longrightarrow CO_2 + 2H^+ + 2Br^- \tag{3-97}$$

对此反应，除反应物外，$[Br^-]$和$[H^+]$对反应速率也有影响，严格的速率方程非常复杂。在实验中，当使 Br^- 和 H^+ 过量、保持其浓度在反应过程中近似不变时，则反应速率方程式可写成：

$$-d[Br_2]/dt = k[HCOOH]^m[Br_2]^n \tag{3-98}$$

如果 HCOOH 的初始浓度比 Br_2 的初始浓度大得多，可认为在反应过程中保持不变，这时式(3-98)可写成：

$$-d[Br_2]/dt = k'[Br_2]^n \tag{3-99}$$

其中：

$$k' = k[HCOOH]^m \tag{3-100}$$

只要实验测得$[Br_2]$随时间变化的函数关系，即可确定反应级数 n 和速率常数 k'。如果在同一温度下，用两种不同浓度的 HCOOH 分别进行测定，则可得两个 k' 值。

$$k'_1 = k[HCOOH]^m_1 \tag{3-101}$$

$$k'_2 = k[HCOOH]^m_2 \tag{3-102}$$

联立求解式(3-101)和式(3-102)，即可求出反应级数 m 和速率常数 k。

本实验采用电动势法跟踪 Br_2 浓度随时间的变化，以饱和甘汞电极(或 Ag-AgCl 电极)和放在含 Br_2 和 Br^- 的反应溶液中的铂电极组成如下电池：

$$(-)Hg, Hg_2Cl_2|Cl^- \| Br^-, Br_2|Pt(+)$$

该电池的电动势是：

$$E = E^\ominus_{Br_2/Br^-} + (RT/2F)(\ln[Br_2]/[Br^-]^2) - E_{甘汞} \tag{3-103}$$

当$[Br^-]$很大，在反应过程中 Br^- 浓度可认为保持不变，上式可写成：

$$E = Const + (RT/2F)(\ln[Br_2]) \tag{3-104}$$

若甲酸氧化反应对 Br_2 为一级，则：

$$-d[Br_2]/dt = k'[Br_2] \tag{3-105}$$

积分，得：

$$\ln[Br_2] = Const - k't \tag{3-106}$$

将上式代入式 (3-103)，并对 t 微分：

$$k' = -(2F/RT)(dE/dt) \tag{3-107}$$

因此，以 E 对 t 作图，如果得到的是直线，则证实上述反应对 Br_2 为一级，并可以从直

线的斜率求得 k'。

上述电池的电动势约为 0.8V，而反应过程电动势的变化只有 30mV 左右。当用自动记录仪或电子管伏特计测量电势变化时，为了提高测量精度而采用对消式接线法。即用蓄电池或用电池串接 1kΩ 绕线电位器，于其中分出一恒定电压与电池同极连接，使电池电势对消一部分。调整电位器，使对消后剩下约 20~30mV，因而可使测量电势变化的精度大大提高。

【仪器、 试剂与材料】

1. 仪器：SunyLAB200 无纸记录仪，超级恒温槽，分压接线闸，饱和甘汞电极(或 Ag-AgCl 电极)，铂电极，磁力搅拌器，有恒温夹套的反应池(图 3-19)，移液管(5mL 4 支、10mL 1 支、25mL 1 支)，洗瓶，洗耳球，倾倒废液的烧杯。

2. 试剂与材料：$0.0075mol \cdot L^{-1}$ 溴试剂，$2.00mol \cdot L^{-1}$、$4.00mol \cdot L^{-1}$ HCOOH，$2mol \cdot L^{-1}$ 盐酸，$1mol \cdot L^{-1}$ KBr，去离子水。

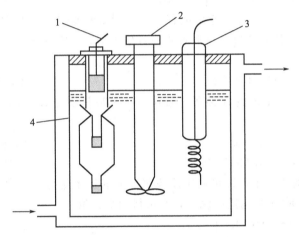

图 3-19　甲酸氧化反应装置示意图
1—甘汞电极；2—搅拌器；3—铂电极；4—夹套反应器

【实验步骤】

1. 调节超级恒温槽到 25℃，开动循环泵，使循环水在反应池夹套中循环。

2. 处理铂电极表面(由实验室完成)。

3. 用移液管向反应池中分别加入 75mL 水、10mL KBr、5mL 溴试剂，再加入 5mL 盐酸。

4. 开动磁力搅拌器，使溶液在反应器内恒温，打开记录仪，调节使其读数可见，等到其读数不再改变，即基线保持水平一段时间，调节示数到 2.0mV 左右，停止记录。取 5mL 的 HCOOH 快速加入反应池，重新开始数据记录，持续 10min。

5. 使甲酸浓度增大 1 倍，保持温度及其余组分浓度不变，用同样方法进行实验，记录数据。

6. 将温度升至 35℃，所加甲酸浓度为 $2.00mol \cdot L^{-1}$，其余组分浓度均不变，用同样方法进行实验，记录数据。

7. 用计算机软件在同一个坐标图中作出三次实验的 E-t 曲线。

8. 实验结束后，关闭实验仪器的电源，用去离子水冲洗反应池、铂电极。

【实验结果与数据处理】

1. 甲酸氧化反应动力学实验数据记录

根据公式(3-107)，计算出 k' 填入下表；因为 E 对 t 作图得到的是直线，证明反应对 Br₂ 为一级。

2. 通过式(3-101)、式(3-102)计算出 k'_1 和 k'_2。

3. 根据阿伦尼乌斯方程，由两个不同温度下的速率常数计算出该反应的表观活化

能 E_a。

室温：＿＿＿＿＿＿＿；大气压：＿＿＿＿＿＿＿。

序号	温度/℃	[HCOOH] /mol·L⁻¹	直线斜率	$k'\times 10^3$	$k\times 10^2$	m	n	E_a/J
1								
2								
3								

【实验注意事项】

1. 在反应之前，铂电极要用浓硝酸或者铬酸洗液浸泡数分钟，再用去离子水冲洗干净，用吸水纸吸干。

2. 在对实验要求精度较高的情况下，应在加入各种试剂之前把试剂放入到恒温槽一同恒温，使加入的试剂与反应体系的温度相同，而不至于在试剂加入之后使得反应体系的温度有较大的改变，从而影响实验结果。

3. 实验时加入各种试剂的操作应该迅速，一是为了防止试剂的挥发，二是为了使得测量的数据尽量反映实验的真实情况，如果操作太缓慢，就会导致有些数据记录不到。

4. 溶液的转移不能用量筒或者烧杯等精确度较低的仪器，必须用移液管进行。

5. 实验过程中应连续匀速搅拌，转速不能过快。

【思考题】

1. 可以用一般的直流伏特计来测量本实验的电势差吗？为什么？

2. 如果甲酸氧化反应对溴来说不是一级，能否用本实验的方法测定反应速率常数？请具体说明。

3. 为什么用记录仪进行测量时要把电池电动势对消掉一部分？这样对结果有无影响？

4. 写出电极反应和电池反应，估计该电池的理论电动势约为多少？

5. 本实验反应物之一溴是如何产生的？写出有关反应。为什么要加入 5mL 盐酸？

【e 网链接】

1. http：//wenku. baidu. com/link？url＝-3jhx5ufJswPIOzu67HeNdKrlSTED0rPliDfn o4Xv4CgZbkBQL6D7LVNgA2dPZ9BdNJ8-1 _ tnqIJzF-vTFSHsVuA5BFvYKPcHmmzRZ0qyKu

2. http：//wenku. baidu. com/link？url＝ZW392a5piAeOCYPnlxRZOTTN1f71AObjOh 0D2ksfoRz3wYWnrqRG3S2-xdSxYJIo9A-KYQCnsk _ djzh2m0pYaqnOF4GqSVsCCyabnuRi94m

Ⅵ 分子量测定

实验 19 凝固点降低法测定分子量

【实验目的与要求】

1. 掌握一种常用的分子量测定方法；

2. 通过实验进一步理解稀溶液依数性理论；

3.掌握溶液凝固点的测量技术。

【实验原理】

固体溶剂与溶液达成平衡时的温度称为溶液的凝固点。含非挥发性溶质的二组分稀溶液的凝固点低于纯溶剂的凝固点，这是稀溶液的依数性之一。当指定了溶剂的种类和数量后，凝固点降低值取决于所含溶质分子的数目，即溶剂的凝固点降低值(ΔT)与溶液的浓度成正比，与溶质本性无关。此规律可以表示为如下方程式：

$$\Delta T = T_0 - T = K_f m \tag{3-108}$$

这就是稀溶液的凝固点降低公式。式中，T_0 为纯溶剂的凝固点；T 为溶液的凝固点；K_f 为质量摩尔凝固点降低常数，简称凝固点降低常数；m 为溶质的质量摩尔浓度。

$$m = \frac{G/M}{W} \times 1000 \tag{3-109}$$

代入式(3-108)得：

$$M = K_f \frac{1000G}{\Delta TW} \tag{3-110}$$

式中，M 为溶质的摩尔质量，$g \cdot mol^{-1}$；G 和 W 分别为溶质和溶剂的质量。如已知溶剂的 K_f 值，则可通过实验求出 ΔT 值，利用上式求溶质的分子量。

显而易见，全部实验操作归结为凝固点的精确测量。理论上，只要两相平衡就可达到这个温度。但实际上，只有固相充分分散到溶液中，也就是固液两相的接触面相当大时，平衡才能达到。一般通过测定步冷曲线的方法来测定。

纯溶剂步冷曲线理论上如图 3-20 曲线 a 所示，但实际的过程往往发生过冷现象，实际曲线如 b。溶液的步冷曲线与纯溶剂不同。由于在冷却过程中会有部分溶剂凝固析出，使余下溶液浓度逐渐增大，故其平衡温度是持续下降，曲线如 c。也会出现过冷现象，如 d、e、f。此时溶液的凝固点应从持续下降段进行外推而得到，如 f。

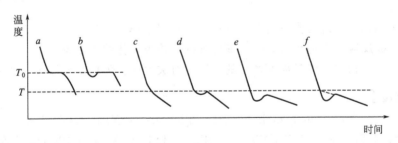

图 3-20　冷却曲线图

【仪器、　试剂与材料】

1.仪器：数字显示温差测量仪 1 台，贝克曼温度计 1 支，普通温度计(1/10)1 支，压片机 1 台，移液管 25mL 1 支。

2.试剂与材料：环己烷(AR)，萘(AR)。

【实验步骤】

1.安装仪器

凝固点降低实验装置如图 3-21 所示。在冰浴槽中加入冰水混合物，调节水温在 3.5℃左右。调节贝克曼温度计，使它在可使用范围。

2.纯溶剂凝固点的测定

首先测定溶剂的近似凝固点。取 25mL 环己烷注入冷冻管并浸在冰水浴中，不断搅拌环己烷使之逐渐冷却；当有固体析出时，停止搅拌，擦去冷冻管外的水，移到作为空气浴的外套管中，缓慢搅拌环己烷，同时观察温度计读数，当温度稳定后，记下读数，即为环己烷的近似凝固点。

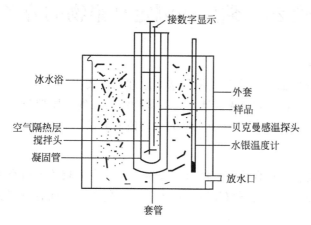

图 3-21 凝固点降低实验装置图

测其精确凝固点，取出冷冻管，温热之，使环己烷结晶熔化；再次将冷冻管插到冰水浴中，缓慢搅拌，使之冷却，并观察温度计。当环己烷温度降至高于近似凝固点 0.5℃时，取出冷冻管，擦去水，移至外套中，停止搅拌。待温度达到低于凝固点 0.3℃时，急速搅拌，大量晶体出现，温度开始回升，此时应改为缓慢搅拌，一直到温度达到最高点，用放大镜读出温度读数即为环己烷的凝固点。重复测量三次。

3. 溶液凝固点的测定

取出冷冻管，以手温热之，使环己烷晶体熔化。粗称 0.1～0.15g 的萘，压片后精确称量。然后加入冷冻管的环己烷中，待萘完全溶解后，按上述方法测定溶液的步冷曲线；重复三次。可以再取一片萘加入冷冻管，重复测量三次。测量结束，倒入回收瓶。

【实验结果与数据处理】

1. 用 $\rho(\text{kg} \cdot \text{m}^{-3}) = 0.7971 \times 10^3 - 0.8879t$ 公式计算环己烷的密度，然后计算环己烷的质量 W。

2. 已知环己烷的 $T_0 = 279.7\text{K}$，$K_f = 20.1\text{kg} \cdot \text{K} \cdot \text{mol}^{-1}$ 及溶液凝固点下降 ΔT，计算萘的摩尔质量。

【实验注意事项】

1. 冷冻管必须洁净、干燥，以免引入杂质及使浓度改变。

2. 实验过程中，避免溶剂挥发。

3. 冰浴温度以不低于溶液凝固点 3℃为宜。

【思考题】

1. 影响凝固点精确测量的因素有哪些？

2. 凝固点降低法测量分子摩尔质量，在什么条件下才能适应？

3. 冰浴温度为何调到比凝固点低 2～3℃为宜？

【e 网链接】

1. http：//www.docin.com/p-486113556.html

2. http：//wlkc. gdqy. edu. cn/jpkc/portal/blob？key＝899385

3. http：//jpkc. yzu. edu. cn/course2/jchxsy2/04dzja. htm

实验 20　黏度法测定高聚物的分子量

【实验目的与要求】

1. 了解黏度法测定高聚物摩尔质量的基本原理和公式；
2. 掌握用乌式(Ubbelohde)黏度计测定高聚物溶液黏度的原理与方法；
3. 掌握测定聚乙烯醇的相对分子质量的平均值的方法。

【实验原理】

相对分子质量是表征化合物特征的基本参数之一，在高聚物的研究中，相对分子质量是一个不可缺少的重要数据。它不仅反映了高聚物分子的大小，而且直接关系到高聚物的物理性能。

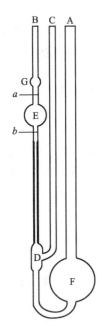

图 3-22　乌氏黏度计

一般情况，高聚物的相对分子质量大小不一，其摩尔质量常在 $10^3 \sim 10^7 \, \text{g·mol}^{-1}$ 之间，通常所测的高聚物摩尔质量是一个统计平均值。测定高聚物相对分子质量的方法很多，其中以黏度法最常用。因为黏度法设备简单、操作方便、适用范围广(相对分子质量 $10^4 \sim 10^7$)，有相当好的精确度。

测定黏度的方法主要有：①毛细管法(测定液体在毛细管里的流出时间)；②落球法(测定圆球在液体里下落速度)；③旋筒法(测定液体与同心轴圆柱体相对转动的情况)等。而测定高聚物溶液的黏度以毛细管法最方便，本实验采用乌氏黏度计测量高聚物稀溶液的黏度，如图 3-22 所示。但黏度法不是测定相对分子质量的绝对方法，因为在此法中所用的黏度与相对分子质量的经验公式要用其他方法来确定。因高聚物、溶剂、相对分子质量范围、温度等不同，就有不同的经验公式。

高聚物在稀溶液中的黏度是它在流动过程所存在的内摩擦的反映，这种流动过程中的内摩擦主要有：溶剂分子之间的内摩擦；高聚物分子与溶剂分子间的内摩擦以及高聚物分子间的内摩擦。

其中溶剂分子之间的内摩擦又称为纯溶剂的黏度，以 η_0 表示；三种内摩擦的总和称为高聚物溶液的黏度，以 η 表示。实践证明，在同一温度下，高聚物溶液的黏度一般要比纯溶剂的黏度大些，即有 $\eta > \eta_0$，黏度增加的分数叫增比黏度 η_{sp}，计算关系式为：

$$\eta_{sp} = \frac{\eta - \eta_0}{\eta_0} = \eta_r - 1 \tag{3-111}$$

式中，$\eta_r = \dfrac{\eta}{\eta_0}$ 称为相对黏度，它指明溶液黏度对溶剂黏度的相对值。

η_{sp} 则反映出扣除了溶剂分子间的内摩擦后，纯溶剂与高聚物分子之间以及高聚物分子之间的内摩擦效应。

η_{sp}随溶液浓度c而变化，η_{sp}与c的比值$\dfrac{\eta_{sp}}{c}$称为比浓黏度。$\dfrac{\eta_{sp}}{c}$仍随c而变化，但当$c \rightarrow$ 0，也就是溶液无限稀时，$\dfrac{\eta_{sp}}{c}$有一极限值，即：

$$\lim_{c \to 0} \frac{\eta_{sp}}{c} = [\eta] \tag{3-112}$$

$[\eta]$称为特性黏度，它主要反映无限稀溶液中高聚物分子与溶剂分子之间的内摩擦，其求解方法如图3-23所示。

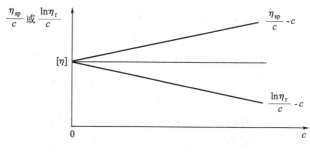

图 3-23 外推法求$[\eta]$

因在无限稀溶液中，高聚物分子相距较远，它们之间的相互作用可忽略不计。根据实验，在足够稀的溶液中有：

$$\frac{\eta_{sp}}{c} = [\eta] + k[\eta]^2 c \tag{3-113}$$

$$\frac{\ln \eta_r}{c} = [\eta] - \beta[\eta]^2 c \tag{3-114}$$

当高聚物、溶剂、温度等确定以后，值只与高聚物的相对分子质量M有关。目前常用半经验的麦克非线性方程来求得：$[\eta] = KM^\alpha$。

式中，M为高聚物相对分子质量的平均值；K为比例常数；α为与高聚物在溶液中的形态有关的经验参数。

当液体在毛细管黏度计内因重力作用而流出时遵守泊肃叶(Poiseuille)定律：

$$\eta = \frac{\pi \rho g h r^4 t}{8lv} - \frac{m \rho v}{8 \pi lt} \tag{3-115}$$

式中，ρ为液体的密度；l为毛细管长度；r为毛细管半径；t为流出时间；h为流经毛细管液体的平均液柱高度；g为重力加速度；v为流经毛细管的液体体积；m为与仪器的几何形状有关的常数，$r/l \ll 1$时，可取$m=1$。

对某一指定的黏度计而言，令$\alpha = \dfrac{\pi g h r^4}{8lv}$，$\beta = \dfrac{mv}{8 \pi l}$，则上式可写为：$\dfrac{\eta}{\rho} = \alpha t - \dfrac{\beta}{t}$

式中，$\beta < 1$，当$t > 100s$时，等式右边第二项可以忽略。溶液很稀时$\rho \approx \rho_0$。这样，通过测定溶液和纯溶剂的流出时间t和t_0，就可求出：

$$\eta_r = \frac{\eta}{\eta_0} = \frac{t}{t_0} \tag{3-116}$$

【仪器、 试剂与材料】

1. 仪器：乌氏黏度计，恒温水槽，秒表，移液管，洗耳球，容量瓶等。

2. 试剂与材料：0.5g/100mL 聚乙烯醇溶液，丙酮(AR)，蒸馏水。

【实验步骤】

1. 黏度计的洗涤

先用热洗液(经砂芯漏斗过滤)将黏度计浸泡，再用自来水、蒸馏水分别冲洗几次，每次都要注意反复流洗毛细管部分，洗好后烘干备用。

2. 调节恒温槽温度至(30.0±0.1)℃，在黏度计的 B 管和 C 管上都套上橡皮管，然后将其垂直放入恒温槽，使水面完全浸没 G 球，并用吊锤检查是否垂直。

3. 测定溶剂流出时间

在铁架台上调节好黏度计的垂直度和高度，然后将黏度计安放在恒温水浴中。用移液管吸取 10mL 纯水，从 A 管注入。于 30℃恒温槽中恒温 5min。测定时，在 C 管上套上橡皮管，并用夹子夹住，使其不通气，在 B 管上用橡皮管接针筒，将蒸馏水从 F 球经 D 球、毛细管、E 球抽到 G 球上(不能高出恒温水平面)，先拔去针筒并解去夹子，使 C 管接通大气，此时 D 球内液体即流回 F 球，使毛细管以上液体悬空。毛细管以上液体下流，当液面流经 a 刻度时，立即按秒表开始记录时间，当液面降到 b 刻度时，再按秒表，测得刻度 a、b 之间的液体流经毛细管所需时间，同样重复操作至少三次，它们相差不大于 1s，取三次平均值 t_0 即为溶剂的流出时间。

4. 溶液流出时间的测定

取出黏度计，倾去其中的水，加入少量的丙酮溶液润洗，经过各个瓶口流出，以达到洗净的目的。同上法安装调节好黏度计，用移液管吸取 10mL 溶液小心注入黏度计内(注意不能将溶液沾在黏度计的管壁上)，在溶液恒温过程中，应用溶液润洗毛细管后再测定溶液的流出时间 t。然后一次分别加入 2.0mL、3.0mL、5.0mL、10.0mL 蒸馏水，按上述方法分别测量不同浓度时的 t 值。每次稀释后都要将溶液在 F 球中充分搅匀(可用针筒打气的方法，但不要将溶液溅到管壁上)，然后用稀释液抽洗黏度计的毛细管、E 球和 G 球，使黏度计内各处溶液的浓度相等，而且需恒温。

【实验结果与数据处理】

1. 将所测的实验数据及计算结果填入下表中。

项目		流出时间的量			平均时间	η_r	η_{sp}	$\dfrac{\eta_{sp}}{c'}$	$\ln\eta_r$	$\dfrac{\ln\eta_r}{c'}$
		1	2	3						
溶剂					$t_0=$					
溶液	$c'=\frac{1}{2}c$				$t_1=$					
	$c'=\frac{1}{3}c$				$t_2=$					
	$c'=\frac{1}{4}c$				$t_3=$					
	$c'=\frac{1}{5}c$				$t_4=$					

2. 作图：用 η_{sp}/c'、$\ln\eta_r/c'$ 对 c' 作图得两直线，外推 $c'\rightarrow 0$，得截距 A，以起始浓度 c 除之，就得特性黏度 $\eta=\dfrac{A}{c}$。

3. 计算分子量。

【实验注意事项】

1. 高聚物在溶剂中缓慢溶解，配制溶液时必须保证其完全溶解，否则会影响溶液起始浓度，而导致结果偏低。

2. 黏度计必须洗净，高聚物溶液中若有絮状物不能将它移入黏度计中。

3. 本实验中溶液的稀释是直接在黏度计中进行的，因此每加入一次溶剂进行稀释时必须混合均匀，并抽洗 E 球和 G 球。

4. 本实验过程中恒温槽的温度要恒定，溶液每次稀释恒温后才能测量。

5. 黏度计要垂直放置，实验过程中不要振动黏度计，否则影响结果的准确性。

【思考题】

1. 乌氏黏度计毛细管太粗或太细各有何特点？

2. 乌氏黏度计中支管 C 有何作用？除去支管 C 是否可以测定黏度？

3. 与奥氏黏度计相比，乌氏黏度计有何特点？本实验能否用奥氏黏度计？

4. 为什么用 $[\eta]$ 来求算高聚物的摩尔质量？它和纯溶剂黏度有无区别？

5. 分析 $\eta_{sp}/c\text{-}c$ 及 $\ln\eta_r/c\text{-}c$ 作图缺乏线性的原因。

【e 网链接】

1. http：//hxsf. yctc. edu. cn/experiment/physicalchemistry/s21 _ ndf/s21. htm

2. http：//wenku. baidu. com/view/92de50d9a58da0116c1749f0. html

Ⅶ 物质结构的测定

实验 21 偶极矩的测定

【实验目的与要求】

1. 了解电容、介电常数的概念，学会测定极性物质在非极性溶剂中的介电常数；

2. 了解偶极矩测定原理、方法和计算，并了解偶极矩和分子电性质的关系。

【实验原理】

偶极矩与极化度概念：分子根据其正负电荷中心是否重合可分为极性和非极性分子，分子极性的大小常用偶极矩来衡量 $\mu = qd$。极性分子具有永久偶极矩，在没有外电场存在时，分子的热运动导致偶极矩各方向机会均等，统计值为 0。当分子置于外电场中，分子沿着电场方向作定向转动，电子云相对分子骨架发生相对移动，骨架也会变形，叫做分子极化，极化程度由摩尔极化度（P）衡量。

$$P_{转向} = \frac{4}{9}\pi N \frac{\mu^2}{KT} \tag{3-117}$$

对于非极性分子，$P_{转向}=0$。

外电场若是交变电场，极性分子的极化与交变电场的频率有关。当交变电场频率小于 $10^{10}\,s^{-1}$ 时，极性分子的摩尔极化度为转向极化度和变形极化度的和。若电场频率为 $10^{12} \sim 10^{14}\,s^{-1}$ 的中频电场（红外光区），因为电场交变周期小于偶极矩的松弛时间，转向运动跟不上电场变化，故而 $P_{转向}=0$，$P = P_{电子} + P_{原子}$。若交变电场频率大于 $10^{15}\,s^{-1}$（可见和紫外光区），连分子骨架运动也跟不上变化，$P = P_{电子}$。

因为 $P_{原子}$ 只占 $P_{变形}$ 的 $5\% \sim 15\%$，限于实验条件，一般用高频电场代替中频电场，将低频下测得的 P 减去高频下测得的 P，就可以得到极性分子的摩尔转向极化度 $P_{转向}$，从而代入式(3-117)就可以算出分子的偶极矩。

极化度与偶极矩测定过程如下。

对于分子间作用很小的体系(温度不太低的气相体系),从电磁理论推得摩尔极化度 P 与介电常数 ε 的关系为:

$$P = \frac{\varepsilon - 1}{\varepsilon + 2} \cdot \frac{M}{\rho} \tag{3-118}$$

上式中假定分子间无相互作用,在实验中,我们必须使用外推法来得到理想情况的结果。在溶液中分别测定不同浓度下的溶质的摩尔极化度,作图外推至无限稀释的情况,就可以得出分子无相互作用时的摩尔极化度:

$$P_2 = \lim P_2 = \frac{3\alpha\varepsilon_1}{(\varepsilon_1 + 2)^2} \cdot \frac{M_1}{\rho_1} + \frac{\varepsilon_1 - 1}{\varepsilon_1 + 2} \cdot \frac{M_2 - \beta M_1}{\rho_1} \tag{3-119}$$

式中,ε_1、ρ_1、M_1 为溶剂的参数;M_2 为溶质的分子量;α、β 为常数,由下式给出:

$$\varepsilon_{溶} = \varepsilon_1(1 + \alpha X_2) \tag{3-120}$$

$$\rho_{溶} = \rho_1(1 + \beta X_2) \tag{3-121}$$

根据电磁理论,高频电场作用下,透明物质的介电常数 ε 与折射率 n 的关系为:

$$\varepsilon = n^2 \tag{3-122}$$

常用摩尔折射度 R_2 来表示高频区的极化度。此时:

$$R_2 = P_{电子} = \frac{n^2 - 1}{n^2 + 2} \cdot \frac{M}{\rho} \tag{3-123}$$

同样测定不同浓度溶液的摩尔折射度 R,作图外推至无限稀释,就可以求出该溶质的摩尔折射度。

$$R_2 = \lim R_2 = \frac{n_1^2 - 1}{n_1^2 + 2} \cdot \frac{M_2 - \beta M_1}{\rho_1} + \frac{6 n_1^2 M_1 \gamma}{(n_1^2 + 2)^2 \rho_1} \tag{3-124}$$

γ 为常数,由下式求出:

$$n_{溶} = n_1(1 + \gamma X_2) \tag{3-125}$$

综上所述,

$$P_{转向} = P_2 - R_2 \tag{3-126}$$

$$\mu = 0.0128\sqrt{(P_2 - R_2)T} \tag{3-127}$$

介电常数的测定如下。

介电常数是通过测定电容,计算而得到:

$$\varepsilon = \frac{C}{C_0} \tag{3-128}$$

由于测定时系统并非真空,所以测定值为 C_0 和 C_d 之和。实验时,先测出 C_d,再计算出各物质的介电常数。以环己烷为标准物质:

$$\varepsilon_{标} = 2.052 - 1.55 \times 10^{-3} T = \frac{C_{标'} - C_d}{C_{空'} - C_d} \tag{3-129}$$

利用当天的温度可以求出 $\varepsilon_{标}$,从而可以求出 C_d,从而算出各溶液的介电常数。

$$\varepsilon_{溶} = \frac{C_{溶'} - C_d}{C_{空'} - C_d} \tag{3-130}$$

【仪器、试剂与材料】

1. 仪器:小电容测量仪1台;阿贝折光仪1台;超级恒温槽1台;电吹风1只;比重

瓶(10mL，1 只)；滴瓶 5 只；滴管 1 只。

2. 试剂与材料：环己烷(AR)；正丁醇(AR)，乙酸乙酯(AR)。

【实验步骤】

1. 配制溶液

将 5 个干燥的容量瓶编号，分别称量空瓶重。计算得出配制摩尔分数为 0.050、0.100、0.150、0.200、0.300 的溶液 25mL 所需正丁醇的体积，移液后再称重。然后在容量瓶内加乙酸乙酯至刻度，再称重。操作时应注意防止溶质、溶剂的挥发以及吸收极性较大的水汽。为此，溶液配好后应迅速盖上瓶盖，并置于干燥器中。

2. 测定折射率

分别室温下测定环己烷和 5 个溶液的折射率。

3. 测定密度

在干燥密度管中用比重瓶法测定密度，即在相同的体积下，两物质的密度之比正比于其质量比。以当天温度下水的密度作为标准，分别测定 5 个溶液的密度。

以环己烷为标准物质，分别测定 5 个溶液的介电常数。首先记下仪器的 $c_空$，用移液管移取 1mL 环己烷，注入电容器样品室，然后用滴管逐滴加入样品，至示数稳定后，记 $c_标$，用注射器抽取样品，用洗耳球吹干，至示数与 $c_空$ 相差无几($<0.02pF$)。随后依次测定溶液的 $c_溶$，计算介电常数。

【实验结果与数据处理】

1. 计算每个溶液的摩尔分数 x_2，其中 $x_2 = n_1/(n_1 + n_2)$。

$m_空$/g					
$m_总$/g					
$m_质$/g					
$n_质$/mol					
$n_剂$/mol					
x_2					

2. 以各溶液的折射率，对 x_2 作图，得出 γ 值。

x_2					
n					

环己烷 $n_1 = 1.4304$，以上数据均经过校正。

3. 计算出各溶液的密度 ρ，作 ρ-x_2 图，求出 β。

x_2					
ρ					

4. 计算出各溶液的 ε，作 $\varepsilon_溶$-x_2 图，求出 α。

x_2					
ε					

环己烷的 $\varepsilon =$ _____。

5. 代入公式求出偶极矩 μ。

【实验注意事项】

1. 乙酸乙酯易挥发,所以配制溶液时动作要快。

2. 本实验溶液中防止有水分,所配制溶液的器具需要干燥,溶液应透明不发生浑浊。

3. 测定折射率前需要对阿贝折光仪进行校正。

4. 测定电容时,应该防止溶液的挥发及溶液吸收空气中的水分,影响测定值,所以动作也需要快(结合实验操作讲解)。

5. 电容仪的各部件的连接避免绝缘。

6. 密度管在使用的时候要将外部擦干,小帽子内也应该保持干燥(结合实验操作讲解)。

【思考题】

1. 准确测定溶质的摩尔极化度和摩尔折射度时,为何要外推至无限稀释?

2. 试分析实验中误差的来源。

【e网链接】

1. http://wenku.baidu.com/view/c89d2de2524de518964b7d42.html

2. http://wenku.baidu.com/view/e4ee211cb7360b4c2e3f641a.html

实验 22　配合物结构的测定

【实验目的与要求】

1. 通过对一些配合物的磁化率测定,推算其未成对电子数,判断这些分子的配位键类型;

2. 掌握古埃(Gouy)法磁天平测定物质磁化率的基本原理和实验方法。

【实验原理】

物质置于外磁场中会被磁化,产生一个附加磁场 H',此时物质内部的磁感应强度 B 不同于外加的磁场强度 H,而是等于外加磁场强度 H 与附加磁场强度 H' 之和,即:

$$B = H + H' = H + 4\pi kH \tag{3-131}$$

式中,k 为物质的体积磁化率。

化学上常用单位质量磁化率 χ_m 或摩尔磁化率 χ_M 表示物质的磁化能力,定义为:

$$\chi_m = \frac{k}{\rho} \qquad \chi_M = M\chi_m = \frac{Mk}{\rho} \tag{3-132}$$

(1) 物质的磁性　$k>0$ 的物质称为顺磁性物质;$k<0$ 的物质称为反磁性物质;还有少量物质,其 k 值随外磁场强度的增加而急剧增加,且往往有剩磁现象,称为铁磁性物质,如铁、钴、镍等。

(2) 电子的运动　原子或分子中,任何一个电子都同时进行着两种运动,即绕原子核的轨道运动和电子本身的自旋运动。两种运动均会产生磁效应,其中轨道运动产生轨道磁矩,其大小由轨道角动量量子数决定;自旋运动产生自旋磁矩,其大小由自旋量子数决定。

(3) 开壳层分子的磁矩　对于分子中有未成对电子(开壳层分子)来说,具有净自旋磁矩,若未成对电子还可以绕某旋转轴作环流运动,则具有净轨道磁矩。因此,开壳层分子的磁矩应由其总角动量量子数 J 来决定。

即：

$$\mu = g_J \mu_B \sqrt{J(J+1)} \tag{3-133}$$

在 $L\text{-}S$ 偶合的情况下 g_J 因子为：

$$g_J = 1 + \frac{J(J+1) + S(S+1) - L(L+1)}{2J(J+1)} \tag{3-134}$$

称为朗德因子，是一个没有量纲的因子；J 为分子或原子或离子的总角动量量子数（$J = L + S$，L 为总轨道角动量量子数，S 为总自旋量子数）。

（4）闭壳层分子的磁性　对于闭壳层分子来说，由于分子处于自旋单重态，没有永久磁矩。在外磁场中，净的自旋磁矩仍为零，但电子的轨道运动会受到外磁场产生的力矩的作用而作拉摩（Larmor）进动，产生感应电流（环流），由感应电流产生诱导磁矩。由于电子的进动总是逆时针的，由进动而产生的诱导磁矩则总是逆向外磁场方向，且随着外磁场的消失而消失，在宏观上表现为反磁性。因此，由诱导磁矩产生的磁化率称为反磁化率，用反表示。由于一切分子都具有闭壳层（如内层电子），所以一切分子都具有反磁性。

（5）总摩尔磁化率 χ_M　分子的总摩尔磁化率 χ_M 是由分子自旋磁矩产生的顺磁化率和由分子的诱导磁矩产生的反磁化率之和。

即：

$$\chi_M = \chi_{顺} + \chi_{反} \tag{3-135}$$

由于反磁现象是普遍存在的，测出的摩尔磁化率要经反磁校正才能得到顺磁磁化率 $\chi_{顺}$。

对于一般的无机顺磁配合物，顺磁性物质的反磁性被掩盖而总体表现为顺磁性，可作近似处理，$\chi_M = \chi_{顺}$。

（6）磁化率的测定方法　本实验采用古埃磁天平法，将装有样品的横截面积为 A 的圆柱形样品管悬挂在天平的一个臂上，同时使样品管的底部处于电磁铁两极的中心，亦即磁场强度最强区域，样品的顶部则位于磁场强度最弱甚至为零的区域。

$$F = \int_H^{H_0(\to 0)} \left(kHA \frac{\partial H}{\partial z} \right) dz = \frac{1}{2} kAH^2 = \frac{1}{2} AH^2 \times \frac{\rho \chi_M}{M} \tag{3-136}$$

磁化率的计算公式：

$$\chi_M = \frac{2(\Delta m_{样} - \Delta m_{空管}) ghM}{mH^2} \tag{3-137}$$

式中，m 为样品的质量，kg；M 为样品的摩尔质量，$kg \cdot mol^{-1}$。式中的磁场中心强度 H，可用特斯拉计直接测量，也可用已知磁化率的标准物质进行间接测量。

莫尔氏盐的单位质量磁化率 χ_m（$m^3 \cdot kg^{-1}$）与热力学温度 T 的关系

$$\chi_m = 4\pi \times \frac{9500}{T+1} \times 10^{-9} \tag{3-138}$$

【仪器、试剂与材料】

1. 仪器：古埃磁天平（磁场，电光天平，励磁电源，特斯拉计一台），软质玻璃样品管 1 支，装样品工具（包括研钵，小漏斗，角匙，玻棒）。

2. 试剂与材料：莫尔盐（NH_4）$_2SO_4 \cdot FeSO_4 \cdot 6H_2O$（AR）；$FeSO_4 \cdot 7H_2O$（AR）；$K_4Fe(CN)_6 \cdot 3H_2O$（AR）；$K_3Fe(CN)_6$（AR）。

【实验步骤】

1. 将特斯拉计探头平面垂直置于磁场两极中心，打开电源，使电流增大至特斯拉计显示约为"0.3T"，将探头位置调节到显示值为最大的位置。再将探头沿此位置的垂直线上移，测定离磁场中心多高处 H_0 为零。从 H_0 为零到磁场强度最大的位置之间的距离就是样品管内应装样品的高度。

2. 用已知 χ_m 的莫尔盐标定对应于特定励磁电流值的磁场强度。

3. 取下空样品管，将事先研磨细的莫尔盐通过小漏斗装入样品管，直至所需要的高度（约 15cm），用直尺准确测量样品高度 h。再将装有莫尔盐的样品管置于古埃磁天平中，按照上述方法，重复称空管时的步骤进行测量，记录数据。

4. 在同一根样品管中，同法依次测定 $FeSO_4 \cdot 7H_2O$、$K_4Fe(CN)_6 \cdot 3H_2O$ 和 $K_3Fe(CN)_6$。

【实验结果与数据处理】

1. 由莫尔盐质量磁化率和实验数据计算相应励磁电流下的磁场强度值。

2. 分别将 $FeSO_4 \cdot 7H_2O$、$K_4Fe(CN)_6 \cdot 3H_2O$ 和 $K_3Fe(CN)_6$ 的测定数据及所测得的磁场强度 H 代入关系式，计算它们的 M，算出所测样品的 μ，然后计算出各络合物的未成对电子数 n。

3. 根据未成对电子数 n，讨论 $FeSO_4 \cdot 7H_2O$ 和 $K_4Fe(CN)_6 \cdot 3H_2O$ 中 Fe^{2+} 的最外层电子结构及由此构成的配键类型。

【实验注意事项】

1. 固体样品应事先研细并放在装有浓硫酸的干燥器中干燥。

2. 空样品管需干燥洁净，装样时应加入部分样品填实后，再加入部分样品填实，使样品在管内均匀。

3. 称量时，样品管正好在两磁极之间，其底部应正好与磁极中心线齐平，勿使悬挂样品管的悬线与任何物体相接触。

4. 避免气流扰动对测量的影响。

5. 样品倒回回收瓶时，要注意标签，切忌倒错瓶子。

【思考题】

1. 试比较用特斯拉计和莫尔盐标定的相应励磁电流下的磁场强度数值，并分析造成两者测定结果差异的原因。

2. 不同励磁电流下测得的样品摩尔磁化率是否相同？实验结果若有不同应如何解释？

3. 在相同励磁电流下，前后两次测量的结果有无差异？两次测量取平均的目的是什么？

【e 网链接】

http://www.doc88.com/p-294947351412.html

实验 23 双原子气态分子 HCl 的红外光谱

【实验目的与要求】

1. 掌握双原子分子振转光谱的基本原理，以及刚性转子和非谐振子模型结构参数的计算；

2. 了解红外分光光度计的结构、使用及其样品处理等知识。

【实验原理】

当用一束红外光照射一物质时，该物质的分子就会吸收一部分光能。如果以波长或波数为横坐标，以百分吸收率或透过率为纵坐标，把物质分子对红外光的吸收情况记录下来，就得到了该物质的红外吸收光谱图。

分子的运动可分为平动、转动、振动和电子运动，每个运动状态都具有一定的能级，因此分子的能量可写成：

$$E = E_{平} + E_{转} + E_{振} + E_{电子} \tag{3-139}$$

式中，$E_{平}$ 为分子的平动能，分子的平动不产生光谱。因此能够产生光谱的运动是分子的转动、分子的振动和分子中电子的运动。

分子的转动能级间隔最小（$\Delta E < 0.05 \text{eV}$），其能级跃迁仅需远红外光或微波照射即可；振动能级间的间隔较大（$\Delta E = 0.05 \sim 1.0 \text{eV}$），从而欲产生振动能级的跃迁需要吸收较短波长的光，所以振动光谱出现在中红外区；由于在振动跃迁的过程中往往伴随有转动跃迁的发生，因此，中红外区的光谱是分子的振动和转动联合吸收引起的，常称为分子的振-转光谱；分子中电子能级间的间隔更大（$\Delta E = 1 \sim 20 \text{eV}$），其光谱只能出现在可见、紫外或波长更短的光谱区。

本实验所用的 HCl 气体为异核双原子分子，是振转光谱的典型例子，分子转动的物理模型可视为刚性转子，其转动能量为：

$$E_{转} = \frac{h^2}{8\pi^2 I} J(J+1) \tag{3-140}$$

式中，$J = 0, 1, 2, \cdots$ 为转动量子数；I 为转动惯量。而分子振动可用非谐振子模型来处理，其振动能级公式为：

$$E_{振} = \left(V + \frac{1}{2}\right)h\nu - \left(V + \frac{1}{2}\right)^2 \chi_e h\nu \tag{3-141}$$

式中，$V = 0, 1, 2, \cdots$ 为振动量子数；χ_e 为非谐振性校正系数；ν 为特征振动频率，其数值由下式计算：

$$\nu = \frac{1}{2\pi} \sqrt{\frac{K_e}{\mu}} \tag{3-142}$$

式中，K_e 为化学键的力常数；μ 为分子的折合质量。所以，由上面讨论可知，分子振转能量若以波数表示，其值如下式：

$$\tilde{\nu} = \frac{E_{振转}}{hc} = \frac{E_{振} + E_{转}}{hc} = \left[\left(V + \frac{1}{2}\right)\omega_e - \left(V + \frac{1}{2}\right)^2 \chi_e \omega_e\right] + BJ(J+1) \tag{3-143}$$

式中，$\omega_e = \dfrac{\nu}{c}$ 称为特征波数；$B = \dfrac{h}{8\pi^2 Ic}(\text{cm}^{-1})$ 为转动常数。

分子中振转能级的跃迁不是随意两个能级都能发生，它遵循一定的规律——光谱选律。对振转光谱来说：

$$\Delta V = \pm 1, \pm 2, \cdots; \quad \Delta J = \pm 1 \tag{3-144}$$

当 ΔV 不为 ± 1 时，其谱带强度随 ΔV 的绝对值加大而迅速减弱。若从基态出发：$\Delta V = +1$ 的谱带称为基频谱带；$\Delta V = +2$ 的谱带称为倍频谱带。

当分子的振转能级由 E''（其振动能级为基态）升高到 E'（其振动能级为第一激发态）时，

吸收的辐射波数为（注意：同一分子其基态与激发态的转动常数不同）：

$$\tilde{\nu} = \frac{E'_{振转} - E''_{振转}}{hc} = \frac{E'_{振} - E''_{振}}{hc} + \frac{E'_{转} - E''_{转}}{hc} = \tilde{\nu}_1 + \frac{E'_{转} - E''_{转}}{hc}$$

$$= \tilde{\nu}_1 + B'J'(J'+1) - B''J''(J''+1)$$

式中，B''、B' 分别为振动基态和第一激发态的转动常数；$\tilde{\nu}_1$ 为纯振动跃迁产生的谱线的波数，亦即基态振动频率（以 cm^{-1} 为单位）。

振转能级的跃迁产生的吸收光谱不是一条而是一组谱带，光谱上将其进行了命名，当 $\Delta J = J' - J'' = -1$ 时为 P 支谱线，整理后得：

$$\tilde{\nu}_P = \tilde{\nu}_i - (B' + B'')J'' + (B' - B'')J''^2 \tag{3-145}$$

令 $m = -J'' = -1, -2, -3, \cdots$，则有：

$$\tilde{\nu}_P = \tilde{\nu}_i + (B' + B'')m + (B' - B'')m^2 \tag{3-146}$$

同样，当 $\Delta J = J' - J'' = +1$ 时为 R 支谱线，整理后得：

$$\tilde{\nu}_R = \tilde{\nu}_1 + (B' + B'')(J'' + 1) + (B' - B'')(J'' + 1)^2 \tag{3-147}$$

令 $m = J'' + 1 = 1, 2, 3, \cdots$，则有

$$\tilde{\nu}_R = \tilde{\nu}_1 + (B' + B'')m + (B' - B'')m^2 \tag{3-148}$$

合并 P 支和 R 支谱线，得谱线公式为：

$$\tilde{\nu} = \tilde{\nu}_1 + (B' + B'')m + (B' - B'')m^2 \tag{3-149}$$

$$m = +1, +2, +3, \cdots \text{ 时为 } R \text{ 支}$$

$$m = -1, -2, -3, \cdots \text{ 时为 } P \text{ 支}$$

此外，由实验谱图的谱线可得经验公式：

$$\tilde{\nu} = c + dm + em^2 \tag{3-150}$$

式中，c、d、e 为经验参数。对比式（3-149）和式（3-150）可求得基态振动频率 ν_1，振动基态和第一激发态的转动常数 B''、B'，并由此可计算 HCl 分子的一系列结构参数，方法如下。

① 由 B'' 可求 HCl 的基态键长 R_e

$$R_e = \sqrt{\frac{I}{\mu}} = \sqrt{\frac{h}{8\pi^2 B'' c} \cdot \frac{1}{\mu}} \tag{3-151}$$

② 由 $\tilde{\nu}_1$ 及 $\tilde{\nu}_2$（$\tilde{\nu}_2 = 5668.0 cm^{-1}$ 为基态到第二激发态纯振动跃迁产生的谱线的波数）可求特征波数 ω_e。非谐振性校正系数 χ_e，并进一步求得表征化学键强弱的力常数 K_e。

$$\tilde{\nu}_1 = (1 - 2\chi_e)\omega_e \quad \tilde{\nu}_2 = (1 - 3\chi_e)2\omega_e \quad \nu = c\omega_e = \frac{1}{2\pi}\sqrt{\frac{K_e}{\mu}} \tag{3-152}$$

③ 求基态平衡离解能 D_e、摩尔离解能 D_0。D_e 即为振动量子数 V 趋向无穷大时的振动能量 $E_{V_{max}}$，利用 $E_{V_{max}} = E_{V_{max}-1}$，可求得：$V_{max} \approx \frac{1}{2\chi_e}$，因此

$$D_e = E_{V_{max}} = \left(V_{max} + \frac{1}{2}\right)hc\omega_e - \left(V_{max} + \frac{1}{2}\right)^2 hc\omega_e \chi_e$$

$$= V_{max}hc\omega_e - V_{max}^2 hc\omega_e \chi_e = \frac{1}{4\chi_e}hc\omega_e \tag{3-153}$$

$$D_0 = D_e - E_0 \approx \frac{1}{4\chi_e}hc\omega_e - \frac{1}{2}hc\omega_e \tag{3-154}$$

【仪器、试剂与材料】

1. 仪器：红外分光光度计1台，微机1台，气体池(程长10cm)1只，真空泵1台，气体制备装置1套。

2. 试剂与材料：NaCl，浓 H_2SO_4。

【实验步骤】

1. 将浓 H_2SO_4 滴入 NaCl 中制得 HCl 气体，经浓硫酸干燥后，存入储气瓶中备用。

2. 将气体池减压，然后连接储气瓶，吸入 HCl 气体。气体池选用氯化钠单晶为窗口。

3. 测定谱图

(1) 按照红外分光光度计操作步骤开启仪器。选择扫描范围为 $4000\sim600cm^{-1}$。

(2) 将装有样品的气体池放入样品光路气体池托架上。

(3) 在 $4000\sim600cm^{-1}$ 波数范围内进行扫描。观察并绘制缩小一倍的谱图。

(4) 选取 $3200\sim2500cm^{-1}$ 波数范围内横坐标扩展2倍，据谱图尺寸进行纵坐标扩展，绘制谱图。

4. 后处理

用氮气冲洗气体池以保护氯化钠窗口，关上气体池活塞，将其置于干燥器中。

【实验结果与数据处理】

1. 从 $3200\sim2500cm^{-1}$ 波数范围中读出测得的24条谱线的波数(P 支及 R 支各12条)。

2. 进行下列各项计算：

(1) 用最小二乘法确定式(3-150)中 c，d，e 值；

(2) 据式(3-149)、式(3-151)分别计算出基态转动常数 B'' 和平衡核间距 R_e；

(3) 计算分子的特征波数 ω_e，据式(3-152)分别计算出非谐振性校正系数 χ_e 和化学键的力常数 K_e；

(4) 据式(3-153)、式(3-154)分别计算出平衡离解能 D_e、摩尔离解能 D_0 和零点振动能 E_0。

3. 将所得结果与文献值比较。

【实验注意事项】

1. 实验时，必须在教师指导下严格按操作规程使用红外光谱仪。

2. 氯化钠窗口切勿沾水，也不要直接用手拿。实验完后一定要将样品池内样品抽空，用氮气冲洗干净。

3. 排出的气体要引向室外。

【思考题】

1. 哪些双原子分子有红外活性？HD有无红外活性？

2. 谱图中除 HCl 峰以外，还有什么分子作何种振动？为什么看不见 N_2 和 O_2 的吸收峰？

3. 红外光谱的气体样品池窗口除用氯化钠单晶外还可用什么材料？

【e网链接】

1. http://www.docin.com/p-706335420.html

2. http://www.docin.com/p-557914553.html

Ⅷ　多组分热力学中偏摩尔量的测定

实验 24　溶液偏摩尔体积的测定

【实验目的与要求】

1. 掌握用比重瓶测定溶液密度的方法；
2. 学会测定指定组成的溶液中各组分的偏摩尔体积。

【实验原理】

在多组分体系中，某组分 i 的偏摩尔体积定义为：

$$V_{i,m} = \left(\frac{\partial V}{\partial n_i}\right)_{T,p,n_j(j \neq i)} \tag{3-155}$$

若是二组分体系，则有：

$$V_{1,m} = \left(\frac{\partial V}{\partial n_1}\right)_{T,p,n_2} \tag{3-156}$$

$$V_{2,m} = \left(\frac{\partial V}{\partial n_2}\right)_{T,p,n_1} \tag{3-157}$$

体系总体积：

$$V = n_1 V_{1,m} + n_2 V_{2,m} \tag{3-158}$$

将式(3-158)两边同除以溶液质量 m：

$$\frac{V}{m} = \frac{m_1}{M_1}\frac{V_{1,m}}{m} + \frac{m_2}{M_2}\frac{V_{2,m}}{m} \tag{3-159}$$

令：

$$\frac{V}{m} = \beta, \frac{V_{1,m}}{M_1} = \beta_1, \frac{V_{2,m}}{M_2} = \beta_2 \tag{3-160}$$

　　式中，β 为溶液的比容；β_1，β_2 分别为组分 1、2 的偏质量体积。将式(3-160)代入式(3-159)可得：

$$\beta = w_1\beta_1 + w_2\beta_2 = (1-w_2)\beta_1 + w_2\beta_2 \tag{3-161}$$

将式(3-161)对 w_2 微分：

$$\frac{\partial \beta}{\partial w_2} = -\beta_1 + \beta_2 \tag{3-162}$$

将式(3-162)代回式(3-161)，整理得：

$$\beta_1 = \beta - w_2\frac{\partial \beta}{\partial w_1} \tag{3-163}$$

$$\beta_2 = \beta - w_1\frac{\partial \beta}{\partial w_2} \tag{3-164}$$

　　所以，实验求出不同浓度溶液的比容 β，作 β-w_2 关系图(曲线)。如欲求某浓度溶液中各组分的偏摩尔体积，可在曲线上过该点作切线，在切线上两边的截距，即左边截距为 β_1，右边截距为 β_2，再由式(3-160)就可求出 $V_{1,m}$ 和 $V_{2,m}$。

【仪器、试剂与材料】

1. 仪器：恒温设备 1 套；分析天平(公用)，比重瓶(10mL)1 个，工业天平(公用)，磨口三角瓶(50mL)4 个。

2. 试剂与材料：无水乙醇(AR)，纯水。

【实验步骤】

1. 调节恒温槽温度为(25.0±0.1)℃。

2. 以无水乙醇(A)及纯水(B)为原液，在磨口三角瓶中用工业天平称重，配制含 A 质量分数为 0、20%、40%、60%、80%、100%的乙醇-水溶液，每份溶液的总体积控制在 40mL 左右。配好后盖紧塞子，以防挥发。

3. 测定比重瓶的体积，其方法如下：用分析天平精确称量预先洗净烘干的比重瓶一个，然后盛满蒸馏水(注意不得存留气泡)置于恒温槽中恒温 10min；用滤纸迅速擦去毛细管膨胀出来的水；取出比重瓶，擦干外壁，迅速称重。重复上述操作三次。

4. 用待测液冲洗比重瓶 2 次后，同 3 测定每份乙醇-水溶液的密度。恒温过程应密切注意毛细管出口液面，如因挥发液滴消失，可滴加少许被测溶液以防挥发之误。

【实验结果与数据处理】

1. 根据 25℃时水的密度和称重结果，计算比重瓶的容积。

2. 根据附表数据，计算所配溶液中乙醇(A)的准确质量分数。

$$w_{乙醇} = \frac{m_A}{m_B} \times y$$

式中，y 为根据测得的密度值，查附表得的纯乙醇的准确质量分数。

3. 计算实验条件下各溶液的比容。

4. 以比容为纵轴、乙醇的质量分数为横轴作 $\beta\text{-}w_2$ 曲线，并在 30%乙醇处作切线与两侧纵轴相交，即可求得 β_1 和 β_2。

5. 求算含乙醇 30%的溶液中各组分的偏摩尔体积及 100g 该溶液的总体积。

25℃时乙醇密度与质量分数之间的关系

$\rho/\text{g}\cdot\text{cm}^{-3}$	0.81094	0.80823	0.80549	0.80272	0.79991	0.79706
乙醇 $w/\%$	91.00	92.00	93.00	94.00	95.00	96.00

【实验注意事项】

1. 实际仅需配制四份溶液，可用移液管加液，但乙醇含量根据称重算得。

2. 为减少挥发误差，动作要敏捷。每份溶液用三个比重瓶进行平行测定，取其平均值。

3. 拿比重瓶应手持其颈部，以免手温影响比重瓶的温度。

4. 比重瓶必须保持干燥。

【思考题】

1. 为提高溶液密度测量的精度，可做哪些改进？

2. 使用比重瓶可以测量粒状固体物的密度吗？如何操作？

3. 使用比重瓶应注意哪些问题？

【e 网链接】

1. http://www.docin.com/p-296428922.html

2. http://www.doc88.com/p-849644929385.html

3. http://home.jmu.edu.cn/oho/lab/volumep.htm

Ⅸ 真空技术应用

实验 25 液体饱和蒸气压的测定——静态法

【实验目的与要求】

1. 掌握用静态法（即等位法）测定纯液体在不同温度下蒸气压的原理，理解纯液体饱和蒸气压与温度的关系；

2. 学会测定不同温度下环己烷的饱和蒸气压，并掌握真空泵、恒温槽及气压计的使用；

3. 学会用图解法求所测温度范围内环己烷的平均摩尔汽化热及正常沸点。

【实验原理】

一定温度下，于一真空的密闭容器中放入纯液体，液体很快和它的蒸气建立动态平衡。按气体分子运动论，动能较大的分子从液相逸出至气相，动能较小的分子会由气相撞击进入液相。当两者速度相等时，便达气液平衡。此时的气相压力称为饱和蒸气压。液体的饱和蒸气压是温度的函数，且为正相关。即温度升高，蒸气分子向液面逸出的分子数增多，蒸气压增大；反之，温度降低时，则蒸气压减小。当蒸气压与外界压力相等时，液体便沸腾；外压不同时，液体的沸点也不同。把外压为 101325Pa 时的沸腾温度称为液体的正常沸点(T_b)。液体的饱和蒸气压与温度的关系可用克劳修斯-克拉贝龙（Clauslus-Clapeyron）方程予以表示：

$$\frac{\text{d}\ln(p/p^{\ominus})}{\text{d}T} = \frac{\Delta_v H_m}{RT^2} \qquad (3\text{-}165)$$

式中，p 为液体在温度 T 时的饱和蒸气压，Pa；T 为热力学温度，K；$\Delta_v H_m$ 为液体摩尔汽化热，J·mol^{-1}；R 为气体常数。在温度变化较小的范围内，则可把 $\Delta_v H_m$ 视为常数（当作平均摩尔汽化热）。可将上式积分得：

$$\lg p = -\frac{\Delta_v H_m}{2.303RT} + B \qquad (3\text{-}166)$$

式中，B 为积分常数，与压力 p 的单位有关。由式(3-166)可知，在一定温度范围内，测定不同温度下的饱和蒸气压，以 $\lg p$ 对 $1/T$ 作图，可得一直线，而由直线的斜率（$m = -\frac{\Delta_v H_m}{2.303R}$）可以求出实验温度范围内液体平均摩尔汽化热 $\Delta_v H_m$。

测定纯液体饱和蒸气压有三种方法：静态法、动态法与气体饱和法。静态法是将待测液体放在一封闭系统中，以等压管直接测量不同温度下液体的饱和蒸气压。被测液体所吸收的或溶解的比该液体具有更大挥发性的气体杂质能基本被除净，此法较为灵敏。一般适用于饱和蒸气压较大的液体。但对于较高温度下的饱和蒸气压的测定，由于温度难于控制而准确度较差。

静态法测蒸气压的方法是调节外压以平衡液体的蒸气压，求出外压就能直接得到该温度下的饱和蒸气压。其实验装置如图 3-24 所示。所有接口必须严密封闭，避免漏气。

【仪器、试剂与材料】

1. 仪器：恒温装置 1 套，真空泵及附件 1 套，气压计 1 台，等位计 1 支，数字式低真空测压仪 1 台，温度计 1 支。

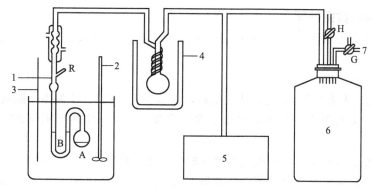

图 3-24 测定液体饱和蒸气压装置

1—连接冷凝管的等位计；2—搅拌器；3—温度计；4—冷阱；

5—精密数字压差计；6—稳压瓶；7—抽气活塞

2. 试剂与材料：环己烷(AR)，硅胶，石蜡。

【实验步骤】

1. 装置仪器

装置如图 3-24 所示，所有接口必须严密封闭，各接头所用的橡皮管要短，最好让橡皮管内的玻璃能彼此衔接上。为使系统通入大气或使系统减压以缓慢速度进行，可将活塞通大气的管子拉成尖口或连接一毛细管。

2. 装样

从平衡管 R 处注入环己烷液体，使球管 A 中装有约 2/3 的液体，U 形管 B 的双臂大部分有液体。

3. 系统检漏

将盛有液体的平衡管装置好，开通冷凝水，关闭进气活塞 H，旋转三通活塞 G，使真空泵与大气相通。开动真空泵抽气，待泵运转正常后，旋转三通活塞 G，使真空泵与体系相通，对体系抽气。当低真空测压仪上显示的压差为 4000~5300Pa（300~400mmHg）时，旋转三通活塞 G，使真空泵与大气相通，关闭真空泵。观察压力测量仪的数字的变化，若 5min 后，压力测量仪的数字无变化，则证明系统不漏气。如果压力测量仪显示的数值逐渐变小，说明漏气，应仔细分段检查，并采取相应措施排除之。

4. 测定不同温度下环己烷的蒸气压

调节恒温槽的温度至某一值后，开动真空泵，慢慢旋转三通活塞 G 至适当位置，使真空泵与体系相通，对体系缓缓地抽气，使球管 A 中液体内溶解的空气和球管 A 液面上方的空气呈气泡状一个一个地通过 B 管从液体中排出。注意：抽气速度不能太快，否则平衡管内液体将急剧蒸发，致使 U 形管内液体被抽尽。抽气若干分钟后，关闭三通活塞 G。微微调节进气活塞 H，使空气缓慢进入测量体系（此时要谨防空气倒灌入球管 A 中而使实验失败），直至 U 形管中双臂液面等高。从压力测量仪上读出压力差。依照上法，再抽气数分钟，再调节 U 形管中双臂等液面，重读压力差。若连续两次测得的压力差读数相差很小，则可以认为球管 A 液面上的空气已被排净，其空间已被环己烷充满。此时压力测量仪的读数即为该温度时的压力差。

用上述方法，沿温度由低到高的方向，温度每间隔 5℃测定一次，连续测六个不同温度下的环己烷的蒸气压。

【实验结果与数据处理】

1. 自行设计合理的实验数据记录表，使之能正确记录全套原始数据，又可填入演算结果。

2. 计算蒸气压 p 时：$p = p' - E$。

式中，p' 为室内大气压(由气压计读出后，加以校正之值)；E 为压力测量仪上读数。

3. 以蒸气压 p 对温度 T 作图，在图上均匀读取 5 个点，并列出相应表格，绘制成 $\lg p$-$1/T$ 图。

4. 从直线 $\lg p$-$1/T$ 上求出实验温度范围的平均摩尔汽化热及正常沸点。

5. 以最小二乘法求出环己烷蒸气压和温度关系式($\lg p = -B/T + A$)中的 A、B 值。

注：环己烷的正常沸点为 $80.75\,^{\circ}\mathrm{C}$，摩尔汽化热为 $32.76\,\mathrm{kJ \cdot mol^{-1}}$。

【实验注意事项】

1. 整个实验过程中，不仅应保持等位计 A 球液面上空的空气排净，而且应保持等位计垂直。

2. 抽气速度不能过快要适中。必须防止等位计内液体沸腾过剧，以免 B 管内液体被抽尽。

3. 蒸气压与温度密切相关，故测定过程中恒温槽的温度波动需控制在 $\pm 0.1\mathrm{K}$ 内。

4. 等位计的压力平衡管必须全部浸入水浴中，以保证环己烷的温度与水温相同。

5. 实验过程中需防止 B 管液体倒灌入 A 球内，以免带入空气使实验数据偏大。

6. 系统内应使用硬质橡皮管，以免被压扁影响气体流动。

【思考题】

1. 本实验过程中为什么要防止空气倒灌？如果在等压计 A 球与 B 管间有空气，对测定沸点有何影响？其结果如何？怎样判断空气已被赶净？

2. 能否在加热情况下检查是否漏气？

3. 怎样根据压力计的读数确定系统的压力？

【e 网链接】

1. http：//www.doc88.com/p-670855741332.html

2. http：//jpkc.yzu.edu.cn/course2/jchxsy2/04dzja.htm

3. http：//chemlab.whu.edu.cn/chemcourse/whsy/4-1.htm

4. http：//course.zjnu.cn/lyzhao/show.aspx? id＝1482&cid＝66

第4章 研究设计性实验

研究设计性实验教学不仅使学生有效地巩固和掌握了所学专业知识的基本概念、基本原理和分析方法，而且使学生掌握思维方法，培养学生综合应用所学知识分析和解决实际问题的能力，让学生在探索中锻炼判断能力、创造能力、科研能力及分析问题的能力。研究设计性实验给学生留有发挥空间，培养促进学生的资料阅读及综合能力、总体设计及实验能力。

本教材中，共选取热分析研究、电化学研究、动力学研究、表面化学研究、晶体结构分析等五类设计性实验。

Ⅰ 热分析研究

实验 26 差热分析法测定 $CaC_2O_4 \cdot H_2O$ 脱水反应活化能

【实验目的与要求】

1. 理解差热分析基本原理，掌握差热分析操作技术和差热分析仪使用方法；
2. 正确分析差热曲线并用以研究物质在加热过程中的动力学参数。

【实验原理】

1. 差热分析的基本原理

差热分析(differential thermal analysis，DTA)就是研究在温度程序控制下，试样与参比物的温度差 ΔT 与温度 T(或时间 t)之间关系的一种方法。只要物质在受热或冷却过程中发生的物理变化(如晶型转变、沸腾、升华、蒸发、熔融等)和化学变化(如分解、脱水、氧化还原、异构化等)伴随吸热和放热现象，就有可能用差热分析法进行测定。如果以 T_s 和 T_r 分别代表试样和参比物的温度，则温度差 ΔT 可用数学式表示如下：

$$\Delta T = T_s - T_r = f(T \text{ 或 } t) \tag{4-1}$$

式中，T 为程序温度；t 为时间。ΔT 与 T 或 t 之间的关系图叫差热曲线(DTA 曲线)，图 4-1 为理想的 DTA 曲线。

实际 DTA 曲线要比理想 DTA 曲线复杂得多，见图 4-2。曲线上 $\Delta T = 0$ 的直线，称为基线。ABC 是 DTA 曲线先离开而后又回到基线的部分，称为峰。热效应的种类主要体现在峰的方向，峰向上，表示放热；峰向下，表示吸热。$ABCA$ 是峰和内插基线 AC 间所包围的面积，称为峰面积。A 点相应的温度称为起始温度(T_i)，B 点相应的温度称为峰顶温度(T_m)，C 点相应温度称为终止温度(T_f)。($T_f - T_i$)称为峰宽。峰顶与内插基线的距离 BD 称为峰高。在 AB 段，峰的前沿最大斜率点的切线与基线延长线交点 E 的相应温度称为外延起始温度。外延起始温度比峰顶温度更接近于热力学平衡温度，可作为表征反应的开始温度。

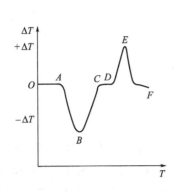

图 4-1 理想的 DTA 曲线

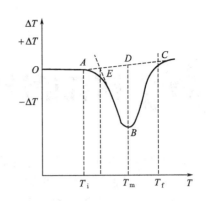

图 4-2 实际的 DTA 曲线

某一物质在加热条件下有自己特征的差热峰，根据这些峰的位置和形状可以用来鉴别物质，研究物质相的组成和相变。由于差热峰面积反映了过程热效应的大小，因此差热分析也可以应用于定量分析。

Piloyan 提出当固体物质热分解时，在任意升温速度下得到的 DTA 曲线上，可测定反应的活化能。Piloyan 方程为：

$$\ln\Delta T = k_A - E(RT)^{-1} \tag{4-2}$$

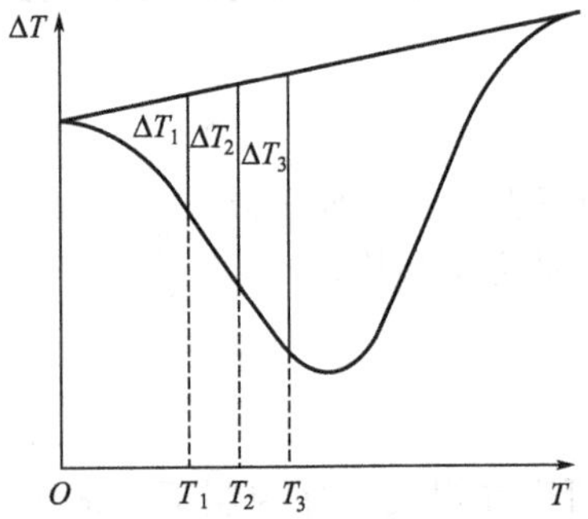

式中，ΔT 为 DTA 曲线与基线偏离的距离，如图 4-3 所示；k_A 为常数；E 为活化能；R 为气体摩尔常数；T 为与 ΔT 相对应的温度（热力学温度）。

以 $\ln\Delta T$ 对 $1/T$ 作图，由直线的斜率即可求得反应的活化能。

2. 仪器装置

差热分析仪各部件见图 4-4。

【仪器、试剂与材料】

1. 仪器：CDR-4P 型差热分析仪。

2. 试剂与材料：$CaC_2O_4 \cdot H_2O$（AR）；市售 α-Al_2O_3（需在 1200℃灼烧 2h，冷却后置于干燥器中备用）。

图 4-3 DTA 曲线

【实验步骤】

1. 分别称取质量相近的试样和参比物 α-Al_2O_3（以铺平坩埚底部即可）；设定升温速度为

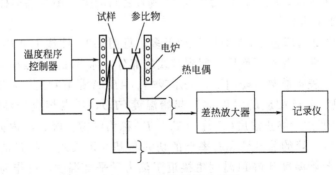

图 4-4 差热分析仪示意图

$10℃·min^{-1}$。

2. 转动手柄，将电炉的炉体升到顶部，然后将炉体向前方转出，从备件匣中取出样品杆，并装好（键和槽应对齐）。轻轻转动手柄摇到底部后，开启冷却水。开启总电源，然后由下向上依次打开各单元的电源，预热约20min。将电脑打开，双击快捷图标，启动差热、差动应用程序。

3. 零位调整：将差热放大器单元的量程开关置于"短路"位置，"差动"与"差热"选择开关置于"差热"位置。转动"调零"旋钮，使差热指示电表指在"0"位，其目的是用来消除两个热电偶热电势的不对称所引起的初始偏差。注：仪表如不经常使用，则在每次使用前应将零位调好；如仪表连续使用，一般不必每次调零。

4. 编制升温程序：按清零→总清→程序1→程段1→速率→温度（设定比熔点温度高100～200℃）→时间(0)→重复(0)→输入→程序1→运行→显示（观察程序能否正常运行）。

5. 启动电炉：程序正常运行后，观察可控硅加热单元的偏差指示表，若为正偏差则可启动电路电源(红)。若为负偏差，则须重新编制程序运行。

6. 计算机采样参数设定

按采样要求设定好采样参数后，按确定键，计算机开始采样。采样结束后，存盘返回。

7. 调出文件，进行数据处理并打印结果。

【实验结果与数据处理】

1. 给出发生热效应时的外延起始温度。

2. 用Piloyan法计算脱水反应的活化能。

3. 将所得活化能与文献值（$92kJ·mol^{-1}$）比较。

【实验注意事项】

1. 装样后一定要将炉体转到原位（可通过下面的反光镜看是否到位）。

2. 如果开启电炉前发现偏差已经指向负偏差，则清零，重新编程。

3. 在升温时，如果电炉电压突然大幅度增大，应立即关掉电炉电源，待炉子冷却后，再继续工作。

4. 实验结果会受到仪器、操作条件和试样三方面因素的影响，因此要合理选择适当的条件。例如，试样量少，峰小而尖锐，峰的分辨率好。因此，在仪器灵敏度许可情况下，试样要尽量少，升温速率一般采用$10℃·mim^{-1}$。

【思考题】

1. DTA的基本原理是什么？它有哪些应用？

2. 如何确定外延起始温度？为什么外延起始温度可作为表征反应的开始温度？

【e网链接】

1. http://hxzx.jlu.edu.cn/lab/2jiaoxue/xiangmu/instrumentanalysis/411.htm

2. http://jpkc.yzu.edu.cn/course2/jchxsy2/04dzja.htm

3. http://www.doc88.com/p-373487055395.html

4. http://www.doc88.com/p-788440656680.html

实验 27　热重分析

【实验目的与要求】

1. 了解热重分析的仪器装置及实验技术；

2.测绘矿物的热重曲线,解释曲线变化的原因。

【实验原理】

物质受热时,发生化学反应,质量也就随之改变,测定物质质量的变化就可研究其变化过程。热重法(TG)是在程序控制温度下,测量物质质量与温度关系的一种技术。热重法实验得到的曲线称为热重曲线(即 TG 曲线)。TG 曲线以质量作纵坐标,从上向下表示质量减少;以温度(或时间)为横坐标,自左至右表示温度(或时间)增加。

热重法的主要特点是定量性强,能准确地测量物质的变化及变化的速率。热重法的实验结果与实验条件有关。但在相同的实验条件下,同种样品的热重数据是重现的。

热重分析法是在程序控制温度下,测量物质的质量随温度变化的一种实验技术。热重分析通常有静态法和动态法两种类型。

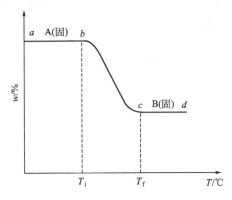

图 4-5　典型固体热分解反应的热重曲线

静态法又称等温热重法,是在恒温下测定物质质量变化与温度的关系,通常把试样在各给定温度加热至恒重。该法比较准确,常用来研究固相物质热分解的反应速率和测定反应速率常数。

动态法又称非等温热重法,是在程序升温下测定物质质量变化与温度的关系,采用连续升温连续称重的方式。该法简便,易于与其他热分析法组合在一起,实际中采用较多。

热重分析仪的基本结构由精密天平、加热炉及温控单元组成。

由热重分析记录的质量变化对温度的关系曲线称热重曲线(TG 曲线)。曲线的纵坐标为质量,横坐标为温度。例如固体热分解反应 A(固)——→B(固)+C(气)的典型热重曲线如图4-5 所示。

图 4-5 中 T_i 为起始温度,即累积质量变化达到热天平可以检测时的温度。T_f 为终止温度,即累计质量变化达到最大值时的温度。热重曲线上质量基本不变的部分称为基线或平台,如图中 ab、cd 部分。若试样初始质量为 W_0,失重后试样质量为 W_1,则失重百分数为 $[(W_0-W_1)/W_0]\times100\%$。

许多物质在加热过程中会在某温度发生分解、脱水、氧化、还原和升华等物理化学变化而出现质量变化,发生质量变化的温度及质量变化百分数随着物质的结构及组成而异,因而可以用物质的热重曲线来研究物质的热变化过程,如试样的组成、热稳定性、热分解温度、热分解产物和热分解动力学等。例如含有一个结晶水的草酸钙($CaC_2O_4\cdot H_2O$)的热重曲线如图 4-6所示。

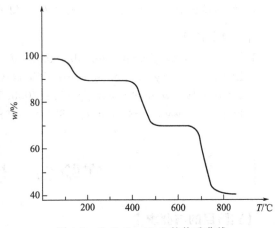

图 4-6　$CaC_2O_4\cdot H_2O$ 的热重曲线

【仪器、 试剂与材料】

1.仪器:综合热分析仪 1 套。

2. 试剂与材料：$CaC_2O_4 \cdot H_2O(AR)$、$CuSO_4 \cdot 5H_2O(AR)$等。

【实验步骤】

1. 调整天平的空称零位。

2. 将坩埚在天平上称量，记下质量数值 P_1，然后将待测试样放入已称坩埚中称量，并记下试样的初始质量。

3. 将称好的样品坩埚放入加热炉中吊盘内。

4. 调整炉温，选择好升温速率(若为自动记录，应同时选择好走纸速度，开启记录仪)。

5. 开启冷却水，通入惰性气体。

6. 启动电炉电源，使电源按给定速度升温。

7. 观察测温表，每隔一定时间开启天平一次，读取并记录质量数值(若为自动记录，则定时观察 TG 曲线，并标记质量和温度值)。

8. 测试完毕，切断电源，待炉温降至100℃时切断冷却水。

【实验结果与数据处理】

1. 根据得到的 TG 曲线，读出试样质量发生变化前后的值及其所对应的温度，计算出其变化值。

2. 根据公式

$$失重百分数 = \frac{样品质量的变化值}{样品原来的质量} \times 100\%$$

可以计算出样品的失重百分数。

3. 分析曲线上质量变化的原因。

【实验注意事项】

1. 实验室门应轻开轻关，尽量避免或减少人员走动。

2. 开机后，保护气体开关应始终为打开状态(保护气体输出压力应调整为 0.05MPa，流速 $\leqslant 30mL \cdot min^{-1}$，一般设定为 $15mL \cdot min^{-1}$)。

【思考题】

1. 要使一个多步分解反应过程在热重曲线上明晰可辨，应选择什么样的实验条件？

2. 影响质量测量准确度的因素有哪些？在实验中可采取哪些措施来提高测量准确度？

3. 综合热分析有何特点？试总结一些综合热曲线分析的规律。

【e 网链接】

http：//www.mingyuanxx.com/news/show-1872.html

Ⅱ 电化学研究

实验 28 离子迁移数的测定——希托夫法

【实验目的与要求】

1. 掌握希托夫法测定离子迁移数的原理及方法；

2. 测定 $CuSO_4$ 溶液中 Cu^{2+} 和 SO_4^{2-} 的迁移数；

3. 了解库仑计的构造并掌握其使用方法。

【实验原理】

当电解质溶液通过电流时，溶液中的阴阳离子在电场的作用下，分别向正负两电极移动。由于阴、阳离子移动的速率不同，所带电荷不同，因此它们分担的导电任务也不同。B离子迁移数 t_B 即是指 B 离子迁移的电量与通过溶液的总电量之比。

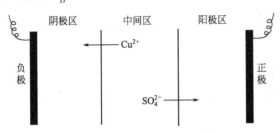

图 4-7　希托夫法测定离子迁移数原理示意图

希托夫法测定离子迁移数的原理示意图如图 4-7 所示。将已知浓度的 $CuSO_4$ 溶液装入迁移管中，接通电源后，溶液中的 SO_4^{2-} 向阳极区迁移，Cu^{2+} 向阴极区迁移，在阳极和阴极上分别发生如下反应：

$$阳极\ Cu \longrightarrow Cu^{2+} + 2e^-$$
$$阴极\ Cu^{2+} + 2e^- \longrightarrow Cu$$

离子迁移和电极反应的总效果是使阳极区的 $CuSO_4$ 浓度增大，阴极区的 $CuSO_4$ 浓度减小。因此，若测得任一电极附近（阳极区或阴极区）$CuSO_4$ 溶液在通电前后浓度的变化值，再通过库仑计测得通过溶液的总电量，就可以由物料衡算计算出 Cu^{2+} 和 SO_4^{2-} 迁移的量，进而求得离子迁移数。这就是希托夫法测定离子迁移数的原理。

在图 4-7 的示意图中，阳极区、中间区和阴极区的界面是人为划分的，在实际实验操作中，必须要依靠装置来实现三个区域的分割。图 4-8 是希托夫法的装置结构示意图。阳极区、中间区、阴极区之间以细管连通，有效地阻止了溶液的扩散，保证中间区的浓度在通电过程中基本不变。

现以阴极区的溶液在通电前后的浓度变化为例进行分析如下：设阴极区在通电前所含 Cu^{2+} 的物质的量为 $n_{前}$，通电时，由于离子迁移而迁入阴极区的 Cu^{2+} 的物质的量为 $n_{迁}$，同时由于铜阴极发生氧化反应而消耗的 Cu^{2+} 的物质的量为 $n_{电}$，通电结束后，阴极区 Cu^{2+} 的物质的量为 $n_{后}$。则有：

$$n_{后} = n_{前} + n_{迁} - n_{电} \tag{4-3}$$

其中，$n_{前}$ 和 $n_{后}$ 可以由滴定的方法测得，而 $n_{电}$ 的求算遵循法拉第定律，可以由铜库仑计测出。

以 t_+、t_- 分别代表 Cu^{2+} 和 SO_4^{2-} 的迁移数，根据迁移数的定义，可得：

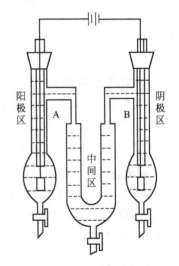

图 4-8　希托夫法装置结构示意图

$$t_+ = n_{迁} / n_{电} \tag{4-4}$$

$$t_- = 1 - t_+ \tag{4-5}$$

铜库仑计实际上是一个简单的电解 $CuSO_4$ 的装置，其结构如图 4-9 所示。铜库仑计通常采用玻璃或有机玻璃容器，其中放入 Cu^{2+} 电解液，电解液中插入三个纯铜制成的电极，中间的为阴极，两旁的为阳极。测定离子迁移数时，将库仑计与迁移管串联，库仑计中通过的电量与电极上析出的产物完全符合法拉第定律。要保证电流效率达到或接近 100%，库仑计上的铜电极必须使用纯度大于 99.999% 的纯铜，在电解液中要加入乙醇和浓硫酸以活化电极，同时限制副反应的发生。同时，为了保证铜库仑计的精确度，必须恰当选用阴极面积，其原则为阴极电流密度控制在 $0.2 \sim 2 A \cdot dm^{-2}$。

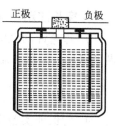

图 4-9 铜库仑计示意图

【仪器、试剂与材料】

1. 仪器：迁移管 1 套，铜电极 2 只，精密稳定电源 1 台，库仑计 1 套，分析天平 1 台，碱式滴定管 (50mL，1 支)，锥形瓶 (250mL，3 只)。

2. 试剂与材料：$CuSO_4$，浓 H_2SO_4，95% 乙醇，无水乙醇，$1mol \cdot L^{-1} HNO_3$ 溶液，$Na_2S_2O_3$ 标准溶液，10% KI 溶液，$1mol \cdot L^{-1} HAc$ 溶液，10% KSCN 溶液，淀粉指示剂。

【实验步骤】

1. 配制库仑计电解液，组成如下：硫酸铜 $125g \cdot L^{-1}$，硫酸 $25mL \cdot L^{-1}$，乙醇 $50mL \cdot L^{-1}$。

2. 配制 $0.05mol \cdot L^{-1} CuSO_4$ 溶液 250mL，洗净所有容器，用 $0.05mol \cdot L^{-1} CuSO_4$ 溶液荡洗 3 次，然后在迁移管中装入该溶液，迁移管中不应有气泡。

3. 铜电极放在 $1mol \cdot L^{-1} HNO_3$ 溶液中稍微洗涤下，以除去表面的氧化层，用蒸馏水洗涤后，将作为阳极的两片铜电极放入盛有铜液的库仑计，将铜阳极用无水乙醇淋洗 3 次，用冷空气将其吹干，在天平上称重得 M_1，放入库仑计。

4. 接通电源，电流在 10mA 左右。通电 90min，关闭电源，取出库仑计中的铜阴极，用蒸馏水冲洗后，用无水乙醇淋洗，再用冷空气将其吹干，然后称重得 M_2。

5. 通电时取剩余的原始 $CuSO_4$ 溶液 50g，用 $Na_2S_2O_3$ 溶液进行滴定，记录消耗的体积 V_1，并计算出每克水中所含的 $CuSO_4$ 质量。

6. 通电结束后，取出阴极区溶液称重，滴定，记录消耗的体积 V_2，计算阴极区通电前后所含 $CuSO_4$ 质量(g)。

7. 计算 Cu^{2+}，SO_4^{2-} 的迁移数 t_+, t_-。

附：滴定方法如下。

待测硫酸铜溶液加入 10% KI 溶液 10mL、$1mol \cdot L^{-1}$ 醋酸溶液 10mL，用 $Na_2S_2O_3$ 标准溶液滴定至浅土黄色，加入 2mL 淀粉指示剂，继续滴定至浅米色中带蓝色。最后加入 10mL 10% KSCN 溶液，溶液蓝色加深，再继续用 $Na_2S_2O_3$ 标准溶液滴定到蓝色刚好消失即为终点。

【实验结果与数据处理】

1. 实验数据记录

室温_____；大气压_____；$c(Na_2S_2O_3$ 标准溶液)_____。

通电前铜阴极的质量 M_1		析出铜的质量	
通电后铜阴极的质量 M_2		发生电极反应的 $n_{电}$	
通电前阴极区滴定体积 V_1		每克水中所含的 $CuSO_4$ 质量	
空锥形瓶质量		通电后阴极区滴定体积 V_2	
空锥形瓶+通电后阴极区溶液质量		$n_{后}$	
通电后阴极区溶液质量		$n_{前}$	
$n_{迁}$		t_+	
		t_-	

2. 算出 t_+、t_- 填入上表中。

【实验注意事项】

1. 库仑计阴极铜片的前处理及称重需仔细进行：铜片吹干时温度不可太高，避免铜片再度氧化；称量时需用分析天平。

2. 通电过程中，迁移管要避免振动。

3. 电解结束后，从迁移管向锥形瓶放出溶液时，应缓慢放出，避免各区溶液混合。

4. 为保证实验准确性，通电结束后，建议测定中间区浓度。如中间区浓度变动较大，则实验失败，需重做。

【思考题】

1. 通过库仑计阴极的电流密度为什么不能过大？

2. 中间区浓度改变说明什么？如何防止？

3. 测定离子迁移数与哪些因素有关？

4. $0.1mol \cdot L^{-1}$ 的 NaCl 溶液和 $0.1mol \cdot L^{-1}$ 的 KCl 溶液中 Cl^- 的迁移数是否相同？为什么？

【e 网链接】

1. http://www.doc88.com/p-318753387677.html

2. http://hxx.hstc.edu.cn/rcpy/images/2009/10/26/A0AFBE52247D4A2CB4AE4D8F3EF565E8.pdf

实验 29　电导的测定及其应用

【实验目的与要求】

1. 了解溶液电导、电导率的基本概念，学会电导率仪的使用方法；

2. 掌握溶液电导率仪的测定及应用，并计算弱电解质溶液的电离常数；

3. 掌握电导滴定的基本原理和判断终点的方法。

【实验原理】

1. HAc 电离常数的测定

根据 Arrhenius 的电离理论，弱电解质与强电解质不同，它在溶液中仅部分解离，离子和未解离的分子之间存在着动态平衡。对于 AB 型弱电解质，如 HAc 水溶液中，设 c 为 HAc 的原始浓度，α 为解离度，其解离平衡为：

$$HAc \rightleftharpoons H^+ + Ac^-$$

$$电离刚开始时：c \qquad 0 \qquad 0$$

$$电离平衡时：c(1-\alpha) \qquad c\alpha \qquad c\alpha$$

设其解离常数为 K_c，则

$$K_c = \frac{\alpha^2}{1-\alpha} \times \frac{c}{c^\ominus} \tag{4-6}$$

因此，可以通过测定 HAc 在不同浓度下的解离度 α 代入式(4-6)来求出 K_c。

HAc 的解离常数可以用电导法来测定。

溶液的导电能力可以用电导 G 表示，单位为 S(西门子)。将电解质溶液注入电导池内，溶液电导(G)的大小与两电极之间的距离 l 成反比，与电极的面积 A 成正比：

$$G = \kappa A / l \tag{4-7}$$

比例系数 κ 称为电导率，单位为 $S \cdot m^{-1}$。溶液的电导率可以理解为在两个相距 $1m$，面积均为 $1m^2$ 的两平行板电极之间充满电解质溶液时的电导。

由于电解质溶液的电导率与浓度有关，所以为了比较不同浓度、不同类型电解质溶液的电导率，以摩尔电导率来表征溶液的导电能力，以 Λ_m 表示：

$$\Lambda_m = \kappa / c \tag{4-8}$$

由电化学理论可知，浓度为 c 的弱电解质稀溶液的解离度 α 应等于该浓度下的摩尔电导率 Λ_m 和溶液在无限稀时的摩尔电导率 Λ_m^∞ 之比，即：

$$\alpha = \Lambda_m / \Lambda_m^\infty \tag{4-9}$$

其中，根据离子独立运动定律，对于 AB 型电解质，Λ_m^∞ 等于无限稀释时阴阳离子的摩尔电导率之和。在温度一定时，Λ_{m+}^∞、Λ_{m-}^∞ 对于给定的离子是常数，可以由书后的附录查到。

将式(4-8)、式(4-9)代入式(4-6)，得：

$$K_c = \frac{(c/c^\ominus)\Lambda_m^2}{\Lambda_m^\infty(\Lambda_m^\infty - \Lambda_m)} \tag{4-10}$$

变形后，得： $$(c/c^\ominus)\Lambda_m = (\Lambda_m^\infty)^2 K_c / \Lambda_m - \Lambda_m^\infty K_c \tag{4-11}$$

以 $(c/c^\ominus)\Lambda_m$ 对 $1/\Lambda_m$ 作图，斜率为 $(\Lambda_m^\infty)^2 K_c$，即可求得该弱电解质的解离平衡常数。

2. 未知 HCl 溶液浓度的测定

借助于滴定过程中离子浓度变化而引起的电导值的变化来判断滴定终点，这种方法称为电导滴定。电解质溶液的电导取决于溶液中离子的种类和浓度。在滴定过程中，由于溶液中离子的种类和浓度发生了变化，因而电导值也发生了变化。在滴定终点前后，电导值的变化通常出现突变，因此，以电导值对滴定溶液体积作图，可根据转折点的横坐标确定滴定终点体积。

以 NaOH 标准溶液滴定未知浓度 HCl 溶液的电导滴定曲线为例（如图 4-10 所示）。在 NaOH 溶液与 HCl 溶液的滴定中，滴定开始时，由于 H^+ 的极限摩尔电导率较大，溶液电导值也比较大；随着 NaOH 的不断滴入，H^+ 不断消耗，和 OH^- 结合生成不导电的水，同时生成同等数量的 Na^+。但是由于 Na^+ 的摩尔电导率远小于 H^+，因此溶液的电导值不断降低。在化学计量点以后，随着过量的 NaOH 溶液不断加入，溶液中增加了具有较强导电能力的 OH^- 和更多的 Na^+，因此溶液的电导值又

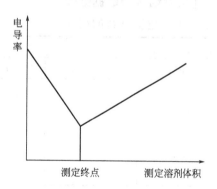

图 4-10 电导滴定示意图

会不断增加。根据电化学的知识，当溶液浓度较低时，电导率和浓度成正比。因此，计量点前后电导率的上升段和下降段均为直线关系，而两段直线的交点，即溶液具有最小电导值时所对应的滴定剂体积，即为滴定终点。

电导滴定的优点是不需要指示剂，可以用于对有色溶液、浑浊溶液的滴定以及难以找到合适指示剂的滴定反应。

【**仪器、 试剂与材料**】

1. 仪器：电导率仪 1 台，超级恒温槽 1 台，磁力搅拌器 1 台，5mL 移液管 1 只，25mL

移液管 2 只，100mL 玻璃烧杯 1 个。

2. 试剂与材料：HAc($0.10\text{mol} \cdot \text{L}^{-1}$)，NaOH 标准溶液($0.1\text{mol} \cdot \text{L}^{-1}$)，未知浓度 HCl 溶液。

【实验步骤】

1. HAc 电离常数的测定

(1) 调节恒温槽温度为 25℃。

(2) 用洗净、烘干的锥形瓶一只，加入 50mL $0.10\text{mol} \cdot \text{L}^{-1}$ 的 HAc 溶液，在 35℃ 下恒温 10min，测定其电导率 $\kappa + \kappa_0$。

(3) 用吸取 HAc 的移液管从锥形瓶中吸出 25mL 弃去，用另一支移液管移取 25mL 电导水注入锥形瓶，混合均匀，等温度恒定测其电导率，如此操作，共稀释 4 次。

(4) 倒去醋酸，洗净锥形瓶，最后用电导水淋洗，注入 50mL 电导水，测定其电导率 κ_0。

(5) 在表格中记录并处理实验数据，以 $c\Lambda_m$ 对 $1/\Lambda_m$ 作图，计算 HAc 的解离平衡常数。

2. 未知 HCl 溶液浓度的测定

(1) 滴定前准备　按照滴定分析基本要求洗涤、润洗滴定管，装入 $0.1\text{mol} \cdot \text{L}^{-1}$ 的 NaOH 标准溶液，调节滴定管液面至 "0.00mL" 处。用移液管准确移取 5.00mL 未知浓度的 HCl 溶液于 100mL 玻璃烧杯，加入 50mL 蒸馏水稀释被测溶液，将烧杯置于磁力搅拌器上，放入磁子。安装好仪器，将电极插入被测溶液，读出被测溶液的电导值。

(2) 滴定过程和溶液电导值测定　启动磁力搅拌器，搅拌一段时间后，依次滴加一定体积的 $0.1\text{mol} \cdot \text{L}^{-1}$ 的 NaOH 标准溶液，读出不同滴定体积时被测溶液的电导值。

(3) 作 κ-V_{NaOH} 图，由两条直线的交点读出滴定终点的 NaOH 体积，并计算出 HCl 的浓度。

【实验结果与数据处理】

1. HAc 电离常数的测定

$\kappa_0 = $ _____				$\Lambda_m^\infty = 0.03907\text{S} \cdot \text{m}^2 \cdot \text{mol}^{-1}$			
$c/\text{mol} \cdot \text{L}^{-1}$	$\kappa + \kappa_0$	K_c	Λ_m	α	$1/\Lambda_m$	$c\Lambda_m$
0.1						
0.05						
0.025						
0.0125						
0.00625						

以 $c\Lambda_m$ 对 $1/\Lambda_m$ 作图，拟合出一条直线，直线的斜率为 $(\Lambda_m^\infty)^2 K_c$，由此求得 HAc 的解离平衡常数 K_c。

2. 未知 HCl 溶液浓度的测定

NaOH 标液体积/mL	0.00	0.50	1.00	1.50	2.00	2.50	3.00
溶液电导测定值							
NaOH 标液体积/mL	3.50	4.00	4.50	5.00	5.50	6.00	6.50
溶液电导测定值							
NaOH 标液体积/mL	7.00	7.50	8.00	8.50	9.00	9.50	10.00

续表

溶液电导测定值							
NaOH 标液体积/mL	10.50	11.00	11.50	12.00	12.50	13.00	13.50
溶液电导测定值							

以电导测定值对 NaOH 标液体积作图,可以拟合出两条直线。由两条直线的方程解出交点坐标,横坐标即为滴定终点的体积,并由此计算未知 HCl 溶液的浓度。

【实验注意事项】

1. 电导电极不用时,应将其浸在蒸馏水中,以免干燥使表面发生改变。

2. 溶液的电导率对溶液的浓度很敏感,测量前需用待测溶液反复洗涤电导池和电极,以保证测量结果准确。

3. 溶液的极限摩尔电导率与温度有关,通常条件下温度每升高 1℃,电导率增加 2% ~ 2.5%。因此测量前,溶液要充分恒温。H^+、Ac^- 的极限摩尔电导率与温度的关系为:

$$\Lambda_m^\infty(H^+)/S \cdot m^2 \cdot mol^{-1} = 349.82 \times 10^{-4}[1+0.01385(t-25)]$$
$$\Lambda_m^\infty(Ac^-)/S \cdot m^2 \cdot mol^{-1} = 40.9 \times 10^{-4}[1+0.0238(t-25)]$$

由上式可计算任何温度下 HAc 的 Λ_m^∞ 值。

【思考题】

1. 实验中为何要用镀铂黑电极?使用时注意事项有哪些?

2. 测定电导所用的水为什么一定要是电导水?如果用普通蒸馏水会有什么影响?

3. 为什么标准溶液的浓度要比待测溶液浓度大 10~20 倍?

4. 电导滴定为什么要在恒温下进行?

【e 网链接】

http://www.docin.com/p-355060045.html

实验 30 极化曲线的测定

【实验目的与要求】

1. 掌握恒电位法测定金属极化曲线的基本原理和方法,掌握恒电位仪的基本性能和使用方法;

2. 了解极化曲线的意义和应用;

3. 测定碳钢在碳酸铵溶液中的钝化曲线,求出临界钝化电位及稳定钝化区电位,加深对钝化过程的理解。

【实验原理】

1. 极化现象与极化曲线

当电极上没有电流通过时,电极处于平衡状态,与之对应的是平衡(可逆)电极电势。随着电流通过电池,电极的平衡状态被打破,电极电势偏离平衡值。电极上电流密度越大,电极的不可逆程度就越大,其电势值对平衡电极电势偏离就越远。描述电流密度与电极电势间

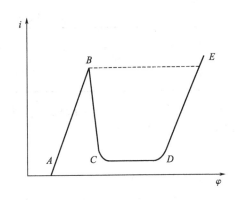

图 4-11 极化曲线

AB—活性溶解区；B—临界钝化点；

BC—过渡钝化区；CD—稳定钝化区；

DE—超(过)钝化区

关系的曲线称为极化曲线。

对于大多数金属来说，用控制电位法测得的阳极极化曲线，大都具有图 4-11 的形式。此阳极极化曲线可分为四个区域。AB 段为活性溶解区，此时金属进行正常的阳极溶解，处于活化状态，阳极电位随着电位的正移而不断增大。BC 段为过渡钝化区，是由活化态到钝化态的转变过程。此时电流密度随电势增加迅速减至最小，这是因为在金属表面产生了一层电阻高、耐腐蚀的钝化膜。B 点对应的电势称为临界钝化电势，对应的电流称为临界钝化电流。CD 段为稳定钝化区，随着电势的继续增加，电流保持在一个基本不变的很小的数值上，该电流称为维钝电流，

DE 段为超钝化区，此时阳极又重新随电位的正移而增大，表示阳极又发生了氧化过程，可能是高价金属离子的产生，或是水分子放电析出氧气，也可能是二者同时出现。

2. 极化曲线的测定

恒电位法就是将研究电极的电位恒定在所需的数值上，然后测量对应于各电位下的电流。极化曲线的测量应尽可能接近体系稳态。稳态体系指被研究体系的极化电流、电极电势、电极表面状态等基本上不随时间而改变。在实际测量中，常用的控制电位测量方法有以下两种。

(1) 静态法　将电极电势较长时间地维持在某一恒定值，同时测量电流随时间的变化，直到电流值基本上达到稳定值。如此逐点地测量一系列各个电极电势下的稳定电流值，以获得完整的极化曲线。

(2) 动态法　控制电极电势以较慢的速度连续地改变(扫描)，并测量对应电位下的瞬时电流值，以瞬时电流与对应的电极电势作图，获得整个的极化曲线。所采用的扫描速度需要根据研究体系的性质决定。一般来说，电极表面建立稳态的速度愈慢，则电位扫描速度也应愈慢，这样才能使所测得的极化曲线与采用静态法测得的结果接近。

上述两种方法都已经获得了广泛应用，尤其是动态法，由于可以自动测绘，扫描速度可控制一定，因而测量结果重现性好，特别适用于对比实验。本实验采用动态法测量。

【仪器、试剂与材料】

1. 仪器：恒电位仪 1 台，饱和甘汞电极 1 支，碳钢电极 1 支，铂电极 1 支，三室电解槽 1 只。

2. 试剂与材料：$2mol \cdot L^{-1} (NH_4)_2CO_3$ 溶液，$0.5mol \cdot L^{-1} H_2SO_4$ 溶液，丙酮溶液。

【实验步骤】

1. 碳钢预处理

用金相砂纸将碳钢研究电极打磨至镜面光亮，放在丙酮中除去油污，再用石蜡蜡封，留出 $1cm^2$ 面积。在 $0.5mol \cdot L^{-1}$ 的硫酸溶液中，以研究电极作阴极，电流密度保持在 $5mA \cdot cm^{-2}$ 以下，电解 10min 以除去氧化膜，最后用蒸馏水洗净备用。

2. 电解线路连接

洗净容器，在电解池中加入 $2mol \cdot L^{-1} (NH_4)_2CO_3$ 溶液，安装好待测电极、参比电极

等，并与相应的恒电位仪上的接线柱连接。打开电源开关，将仪器预热 30min。

3. 恒电位法测定极化曲线

开启恒电位仪，先测"参比"对"研究"的自腐蚀电位（电压表示数应该在 0.8V 以上方为合格，否则需要重新处理研究电极），然后调节恒电位仪从 1.2V 开始，每次改变 0.02V，逐点调节电位值，记录相应的极化电流值，直到电位达到 −1.2V 为止。

【实验结果与数据处理】

1. 对静态法测试的数据应列出表格。

2. 以电流密度为纵坐标，电极电势（相对饱和甘汞）为横坐标，绘制极化曲线。

3. 讨论所得实验结果及曲线的意义，指出钝化曲线中的活性溶解区、过渡钝化区、稳定钝化区、过钝化区，并标出临界钝化电流密度（电势）、维钝电流密度等数值。

【实验注意事项】

1. 按照实验要求，严格进行电极处理。处理好的碳钢片不要长时间暴露在空气中，防止再次氧化。

2. 将研究电极置于电解槽时，要注意与鲁金毛细管之间的距离每次应保持一致。研究电极与鲁金毛细管应尽量靠近，但管口离电极表面的距离不能小于毛细管本身的直径。

3. 碳钢在 $2mol \cdot L^{-1}$ 的 $(NH_4)_2CO_3$ 溶液中相对于饱和甘汞电极的电位值为 −0.85V 左右，如处理后的电位值与该值不一致时需重新处理电极。

【思考题】

1. 比较恒电流法和恒电位法测定极化曲线有何异同，并说明原因。

2. 测定阳极钝化曲线为何要用恒电位法？

3. 做好本实验的关键有哪些？

【e 网链接】

1. http://www.docin.com/p-67330184.html

2. http://www.cnki.com.cn/Article/CJFDTotal-DYJI197908000.htm

实验 31　电位滴定法测定水中氯离子的含量

【实验目的与要求】

1. 学习电位滴定法的基本原理及确定滴定终点的方法；

2. 学会使用电位滴定仪；

3. 掌握了解氯离子的测定过程和现象。

【实验原理】

电位滴定是利用电极电位的突跃来指示终点的到达。将滴定过程中测得的电位值 φ 对消耗的滴定剂体积作图，绘制成滴定曲线，由曲线上的电位突跃部分来确定滴定终点。它虽然没有指示剂确定终点那样方便，但它可以用在浑浊、有色溶液以及找不到合适指示剂的滴定分析中。

电位滴定终点的确定并不需要知道终点电位的绝对值，仅需注意电位值的变化。电位滴定的一个很大用途是可以连续滴定和自动滴定。进行电位滴定时，在被测溶液中插入一个指示电极和一个参比电极组成一个工作电池。随着滴定剂的加入，被测离子的浓度不断发生变化，因而指示电极的电位相应地发生变化，在化学计量点附近离子浓度发生突跃，引起指示电极电极电位突跃。根据测量工作电池电动势的变化就可以确定终点。

确定电位滴定的终点可以有以下几种方法。

1. E-V 曲线法

如图 4-12(a)所示，以 E 对 V 作图，曲线的突跃部分，即斜率最大处的横坐标为滴定终点。

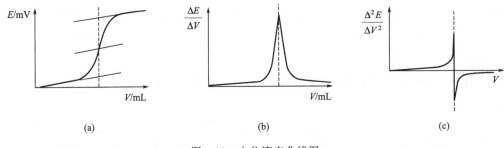

图 4-12 电位滴定曲线图

2. $\Delta E/\Delta V$-V 曲线法

如图 4-12(b)所示，以 $\Delta E/\Delta V$ 对 ΔE 相应的两体积 V 的平均值作图，曲线极大值所对应的体积就是滴定终点体积。

3. $\Delta^2 E/\Delta V^2$-V 曲线法

如图 4-12(c)所示，以 $\Delta^2 E/\Delta V^2$ 对 V 作图，在 $\Delta^2 E/\Delta V^2 = 0$ 时所对应的体积就是终点体积。

工业用水含有氯离子，可根据下列反应在酸性介质中以硝酸银为滴定剂滴定，但由于工业用水有颜色，不能用指示剂指示颜色的变化来确定终点，应采用电位滴定法为宜。本实验以 $AgNO_3$ 为指示剂，滴定含氯离子的工业用水。以 Ag-AgCl 电极为指示电极，双盐桥饱和甘汞电极为参比电极，通过测量滴定过程中电位的变化，测定待测溶液中氯离子的浓度。

【仪器、试剂与材料】

1. 仪器：ZD-2 型自动电位滴定仪，Ag-AgCl 电极，双盐桥饱和甘汞电极，磁力搅拌器，酸式滴定管，移液管(25mL)。

2. 试剂与材料：NaCl 标准溶液($0.0500 \text{mol} \cdot \text{L}^{-1}$)，$0.0500 \text{mol} \cdot \text{L}^{-1}$ 的 $AgNO_3$ 溶液(待标定)，工业用水(氯离子浓度待测)，$6 \text{mol} \cdot \text{L}^{-1} HNO_3$。

【实验步骤】

1. 手动电位滴定($AgNO_3$ 溶液浓度的标定)

用移液管准确移取 25.00mL NaCl 标准溶液于一洁净的 250mL 烧杯中，加入 1mL $6 \text{mol} \cdot \text{L}^{-1} HNO_3$ 溶液，以蒸馏水稀释至 100mL 左右，放入一个干净搅拌子，将其置于滴定装置的搅拌器平台上，用 $AgNO_3$ 溶液滴定，每加入 0.5mL $AgNO_3$ 溶液后记录相应的 E 值(临近终点时，每加入 0.1mL $AgNO_3$ 记录一次 E 值)，至 E 值为 400mV 左右。滴定结束后，以 $AgNO_3$ 溶液的体积 V 为横坐标，电位为纵坐标，作 E-V 曲线、$\Delta E/\Delta V$-V 曲线或 $\Delta^2 E/\Delta V^2$-V 曲线，确定出滴定终点，并计算 $AgNO_3$ 溶液的准确浓度。

2. 自动电位滴定（自来水中氯含量的测定）

准确移取工业水样 25mL 于 250mL 烧杯中，再加入 1mL 6mol·L^{-1} 的 HNO$_3$ 溶液，放入一只干净的搅拌子，同上法安装好滴定管和电极，依据所找出的终点电位为自动电位滴定的终点电位，预控点设置为 90mV，按下"滴定开始"按钮，在到达终点后，记下所消耗的 AgNO$_3$ 溶液的准确体积。

【实验结果与数据处理】

1. 根据自动电位滴定的数据，绘制电位(E)对滴定体积(V)的滴定曲线，通过 E-V 曲线确定终点电位和终点体积（由此体积可算出硝酸银溶液的准确浓度）。

$$[Cl^-](mg·L^{-1}) = \frac{c_{AgNO_3} V_{AgNO_3}}{V_{水样}} \times 35.45 \times 1000$$

2. 根据滴定终点（自动电位滴定）所消耗的 AgNO$_3$ 溶液体积计算试液中 Cl$^-$ 的质量浓度（mg·L^{-1}）。

【实验注意事项】

1. 注意爱护仪器，切勿将试剂和水渗入仪器中，仪器不用时插上接续器，仪器不应长期放在有腐蚀性等有害气体的房间内。

2. 氯化银电极在使用前，需在 0.001mol·L^{-1} 的 KCl 溶液中浸泡活化，电极使用后应擦干避光保存。

3. 双盐桥内饱和甘汞电极应装有一定高度的饱和 KCl 溶液，液体下不能有气泡，陶瓷芯应保持通畅，用橡皮筋将装有硝酸钾的外套管与参比电极连好。应在相对稳定后再读数，若数据一直变化，读数时可考虑降低转子的转数。

【思考题】

1. 与化学分析中的容量法相比，电位滴定法有何特点？
2. 如何计算滴定反应的理论电位值？
3. 氯离子选择性电极是否可用来测定自来水中氯含量？
4. 滴定氯离子混合液中 Cl$^-$、Br$^-$、I$^-$ 时，能否用指示剂法确定三个化学计量点？

【e 网链接】

1. http://www.doc88.com/p-913968215007.html
2. http://www.docin.com/p-271407155.html

实验 32   胶体的电泳

【实验目的与要求】

1. 观察溶胶的电泳现象，掌握电泳法测定胶体粒子的电泳速度和 ζ 电势的方法；
2. 掌握 Fe(OH)$_3$ 胶体制备和纯化的方法。

【实验原理】

溶胶的制备方法可分为分散法和凝聚法。分散法是用适当方法把较大的物质颗粒变为胶体大小的质点，常用的又分为研磨法、超声波法、胶溶法和电弧法等；凝聚法是先制成难溶物的分子(或离子)的过饱和溶液，再使之相互结合成胶体粒子而得到溶胶，常用的又分为化学反应法、改换溶剂法等。本实验中，$Fe(OH)_3$ 溶胶的制备就是采用化学反应法即通过化学反应使生成物呈过饱和状态，然后粒子再结合成溶胶。

制成的胶体体系中常有其他杂质存在，而影响其稳定性，因此必须纯化。常用的纯化方法是半透膜渗析法，这是利用半透膜具有能透过离子和某些分子，而不能透过胶粒的能力，将溶胶中过量的电解质和杂质分离出来。

在胶体分散体系中，由于胶体本身的电离或胶粒对某些离子的选择性吸附，使胶粒的表面带有一定的电荷。在外电场作用下，胶体粒子在分散介质中依一定的方向移动，这种现象称为电泳。荷电的胶粒与分散介质间的电势差称为电动电势，用符号 ζ 表示，电动电势的大小直接影响胶粒在电场中的移动速度。所以，ζ 电位是表征胶体特征的主要物理量之一，在研究胶体性质及其实际应用中有着重要意义，胶体的稳定性与 ζ 电位有直接关系。原则上，任何一种胶体的电动现象都可以用来测定电动电势，其中最方便的是用电泳现象中的宏观法来测定，也就是通过观察溶胶与另一种不含胶粒的导电液体的界面在电场中移动速度来测定电动电势。电动电势 ζ 与胶粒的性质、介质成分及胶体的浓度有关。在指定条件下，ζ 的数值可根据亥姆霍兹方程式计算。即：

$$\zeta = \frac{K\pi\eta u}{\varepsilon E} \tag{4-12}$$

式中，K 为与胶粒形状有关的常数(对于球形胶粒 $K=6$，棒形胶粒 $K=4$，在实验中均按棒形粒子看待)；η 为介质的黏度，P；ε 为介质的介电常数；u 为电泳速率，$cm \cdot s^{-1}$；E 为电位梯度，即单位长度上的电位差。

从实验测得电泳速率 u 及 E 值，即可由上式求得胶体粒子的 ζ 电位。实验中，电泳速率 u 可通过测量在时间 t 内电泳管中胶体溶液在电场作用下移动的距离 l，由 $u=l/t$ 求出。电势梯度 E 可通过测量施加在相距为 L 的两电极之间的电压 U，然后由公式 $E=U/L$ 求出。

【仪器、试剂与材料】

1. 仪器：直流稳压电源 1 台，万用电炉 1 台，电泳管 1 只，电导率仪 1 台，直流电压表 1 台，秒表 1 块，铂电极 2 只，锥形瓶(250mL) 1 只，烧杯(800mL、250mL、100mL)各 1 个，超级恒温槽 1 台，容量瓶(100mL) 1 只。

2. 试剂与材料：火棉胶，$FeCl_3$(10%)溶液，KSCN(1%)溶液，$AgNO_3$(1%)溶液，稀 HCl 溶液。

【实验步骤】

1. $Fe(OH)_3$ 溶胶的制备及纯化

(1) 半透膜的制备 在一个内壁洁净、干燥的 250mL 锥形瓶中，加入约 100mL 火棉胶液，小心转动锥形瓶，使火棉胶液黏附在锥形瓶内壁上形成均匀薄层，倾出多余的火棉胶液，将锥形瓶倒置于铁圈上，待剩余的火棉胶流尽，使瓶中的乙醚蒸发至已闻不出气味为止(此时用手轻触火棉胶膜，已不黏手)。然后再往瓶中注满水(若乙醚未蒸发完全，加水过早，则半透膜发白)，浸泡 10min。使膜内乙醇溶于水，倒出瓶中的水。并在瓶口处小心用手分开膜与瓶壁之间隙，将水缓慢注于夹层中，使膜脱离瓶壁，轻轻取出。在膜袋中注入水，观察有否漏洞。制好的半透膜浸放在蒸馏水中待用。

(2) 用水解法制备 $Fe(OH)_3$ 溶胶 在 250mL 烧杯中，加入 100mL 蒸馏水，加热至沸，慢慢滴入 5mL(10%)$FeCl_3$ 溶液，并不断搅拌，加毕继续保持沸腾 5min，得到红棕色的

$Fe(OH)_3$ 溶胶。在胶体体系中存在过量的 H^+、Cl^- 等离子需要除去。

（3）用热渗析法纯化 $Fe(OH)_3$ 溶胶 制备好的溶胶冷至约 60℃，转移至半透膜内，用线拴住袋口，置于 800mL 的清洁烧杯中，杯中加入约 300mL 蒸馏水进行渗析。每 30min 换一次蒸馏水，2h 后取出 1mL 渗析水，分别用 1% $AgNO_3$ 及 1% KSCN 溶液检查是否存在 Cl^- 及 Fe^{3+}，如果仍存在，应继续换水渗析，直到检查不出为止，将纯化过的 $Fe(OH)_3$ 溶胶移入一清洁干燥的 100mL 小烧杯中待用。

2. 配制 HCl 辅助液

调节恒温槽温度为 (25.0 ± 0.1)℃，用电导率仪测定 $Fe(OH)_3$ 溶胶在 25℃时的电导率，然后配制与之相同电导率的 HCl 溶液。方法是根据附录所给出的 25℃时 HCl 电导率-浓度关系，用内插法求算与该电导率对应的 HCl 浓度，并在 100mL 容量瓶中配制该浓度的 HCl 溶液。

3. 装置仪器和连接线路

用蒸馏水洗净电泳管后，再用少量溶胶洗一次，将渗析好的 $Fe(OH)_3$ 溶胶由小漏斗注入电泳仪的 U 形管使超过活塞，关闭这两个活塞，用滴管将活塞上部的溶胶吸净，并用蒸馏水洗净活塞以上的管壁，再加 HCl 辅助液至支管口。将电泳仪垂直固定在铁架上，插入铂电极，连接好线路。

4. 测定溶胶电泳速度

同时打开电泳仪的两个活塞，接通直流稳压电源，调节电压为 80～100V 之间的某一固定值。观察界面移动的方向，根据电极的正负性确定 $Fe(OH)_3$ 胶体所带电荷的符号。当 $Fe(OH)_3$ 溶胶的液面上升到某一清晰易读的刻度时开始计时，记录界面移动 0.5cm、1.0cm、1.5cm、2.0cm、2.5cm、3.0cm 的时间，在此过程中，从伏特计上读取电压 E，并且量取两极之间的距离 L。实验结束后，断开电源，拆除线路。用自来水洗电泳管多次，最后用蒸馏水洗一次。

【实验结果与数据处理】

1. 根据电极的正负和胶粒移动的方向，确定 $Fe(OH)_3$ 胶粒所带电荷的符号。

2. 实验记录。将相关处理数据列于下表中，计算 $Fe(OH)_3$ 溶胶的 ζ 电势。

室温_____；大气压_____。

界面移动距离 l/cm	0.2	0.4	0.6	0.8	1.0
时间 t/s					
电泳速率 u/m·s^{-1}					
η/kg·m^{-1}·s^{-1}					
ε/C·V^{-1}·m^{-1}					
E/V·m^{-1}					
ζ/V					

【实验注意事项】

1. 量取两电极的距离时，要沿电泳管的中心线量取。

2. 制备 $Fe(OH)_3$ 溶胶时，$FeCl_3$ 一定要逐滴加入，并不断搅拌。

3. 纯化 $Fe(OH)_3$ 溶胶时，换水后要渗析一段时间再检查 Fe^{3+} 及 Cl^- 的存在。

4. 在制备半透膜时，一定要使整个锥形瓶的内壁上均匀地附着一层火棉胶液，在取出半透膜时，一定要借助水的浮力将膜托出。

5. 水的介电常数，应考虑温度校正，可由下表通过插值法求得：

温度 t/℃	0	5	10	15	20	25	30
介电常数 ε	87.90	85.84	83.96	82.00	80.20	78.35	76.70
温度 t/℃	40	50	60	70	80	90	100
介电常数 ε	73.17	69.58	66.73	63.73	60.86	58.12	55.51

【思考题】

1. 决定电泳速率快慢的因素是什么？
2. 电泳中电解质液的选择是根据哪些条件？
3. 连续通电溶液发热的后果是什么？

【e 网链接】

http：//jpkc.yzu.edu.cn/course2/jchxsy2/04dzja_24.htm

实验 33　循环伏安法判断 $K_3[Fe(CN)_6]$ 电极过程的可逆性

【实验目的与要求】

1. 学习固体电极表面的处理方法；
2. 学习循环伏安法判断电极的可逆性。

【实验原理】

循环伏安法是将线性扫描电压施加在电极上，当电压从起始电压线性扫描到某一电压 E 后，再反向线性扫描至起始电压，电压 E 和时间 t 的关系为等腰三角形。

若溶液中存在氧化态 O，当电位从正向扫描时，电极上发生还原反应：

$$O + ze^- \longrightarrow R \tag{4-13}$$

反向回扫时，电极上生成的还原态 R 又发生氧化反应：

$$R \longrightarrow O + ze^- \tag{4-14}$$

如需要，可以进行连续循环扫描。

对于可逆电极过程，峰电流符合 Sevcik-Randles 方程：

$$i_p = K_z^{1.5} AD^{0.5} v^{0.5} c \tag{4-15}$$

两峰电流之比是：

$$i_{pa}/i_{pc} \approx 1 \tag{4-16}$$

两峰电位之差是：

$$\Delta\varphi_p = \varphi_{pa} - \varphi_{pc} \approx 56/z \text{ mV} \tag{4-17}$$

峰电位与条件电位的关系为：

$$\varphi^{\ominus}{}' = \frac{\varphi_{pa} + \varphi_{pc}}{2} \tag{4-18}$$

由以上四式可以判断电极过程的可逆性。对于不可逆电极过程，以上四个关系均不适用，两峰电位差比可逆电极更大，反扫时阳极峰电流减少甚至消失。

【仪器、试剂与材料】

1. 仪器：电化学工作站(CHI)，铂片电极 2 支，饱和甘汞电极 1 支。

2. 试剂与材料：$1.00 \times 10^{-3} \, mol \cdot L^{-1} K_3[Fe(CN)_6]$，$0.50 mol \cdot L^{-1} KNO_3$ 溶液。

【实验步骤】

1. 铂电极用 Al_2O_3 粉末(粒径 $0.05 \mu m$)将电极表面抛光，然后用蒸馏水清洗。

2. 在电解池(小烧杯)中放入少量(约 20mL)$1.00 \times 10^{-3} \, mol \cdot L^{-1} K_3[Fe(CN)_6]$ + $0.50 mol \cdot L^{-1} KNO_3$ 溶液，以新处理的铂电极为指示电极，铂丝电极为辅助电极，饱和甘汞电极为参比电极，进行循环伏安仪设定，扫描速率为 $50 mV \cdot s^{-1}$；起始电位为 $-0.2V$；终止电位为 $+0.8V$。开始循环伏安扫描，记录循环伏安图并判断电极可逆性。

3. 铂片电极的处理

如上述判断出电极不可逆，则用铬酸洗液浸泡 $10 \sim 20 min$ 进行处理，然后用蒸馏水清洗，备用。

4. $K_3[Fe(CN)_6]$ 溶液的循环伏安图

分别以 $10 mV \cdot s^{-1}$、$20 mV \cdot s^{-1}$、$40 mV \cdot s^{-1}$、$60 mV \cdot s^{-1}$、$80 mV \cdot s^{-1}$、$100 mV \cdot s^{-1}$、$200 mV \cdot s^{-1}$ 的电位扫描速率在 $+0.80 \sim -0.2V$ 范围内扫描得循环伏安曲线，存盘并记录 i_{pa}、i_{pc} 和 φ_{pa}、φ_{pc} 的值。

【实验结果与数据处理】

1. 将 $K_3[Fe(CN)_6]$ 溶液不同扫描速率的循环伏安曲线叠加在一张图上。

2. 在相同 $K_3[Fe(CN)_6]$ 浓度下，以阴极峰电流或阳极峰电流对扫描速率的平方根作图，说明二者之间的关系。

3. 计算并列出 i_{pa}/i_{pc} 值、$\varphi^{\ominus'}$ 值和 $\Delta \varphi_p$ 值。

4. 根据实验结果说明 $K_3[Fe(CN)_6]$ 在 KNO_3 溶液中极谱电极过程的可逆性。

【实验注意事项】

1. 为了使液相传质过程只受扩散控制，应在加入电解质和溶液处于静止下进行电解。

2. 实验前电极表面要处理干净。

【思考题】

1. 解释 $K_3[Fe(CN)_6]$ 溶液的循环伏安图。

2. 如何用循环伏安图来判断电极过程的可逆性？

【e 网链接】

http://jpkc.yzu.edu.cn/course2/jchxsy2/04dzja_28.htm

实验 34 库仑滴定法测定 As(Ⅲ)的浓度

【实验目的与要求】

1. 通过本实验学习和掌握库仑滴定法的基本原理；

2. 学会库仑分析仪的使用方法和有关操作技术；

3. 学习和掌握库仑滴定法测定微量砷的实验方法。

【实验原理】

库仑滴定法，即恒电流库仑分析法，是建立在控制电流电解过程基础上的一种相当准确而灵敏的分析方法。恒电流电解在试液内部产生"滴定剂"与被测物质反应，滴定终点由指示剂或电化学方法指示。由恒电流的大小和到达终点需要的时间算出消耗的电量，由此求得被测物质的含量。

以强度一定的电流通过电解池，在 100% 的电流效率下由电极反应产生的电生滴定剂与被测物质发生定量反应，当到达终点时，由指示终点系统发出信号，立即停止电解。由电流强度和电解时间按法拉第定律计算出被测物质的量。

库仑滴定法常见的指示终点的方法有化学指示剂法、电位法和永停终点法。化学指示剂法和普通滴定分析相同，可省去库仑滴定中指示终点的装置，但指示终点不够灵敏。电位法和电位滴定法确定终点的方法相似，通过记录电位对时间的关系曲线，用作图法或微商法求出终点。永停终点法是在电解体系中插入一对加有微小电压的铂电极，当到达终点时，由于电解液中产生可逆电对，或原来的可逆电对消失，使铂电极回路中的电流迅速变化或停止变化。永停终点法指示终点非常灵敏，常用于氧化还原滴定体系。

本实验是在弱碱性溶液中，用双铂片电极在恒定电流下进行电解，在铂阳极上，KI 中的 I^- 被氧化成 I_2，I_2 可以氧化溶液中的 As(Ⅲ)，此化学反应如下。

阳极： $\qquad\qquad 2I^- \stackrel{}{=\!=\!=} I_2 + 2e^-$

阴极： $\qquad\qquad 2H_2O + 2e^- \stackrel{}{=\!=\!=} H_2 + 2OH^-$

滴定反应为： $\qquad AsO_3^{3-} + I_2 + H_2O \stackrel{}{=\!=\!=} AsO_4^{3-} + 2I^- + 2H^+$

滴定终点用永停终点法指示，即终点出现电流的突跃。

滴定中所消耗 I_2 的量，可以从电解析出 I_2 所消耗的电量来计算，电量 Q 可以由电解时恒定电流 I 和电解时间 t 来求得： $Q = It$（A·s）。本实验中，电量可以从 KLT-1 型通用库仑仪的数码管上直接读出。

砷的含量可由下式求得：

$$m = \frac{MIt}{zF} \tag{4-19}$$

式中，M 为砷的摩尔质量，74.92；z 为电极反应转移的电子数；F 为法拉第常数。

【仪器、试剂与材料】

1. 仪器：KLT-1 型通用库仑仪，电解池，磁力搅拌器，移液管（5mL）1 支，量筒（100mL）1 支。

2. 试剂与材料

(1) 磷酸缓冲溶液　称取 7.8g $NaH_2PO_4 \cdot 2H_2O$ 和 2g NaOH，用去离子水溶解并稀释至 250mL。

(2) $0.2mol \cdot L^{-1}$ 碘化钾溶液　称取 8.3g KI，溶于 250mL 去离子水中。

(3) 砷标准溶液　准确称取 0.6600g As_2O_3，以少量去离子水润湿，加入 NaOH 溶液搅拌溶解，稀释至 80～90mL。用少量 H_3PO_4 中和至溶液近于 pH=7，然后转移至 100mL 容量瓶中稀释至刻度，摇匀。此溶液浓度为砷 $5.00mg \cdot mL^{-1}$，使用时可进一步稀至 $500\mu g \cdot mL^{-1}$。

【实验步骤】

1. 调好通用库仑仪。

2. 开启电源开关预热 20min 以上。

3. 取 10mL 0.2mol·L^{-1} KI、10mL 0.2mol·L^{-1} 磷酸缓冲溶液，放于电解池中，加入 20mL 蒸馏水，加入含砷水样 5.00mL，将电极全部浸没在溶液中。

4. 终点指示选择"电流上升法"。

5. 按下电解按钮，开始电解。数码管上开始记录电解电量。

6. 电解完毕后，记下电解电量。

7. 再在此电解液中加入 5.00mL 含砷水样，重复以上步骤，记录电解电量，如此重复做 3 次。

【实验结果与数据处理】

1. 根据多次测量结果填写实验数据表格。

电解次数	样品量	电解电流	电解电量
1			
2			
3			
4			

2. 求出电解电量的平均值，根据法拉第定律计算亚砷酸的浓度。

【实验注意事项】

1. I_2 与 AsO_3^{3-} 的反应是可逆的，当酸度在 4mol·L^{-1} 以上时，反应定量向左进行，即 H_3AsO_3 氧化 I^-；当 pH>9 时，I_2 发生歧化反应，从而影响反应的计量关系。故在本实验中采用 NaH_2PO_4-NaOH 缓冲体系来维持电解液的 pH 在 7~8 之间，使反应定量地向右进行，即 I_2 定量地氧化 H_3AsO_3，水中溶解的氧也可以氧化 I^- 为 I_2，从而使结果偏低，故在准确度要求较高的滴定中，需要采用除氧措施。为了避免阴极上产生的 H_2 的还原作用，应采用隔离装置。

2. 电解液以 2~3 次使用为宜，多次反复加入试液，会造成较大偏差。

【思考题】

1. 说明永停终点法指示终点的原理。

2. 配制电解液的过程中，为什么要加入 $NaHCO_3$？

3. 该滴定反应能否在酸性介质中进行？

4. 若 KI 被空气氧化，对于测定结果有无影响？如何消除影响？

【e 网链接】

http：//www.docin.com/p-624665000.html

Ⅲ 动力学研究

实验 35 流动法测定氧化锌的催化活性

【实验目的与要求】

1. 测定氧化锌催化剂对甲醇分解反应的催化活性；

2. 了解流动法测定催化剂活性的装置、特点和实验方法。

【实验原理】

某种物质加到化学反应体系中，可以改变反应的速率而本身在反应前后没有数量上的变化，同时也没有化学性质的改变，则该种物质称为催化剂。这种改变反应速率的作用就称为催化作用。而催化剂的活性就是用来作为催化剂在一定条件下催化能力的量度。通常用单位质量或单位体积催化剂对反应物的转化率来表示。

测定催化剂活性的实验方法分为静态法和流动法两类。静态法是反应物和催化剂放入一封闭容器中，测量体系的组成与反应时间的关系的实验方法。流动法是使流态反应物不断稳定地经过反应器，在反应器中发生催化反应，离开反应器后反应停止，然后设法分析产物种类及数量的一种实验方法。

在工业连续生产中，使用的装置与条件和流动法较为类似。因此，在探讨反应速率、研究反应机理的动力学实验及催化活性测定实验中，流动法应用较广。

流动法测定催化剂活性的关键是要产生和控制稳定的流态反应物。如果流态不稳定，则实验结果不具有任何意义。流动法的另一关键是要在整个实验时间内控制整个反应体系各部分实验条件(温度，压力等)稳定不变。

流动法按催化剂是否流动又分为固定床和流动床，而流动的流态又可分为气相和液相、常压和高压。氧化锌催化剂对甲醇分解反应所用的是最简单的气相、常压和固定床流动法。本实验是用流动法测量固相氧化锌催化剂对气相甲醇的复相催化分解的催化活性。用单位质量催化剂在一定实验条件下，使100g甲醇中所分解的甲醇质量来表示。

甲醇可由H_2和CO作原料合成，这是一个可逆反应，反应速率很慢，关键是要找到优良的催化剂。但按正向反应进行，实验要在高压下进行，而且还有副反应对实验不利。我们知道按催化剂的特点，凡是对正向反应具有优良活性的催化剂，对逆向反应也同样具有优良的活性。因此对甲醇分解催化剂活性的测定也可用于合成甲醇的催化剂活性的评价。由于甲醇分解反应可在常压下进行，因此在选择催化剂的活性测定实验时往往利用甲醇的催化分解反应。

$$CH_3OH(气) \xrightarrow[\triangle]{ZnO\ 催化剂} CO(气)+2H_2(气) \tag{4-20}$$

由于反应物和产物可经冷凝而分离，因此只要测量流动气体经过催化剂后体积的增加便可求得催化剂的活性。

【仪器、试剂与材料】

1. 仪器：见装置图(图4-13)。

2. 试剂与材料：ZnO催化剂(粒径1.5mm)，甲醇(AR)，食盐。

【实验步骤】

1. ZnO催化剂制备

取80g ZnO(AR)加20g膨润土和大约50mL蒸馏水研压混合均匀，成型弄碎，取粒径约1.5mm(12～14目)的筛分，在383K烘箱内烘2～3h再放入573K马弗炉中焙烧2h，取出放入真空干燥器内备用。

2. 按装置图检查仪器连接是否正确，并作好下列准备工作。

(1) 将管式电炉温度调至573K，超级恒温槽温度调至(40±0.1)℃，打开循环水的出口，使恒温水流经液体挥发器夹套进行循环。

(2) 用量筒向各液体挥发器内加入甲醇至充满2/3的量。向杜瓦瓶内加食盐和碎冰的混

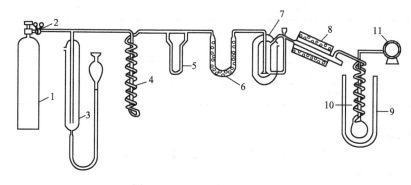

图 4-13　甲醇分解实验装置图

1—氮气钢瓶；2—减压阀；3—稳压管；4—缓冲管；5—毛细管流量计；6—干燥管；
7—液体挥发器；8—反应器；9—杜瓦瓶；10—捕集器；11—湿式气体流量计

合物。

（3）调节湿式气体流量计至水平位置，并检查流量计内液面。

3. 小心开启氮气钢瓶的减压阀，使有小股 N_2 气流通过系统，此时毛细管流速计上出现压力差。这时把湿式气体流量计和冷阱之间的导管闭死。若毛细管流速计上的压力差逐渐变小直至为零，则表示系统不漏气。否则，要分段检查直至无漏气。

4. 检漏后，缓缓开启氮气钢瓶的减压阀，调节稳压管内液面高度，使气泡不断地从稳压管的支管经石蜡油逸出，其速度大约为每秒 1 个。掌握的原则，一是在整个实验过程中要有气泡不断逸出；二是稳压管内的液面要稳定。用秒表在湿式气体流量计刻度盘测量流速，使氮气流速稳定为每分钟 50～70mL 之间。流速调节可以通过改变水准瓶高度来进行。流速调好稳定后记下毛细管流量计上的压力差读数，作为测量过程中判断流速是否稳定为某一数值的依据。实验测定中，自始至终都要保持氮气流速的稳定，这是实验成败的关键之一。

5. 测定

（1）空白曲线的测定　调整氮气流速为 50～60mL 之间的某一数值稳定后（其标志是毛细管压差不变），每 5min 读取湿式气体流量计读数一次，共读 30min。关闭减压阀，取出空白反应管。

（2）样品活性测定　称取存放在真空干燥器的氧化锌 2g，装入反应管。管两端填入少许玻璃毛，催化剂放在其中。装催化剂应沿管壁轻轻倒入，并把反应管竖起加以转动，使其装匀。装好的催化剂在反应管内应呈圆柱形。将装有催化剂的反应管插入管式电炉，使催化剂层处于电炉中部高温区，在 573K 下灼烧 30min 左右。然后调节氮气流速，使之与空白实验相同，可由毛细管流量计的压力差指示。每间隔 5min 读取湿式流量计读数一次，共读 30min。若时间许可，可改变氮气流速或温度，重复上述操作。

6. 实验结束后，应切断电源和关掉氮气钢瓶阀门，将减压阀内余气放掉，然后旋松减压阀手柄。

【实验结果与数据处理】

1. 将实验数据填入下表。

2. 以流量和时间作图分别得到空白和有催化剂试样存在时的两条直线。

3. 计算甲醇分解催化剂活性。

室内大气压：＿＿＿＿＿＿；室温：＿＿＿＿＿＿；炉温：＿＿＿＿＿＿；氮气流速：＿＿＿＿＿＿。

空白	时间/min	
	流量/L	
试样	时间/min	
	流量/L	

【实验注意事项】

1. 实验中应确保毛细管流量计的压差在有无催化剂时均相同。

2. 系统必须不漏气。

3. 实验前需检查湿式流量计的水平和水位，并预先运转数圈，使水与气体饱和后方可进行计量。

【思考题】

1. 毛细管流量计和湿式流量计两者有何异同？

2. 流动法测定催化剂的特点是什么？有哪些注意事项？

3. 对于挥发性液体，采用挥发式加料器为什么可以获得稳定的加料速度？

4. 试设计测定合成氨催化剂活性的装置。

【e 网链接】

1. http：//blog. 1688. com/article/i27563269. html

2. http：//www. lyhg. com/ArticleDetail102. 798. html

实验 36　计算机模拟基元反应

【实验目的与要求】

1. 了解分子反应动态学的主要内容和基本研究方法；

2. 掌握准经典轨线法的基本思想及其结果所代表的物理涵义；

3. 了解宏观反应和微观基元反应之间的统计联系。

【实验原理】

分子反应动态学是在分子和原子的水平上观察和研究化学反应的最基本过程分子碰撞；从中揭示出化学反应的基本规律，使人们能从微观角度直接了解并掌握化学反应的本质。本实验所介绍的准经典轨线法是一种常用的以经典散射理论为基础的分子反应动态学计算方法。

设想一个简单的反应体系，A＋BC，当 A 原子和 BC 分子发生碰撞时，可能会有以下几种情况发生：

$$A+BC \longrightarrow \begin{cases} A+BC(无反应碰撞) \\ B+AC(有反应碰撞) \\ C+AB(有反应碰撞) \\ ABC(合成反应) \\ A+B+C(解离反应) \end{cases}$$

准经典轨线法的基本思想是，将 A、B、C 三个原子都近似看作是经典力学的质点，通过考察它们的坐标和动量(广义坐标和广义动量)随时间的变化情况，就能知道原子之间是否发生了重新组合，即是否发生了化学反应，以及碰撞前后各原子或分子所处的能量状态，这相当于用计算机来模拟碰撞过程，所以准经典轨线法又称计算机模拟基元反应。通过计算各种不同碰撞条件下原子间的组合情况，并对所有结果做统计平均，就可以获得能够和宏观实验数据相比较的理论动力学参数。

1. 哈密顿运动方程

设一个反应有 N 个原子，它们的运动情况可以用 $3N$ 个广义坐标 q_i 和 $3N$ 个广义动量 p_i 来描述。若体系的总能量计作 H(是 q_i 和 p_i 的函数)，按照经典力学，坐标和动量随时间的变化情况符合下列规律。

$$\mathrm{d}p_i = \frac{\partial H(p_1, p_2, \cdots, p_{3n}; q_1, q_2, \cdots, q_{3n})}{\partial q_i}$$

$$\frac{\mathrm{d}q_i}{\mathrm{d}t} = \frac{\partial H(p_1, p_2, \cdots, p_{3n}; q_1, q_2, \cdots, q_{3n})}{\partial p_i} \tag{4-21}$$

对于 A 原子和 BC 分子所构成的反应体系，应当有 9 个广义坐标和 9 个广义动量，构成 9 组哈密顿运动方程。根据经典力学知识，当一个体系没有受到外力作用时，整个体系的质心应当以一恒速运动，并且这一运动和体系内部所发生的反应无关。所以在考察孤立体系内部反应状况时，可以将体系的质心运动扣除。同时体系的势能在无外力作用的情况下是由体系中所有原子的静电作用引起的，所以它只和体系中原子的相对位置有关，和整个体系的空间位置无关，因此只要选取适当的坐标系，就可以扣除体系质心位置的三个坐标，将 A+BC 三个原子体系的 9 组哈密顿方程简化为 6 组方程，大大减少计算工作量。若选取正则坐标系，有三组方程描述质心运动的可以略去，还剩 6 组 12 个方程。选取正则坐标时，

$$H = \frac{1}{2\mu_{A,BC}} \sum_{i=1}^{3} p_i^2 + \frac{1}{2\mu_{BC}} \sum_{i=4}^{6} p_i^2 + V(q_1, q_2, \cdots, q_6) \tag{4-22}$$

式中，$\mu_{A,BC}$ 是 A 和 BC 体系的折合质量；μ_{BC} 是 BC 的折合质量。若知道了 V 就知道了方程的具体表达式。

2. 位能函数 V

位能函数 $V(q_1, q_2, \cdots, q_6)$ 是一势能超面，无普适表达式，但可以通过量子化学计算出数值解，然后拟合出 LEPS 解析表达式。

3. 初值的确定

V 确定之后，方程就确定。只要知道初始 $p_i(0)$、$q_i(0)$，就可以求得任一时间的 $p_i(t)$、$q_i(t)$。

$$p_i(t) = p_i(0) + \int_0^t -\left(\frac{\partial H}{\partial q_i}\right)\mathrm{d}t$$

$$q_i(t) = q_i(0) + \int_0^t \left(\frac{\partial H}{\partial p_i}\right)\mathrm{d}t \tag{4-23}$$

计算机模拟计算总是以一定的实验事实为依据，根据现有的分子束水平，可以控制 A 和 BC 分子的能态、速度，计算时可以设定。但是碰撞时，BC 分子在不停地转动和振动，BC 的取向、振动位相、碰撞参数等无法控制，让计算机随机设定，这种方法称为 Monte-Corlo 法(设定 BC 分子初态时，给出了振动量子数 V 和转动量子数 J，这是经典力学不可能出现的，故该方法称为准经典的)。

4. 数值积分

初值确定后，就可以求任一时刻的 $p_i(t)$，$q_i(t)$，计算机积分得到的是坐标和动量的数值解。程序中我们采用的是 Lunge-Kutta 值积分法，其计算思想实质上是将积分化为求和。

$$\int_{x_2}^{x_1} f(x)\mathrm{d}x = \sum_{x=x_1}^{x=x_2} f(x)\Delta x \tag{4-24}$$

选择适当的积分步长 Δx 是必要的，步长太小，耗时太多，增大步长虽可以缩短时间，但有可能带来较大误差。

5. 终态分析

确定一次碰撞是否已经完成，只要考察 A，B，C 的坐标，当任一原子离开其他原子的质心足够远时($>5.0\mathrm{a.\,u.}$)，碰撞就已经完成。然后通过分析 RAB，RBC，RCA 的大小，确定最终产物，根据终态各原子的动量，推出分子所处的能量状态，这样就完成了一次模拟。

6. 统计平均

由于初值随机设定，导致每次碰撞结果不同，为了正确反映出真实情况，需对大量不同随机碰撞的结果进行统计平均。如对同一条件下的 A+BC 反应模拟了 N 次，其中有 N_r 次发生了反应，则反应概率为 P_r，误差为 σ：

$$P_r = \frac{N_r}{N} \quad \sigma = \sqrt{\frac{N-N_r}{NN_r}} \times 100\% \tag{4-25}$$

【仪器、 试剂与材料】

仪器：计算机。

【实验步骤】

1. 程序是在 Windows 环境开发的，每次计算的操作步骤如下。

(1) 开机启动 Windows。

(2) 调用 trywin 程序。

(3) 按 Alt+F，激活文件菜单。

(4) 选择"运行"，回车，启动程序。

(5) 对话输入反应条件，用 Tab 键移动光标，输入不同数据。回车，计算开始。

(6) 记录输出结果。

(7) 按 Alt+R 看每次碰撞的结果(包括碰撞图、原子间距图、总的统计结果)。

2. 实验内容

(1) 据程序提供的参数计算 20 条 $F+H_2$ 反应轨线。从中选出一条反应轨线和一条非反应轨线，通过结果菜单观察 R_{AB}，R_{BC}，R_{CA} 随时间的变化曲线。

(2) 计算 100 条 $V=0$、$J=0$ 时反应的轨线，记录反应概率、反应截面及产物的能态分布。

(3) 计算 100 条与(2)相同平动能条件下 $V=1$、$J=0$ 的反应轨线，记录碰撞结果。

(4) 计算 100 条与(2)相同平动能条件下 $V=0$、$J=1$ 的反应轨线，记录结果。

(5) 将(2)中平动能增大一倍，保持 $V=0$、$J=0$，计算 100 条反应轨线，记录碰撞结果。

【实验结果与数据处理】

1. 选择一条反应轨线和一条非反应轨线，描绘出 R_{AB}、R_{BC}、R_{CA} 随时间的变化曲线。

根据所绘曲线，说明在反应碰撞和非反应碰撞过程中，R_{AB}，R_{BC}，R_{CA} 的变化规律。

2. 将前面实验内容(2)～(5)的结果记录填入下表，计算不同反应条件下得到反应碰撞概率的误差；通过比较不同反应条件下的反应碰撞概率，讨论对于 $F+H_2$ 反应来说，增加平动能、转动能或振动能，哪个对 HF 的形成更为有利？

3. 讨论分析不同反应条件下反应产物的能态分布结果。

振转能	$E_t(0)$/eV	p	误差 σ	反应截面/a. u.	$<E_t>$产物/eV	$<E_v>$产物/eV	$<E_r>$产物/eV
	2.0						
	2.0						
	2.0						
	4.0						

【实验注意事项】

1. 严格按操作步骤进行，防止误操作。

2. 模拟基元反应计算过程中，严禁中间停机，防止数据丢失。

3. 若模拟过程中，软件出现错误，则直接将工作窗口关闭重新打开软件。

【思考题】

1. 准经典轨线法的基本物理思想与量子力学以及经典力学概念相比较各有哪些不同？

2. 使用准经典轨线法首先必须具备什么先决条件？一般如何解决这一问题？

【e 网链接】

1. http：//www. docin. com/p-292525629. html

2. http：//www. doc88. com/p-33979537001. html

实验 37　BZ 振荡反应

【实验目的与要求】

1. 了解 BZ 振荡反应的基本原理；体会自催化过程是产生振荡反应的必要条件；

2. 初步理解耗散结构系统远离平衡的非线性动力学机制；

3. 掌握测定反应系统中电势变化的方法；了解溶液配制要求及反应物投放顺序。

【实验原理】

自然界存在大量远离平衡的敞开系统，它们的变化规律不同于通常研究的平衡或近平衡的封闭系统，与之相反，它们是趋于更加有秩序、更加有组织。由于这类系统在其变化过程中与外部环境进行了物质和能量的交换，并且采用了适当的有序结构来耗散环境传来的物质和能量，这样的过程称为耗散过程。受非线性动力学控制，系统变化显示了时间、空间的周期性规律。

目前研究得较多、较清楚的典型耗散结构系统为 BZ 振荡反应系统，即有机物在酸性介质中被催化溴氧化的一类反应，如丙二酸在 Ce^{4+} 的催化作用下，自酸性介质中溴氧化的反应。BZ 振荡反应是用首先发现这类反应的前苏联科学家 Belousov 及 Zhabotinsky 的名字而命名的，其化学反应方程式为：

$$2BrO_3^- + 3CH_2(COOH)_2 + 2H^+ \Longrightarrow 2BrCH(COOH)_2 + 3CO_2 + 4H_2O \tag{1}$$

真实反应过程是比较复杂的,该反应系统中 $HBrO_2$ 中间物是至关重要的,它导致反应系统自催化过程发生,从而引起反应振荡。对反应过程适当简化如下。

当 Br^- 浓度不高时,产生的 $HBrO_2$ 中间物能自催化下列过程:

$$BrO_3^- + HBrO_2 + H^+ \Longrightarrow 2BrO_2 + H_2O \tag{2}$$

$$BrO_2 + Ce^{3+} + H^+ \Longrightarrow HBrO_2 + Ce^{4+} \tag{3}$$

在反应(3)中快速积累的 Ce^{4+} 又加速了下列氧化反应:

$$4Ce^{4+} + BrCH(COOH)_2 + H_2O + HBrO \Longrightarrow 2Br^- + 4Ce^{3+} + 6H^+ + 3CO_2 \tag{4}$$

通过反应(4),当达到临界浓度值 $c_{Br^-,c}$ 后,反应系统中下列反应成为主导反应:

$$BrO_3^- + Br^- + 2H^+ \Longrightarrow HBrO_2 + HBrO \tag{5}$$

$$HBrO_2 + Br^- + H^+ \Longrightarrow 2HBrO \tag{6}$$

反应(6)与反应(2)对 $HBrO_2$ 竞争,使得反应(2)、反应(3)几乎不发生。Br^- 不断消耗,当 Br^- 消耗到临界值以下,则反应(2)、反应(3)为主导作用,而反应(5)、反应(6)几乎不发生。由此可见,反应系统中 Br^- 浓度的变化相当于一个"启动"开关,当 $c_{Br^-} \ll c_{Br^-,c}$ 时,反应(2)、反应(3)起主导作用,通过反应(4)不断使 Br^- 积累;当 $c_{Br^-} \gg c_{Br^-,c}$ 时,反应(5)、反应(6)起主导作用,Br^- 又被消耗。由于反应(2)、反应(3)中存在自催化过程,使动力学方程式中出现非线性关系,导致反应系统出现振荡现象。Br^- 在反应(5)、反应(6)中消耗,又在反应(4)中产生;Ce^{3+}、Ce^{4+} 分别在反应(3)、反应(4)中消耗和产生,所以 Br^-、Ce^{3+}、Ce^{4+} 在反应过程中浓度会出现周期性变化,而 BrO_3^- 和 $CH_2(COOH)_2$ 反应物,在反应过程中不断消耗,不会再生,因此,它们不会出现振荡现象。

$c_{Br^-,c}$ 值由反应(2)、反应(6)可求得:

$$k_6 c_{HBrO_2} c_{Br^-,c} c_{H^+} = k_2 c_{BrO_3^-} c_{BrO_2} c_{H^+} \tag{4-26}$$

所以

$$c_{Br^-,c} = k_2 c_{BrO_3^-}/k_6 \approx 5 \times 10^{-6} c_{BrO_3^-} \tag{4-27}$$

【仪器、试剂与材料】

1. 仪器:NDM-1 电压测量仪,SYC-15B 超级恒温水浴,磁力搅拌器,反应器 100mL,217 型甘汞电极,213 型铂电极,数据采集接口装置,计算机。

2. 试剂与材料:溴酸钾(GR),硝酸铈铵(AR),丙二酸(AR),浓硫酸(AR)。

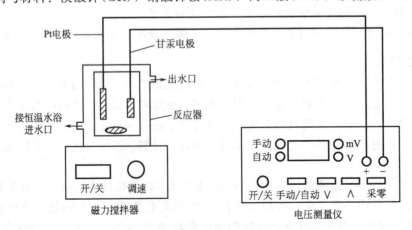

图 4-14 实验装置图

【实验步骤】

1. 用 $1.00\,mol \cdot L^{-1}$ 硫酸作 217 型甘汞电极液接溶液。

2. 按图 4-14 连接好仪器，打开超级恒温水浴，将温度调节至 $(25.0\pm0.1)℃$。

3. 配制 $0.45\,mol \cdot L^{-1}$ 丙二酸 250mL、$0.25\,mol \cdot L^{-1}$ 溴酸钾 250mL、$3.00\,mol \cdot L^{-1}$ 硫酸 250mL；在 $0.20\,mol \cdot L^{-1}$ 硫酸介质中配制 $4 \times 10^{-3}\,mol \cdot L^{-1}$ 的硫酸铈铵 250mL。

4. 在反应器中加入已配好的丙二酸溶液、溴酸钾溶液、硫酸溶液各 15mL。

5. 打开磁力搅拌器，调节合适速度。

6. 将精密数字电压测量仪置于分辨率为 0.1mV 挡（即电压测量仪的 2V 挡），且为"手动"状态，甘汞电极接负极，铂电极接正极。

7. 恒温 5min 后，加入硫酸铈铵溶液 15mL，观察溶液颜色的变化，同时开始计时并记录相应的变化电势。

8. 电势变化首次到最低时，记下时间 $t_诱$。

9. 用上述方法将温度设置为 30℃、35℃、40℃、45℃、50℃重复实验，并记下 $t_诱$。

10. 根据 $t_诱$ 与温度数据 $\ln(1/t_诱)$-$1/T$ 作图。

【实验结果与数据处理】

类别 温度	30℃	35℃	40℃	45℃
$t_诱$				
$t_周$				
$1/T$	1.316	1.718	2.817	3.165
$\ln(1/t_诱)$				

【实验注意事项】

1. 实验中溴酸钾试剂要求纯度高，为 GR 级；其余为 AR 级。

2. 配制硫酸铈铵溶液时，一定要在 $0.2\,mol \cdot L^{-1}$ 硫酸介质中配制，防止发生水解呈浑浊。

3. 反应器应清洁干净，转子位置和速度都必须加以控制。

4. 电压测量仪一定要置于 0.1mV 分辨率的手动状态下。

5. 跟电脑连接时，要用专用通信线将电压测量仪的串行口与电脑串行口相接，在相应软件下工作。

【思考题】

1. 试述影响诱导期的主要因素。

2. 初步说明 BZ 振荡反应的特征及本质。

3. 说明实验中测得的电势的含义。

【e 网链接】

1. http：//www.docin.com/p-36825913.html

2. http：//www.docin.com/p-730930809.html

Ⅳ　表面化学研究

实验 38　溶液表面张力与吸附量的测定

【实验目的与要求】

1. 明确表面张力、表面自由能和吉布斯吸附量的物理意义;
2. 掌握最大泡压法测定溶液表面张力的原理和技术;
3. 掌握计算表面吸附量和吸附质分子截面积的方法。

【实验原理】

1. 表面张力和表面吸附

液体表面层的分子一方面受到液体内层的邻近分子的吸引,另一方面受到液面外部气体分子的吸引,由于前者的作用要比后者大,因此在液体表面层中,每个分子都受到垂直于液面并指向液体内部的不平衡力,这种吸引力使表面上的分子自发向内挤促成液体的最小面积,因此,液体表面缩小是一个自发过程。

在温度、压力、组成恒定时,每增加单位表面积,体系的吉布斯自由能的增值称为表面吉布斯自由能($J \cdot m^{-2}$),用 γ 表示。也可以看作是垂直作用在单位长度相界面上的力,即表面张力($N \cdot m^{-1}$)。

欲使液体产生新的表面 ΔS,就需对其做表面功,其大小应与 ΔS 成正比,系数即为表面张力 γ:

$$-W = \gamma \Delta S \tag{4-28}$$

在定温下纯液体的表面张力为定值,当加入溶质形成溶液时,分子间的作用力发生变化,表面张力也发生变化,其变化的大小决定于溶质的性质和加入量的多少。水溶液表面张力与其组成的关系大致有以下三种情况:

(1) 随溶质浓度增加表面张力略有升高;

(2) 随溶质浓度增加表面张力降低,并在开始时降得快些;

(3) 溶质浓度低时表面张力就急剧下降,于某一浓度后表面张力几乎不再改变。

以上三种情况溶质在表面层的浓度与体相中的浓度都不相同,这种现象称为溶液表面吸附。根据能量最低原理,溶质能降低溶剂的表面张力时,表面层中溶质的浓度比溶液内部大;反之,溶质使溶剂的表面张力升高时,它在表面层中的浓度比在内部的浓度低。在指定的温度和压力下,溶质的吸附量与溶液的表面张力及溶液的浓度之间的关系遵守吉布斯(Gibbs)吸附方程:

$$\Gamma = -\frac{c}{RT}\left(\frac{d\gamma}{dc}\right)_T \tag{4-29}$$

式中,Γ 为溶质在表层的吸附量,$mol \cdot m^{-2}$;γ 为表面张力;c 为溶质的浓度。

若 $\left(\dfrac{d\gamma}{dc}\right)_T < 0$,则 $\Gamma > 0$,此时表面层溶质浓度大于本体溶液,称为正吸附。引起溶剂表面张力显著降低的物质叫表面活性剂。

若 $\left(\dfrac{d\gamma}{dc}\right)_T > 0$,则 $\Gamma < 0$,此时表面层溶质浓度小于本体溶液,称为负吸附。

通过实验测得表面张力与溶质浓度的关系，作出 γ-c 曲线，并在此曲线上任取若干点作曲线的切线，这些切线的斜率就是与其相应浓度的 $\left(\dfrac{\mathrm{d}\gamma}{\mathrm{d}c}\right)_T$，将此值代入式(4-29)便可求出在此浓度时的溶质吸附量 Γ。吉布斯吸附等温式应用范围很广，但上述形式仅适用于稀溶液。

2. 最大泡压法测表面张力原理

测定溶液的表面张力有多种方法，较为常用的有最大泡压法，其测量方法基本原理可参见图 4-15。

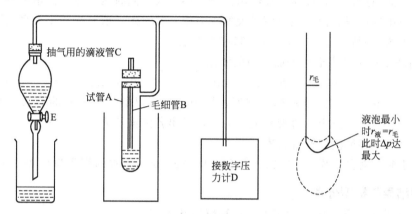

图 4-15 最大泡压法测液体表面张力装置

图中 B 是管端为毛细管的玻璃管，与液面相切。毛细管中大气压为 p_0。试管 A 中气压为 p，当打开活塞 E 时，C 中的水流出，体系压力 p 逐渐减小，逐渐把毛细管液面压至管口，形成气泡。在形成气泡的过程中，液面半径经历：大→小→大，即中间有一极小值 $r_{\min}$ $=r_{毛}$。此时气泡的曲率半径最小，根据拉普拉斯公式，气泡承受的压力差也最大，有公式：

$$\Delta p = p_0 - p = 2\gamma/r \tag{4-30}$$

此压力差可由压力计 D 读出，故待测液的表面张力为：

$$\gamma = r \times \Delta p/2 \tag{4-31}$$

若用同一支毛细管测两种不同液体，其表面张力分别为 γ_1、γ_2，压力计测得压力差分别为 Δp_1、Δp_2 则：

$$\gamma_1/\gamma_2 = \Delta p_1/\Delta p_2 \tag{4-32}$$

若其中一种液体的 γ_1 已知，例如水，则另一种液体的表面张力可由上式求得。即：

$$\gamma_2 = (\gamma_1/\Delta p_1) \times \Delta p_2 = K \times \Delta p_2 \tag{4-33}$$

式中，$K = (\gamma_1/\Delta p_1)$ 称为仪器常数，可用某种已知表面张力的液体(常用蒸馏水)测得。

【仪器、 试剂与材料】

1. 仪器：恒温装置，表面张力仪 1 套，数字式微压差计，抽气瓶 1 个，烧杯(1000mL) 2 个，T 形管 1 个。

2. 试剂与材料：正丁醇(AR)，电导水。

【实验步骤】

1. 仪器准备与检漏

将洁净的表面张力仪各部分连接好。

将自来水注入抽气管 C 中；在试管 A 中注入约 30mL 蒸馏水，使毛细管下端较深地浸入到水中；打开活塞 E，这时抽气管 C 中水流出，使体系内的压力降低(注意：勿降低到使毛细管口冒泡)，当压力计指示出若干压力差时，关闭活塞 E，停止抽气。若 1min 内，压力计指示压力差不变，则说明体系不漏气，可以进行实验。

2. 仪器常数 K 的测量

调节毛细管或液面高度，使毛细管口与水面相切。打开活塞 E 抽气，调节抽气速度，使气泡由毛细管尖端成单泡逸出，且每个气泡形成的时间为 6～10s。若形成时间太短，则吸附平衡来不及在气泡表面建立起来，测得的表面张力也不能反映该浓度之真正的表面张力值。在形成气泡的过程中，液面半径经历：大→小→大。同时压力差计指示值的绝对值则经历：小→大→小的过程。记录绝对值最大的压力差，共三次，取其平均值。再由附录中查出实验温度时水的表面张力 γ_1，则可以计算仪器常数。

3. 系列浓度正丁醇水溶液表面张力的测定

于 50mL 容量瓶中分别加入 0.1mL、0.2mL、0.3mL、0.5mL、0.8mL、1mL、1.5mL、2.5mL 正丁醇，用水稀释到刻度，摇匀。与测仪器常数相同的方法，按由稀到浓的顺序(注意润洗仪器)测定各溶液最大压力差，求出各溶液的表面张力 γ。

测定管每次应用待测液淌洗一次。

注：正丁醇相对分子质量 74.12，密度 0.8098g·cm^{-3}，水的密度为 0.9982g·cm^{-3}。

【实验结果与数据处理】

1. 查出实验温度下水的表面张力，计算仪器常数 K。

数据记录参考格式(计算时注意单位换算)

温度：_____；水的表面张力：_____；仪器常数 K：_____。

序号	溶液浓度 /mol·L^{-1}	压力差 Δp/kPa				γ/N·m^{-1}	$(d\gamma/dc)_T$	Γ/mol·m^{-2}
		1	2	3	平均值			
1	0							
2								
3								
4								
5								
6								
7								
8								
9								

2. 计算系列正丁醇溶液的表面张力，根据上述计算结果，绘制 γ-c 等温线。

3. 由 γ-c 等温线作不同浓度的切线，求 $(d\gamma/dc)_T$，并求出 Γ，绘制 Γ-c 吸附等温线。

【实验注意事项】

1. 所用毛细管必须干净、干燥，应保持垂直，其管口刚好与液面相切。

2. 读取压力计的压差时，应取气泡单个逸出时的最大压力差。

3. 手动做切线时，可用镜面法。

【思考题】

1. 毛细管尖端为何必须调节得恰与液面相切？如果毛细管端口插入液面有一定深度，

对实验数据有何影响?

2. 最大泡压法测定表面张力时为什么要读最大压力差? 如果气泡逸出得很快, 或几个气泡一齐出, 对实验结果有无影响?

3. 本实验为何要测定仪器常数? 仪器常数与温度有关系吗?

【e 网链接】

1. http：//wenku. baidu. com/link? url＝RAcc34FBLABUgUVhKIjMqrRkc-676bTL79 23ZdS-Y _ 94Zq1RjEHLgZkAREYt4NgyiRWveAnbeXtihdpgEEDVc9JLnoKYO5XT6j8lieN9b8q

2. http：//baike. baidu. com/link? url＝XQiANWOq5wZseu-dJ1L6uuhCkFWPfwiAOj OipMD2lrMfSJ _ NXqsLMfQz57Dc4RHV

实验 39　溶胶和乳状液的制备与性质

【实验目的与要求】

用化学凝聚法制备 $Fe(OH)_3$ 溶胶并测定其 ζ 电势; 验证电解质对溶胶聚沉作用的实验规律; 制备一种乳状液并鉴别其类型。

【实验原理】

1. 化学凝聚法制备溶胶

固体以胶体状态分散在液体介质中即称为胶体溶液或溶胶, 胶粒直径在 $1 \sim 100nm$ 之间, 它是多相系统, 有很大的相界面, 是热力学不稳定系统。为了形成这种系统并能相对稳定存在, 在制备过程中除了分散相及分散介质外, 还必须有稳定剂存在, 这种稳定剂可以是外加的第三种物质, 也可以是系统内已有的物质。

制备溶胶的方法有凝聚法和分散法两类。凝聚法中的化学凝聚法是一种较为简便的方法, 若化学反应生成难溶化合物, 那么在一定条件下, 就能将此化合物制成溶胶。一般而言, 先令化学反应在稀溶液中进行, 其目的是使晶粒的增长速度变慢, 此时得到的是细小的粒子, 即粒子直径为 $1 \sim 100nm$, 使粒子的沉降稳定性得到保证。其次, 让一种反应物过量 (或反应物本身进行水解的产物), 使其在胶粒表面形成双电层, 以阻止胶粒的聚集。

例如 $FeCl_3$ 在水中即可水解生成红棕色 $Fe(OH)_3$ 溶胶, 其反应式为:

$$FeCl_3 + 3H_2O \Longrightarrow Fe(OH)_3 + 3HCl \tag{1}$$

几乎所有溶胶分散相粒子都带有电荷, 这种电荷是它从分散介质中选择性地吸附了某种离子所致, 如 $Fe(OH)_3$ 溶胶胶粒吸附 FeO 而带正电荷。这可理解为胶体表面的 $Fe(OH)_3$ 与 HCl 反应生成 FeO 和 Cl 离子。

$$Fe(OH)_3 + HCl \Longrightarrow FeOCl + 2H_2O \tag{2}$$

其胶团结构为: $\{[Fe(OH)_3]_n \cdot mFeO^+ \cdot (m-x)Cl\}$ (3)

在外加电场作用下, 分散相粒子产生定向移动, 这种现象称为电泳。观察电泳现象, 不仅可以确定胶粒所带电荷的符号, 还可以计算胶粒的 ζ 电势。

ζ 电势是胶粒表面(即可滑动面)与溶液本体之间的电势差, 只有在固液两相发生相对移动时, 才呈现出 ζ 电势。测定 ζ 电势, 对解决溶胶的稳定和聚沉问题有很大意义。

ζ 电势可由下式计算:

$$\zeta = \frac{\eta u}{\varepsilon E} = \frac{\eta u}{\varepsilon_r \varepsilon_0 E} \tag{4-34}$$

式中　E——电场强度，$V \cdot m^{-1}$，$E = U/L$；

　　　U——外压电压，U；

　　　L——两极间距离，m；

　　　ε——分散介质的介电常数，$F \cdot m^{-1}$；

　　　ε_r——介质的相对介电常数（$\varepsilon = \varepsilon_r \varepsilon_0$），量纲为 1，$\varepsilon_0 = 8.8542 \times 10^{-12} F \cdot m^{-1}$ 为真空介电常数；

　　　η——分散介质的黏度，$Pa \cdot s$；

　　　u——电泳速度，$m \cdot s^{-1}$。

2. 电解质对溶胶的聚沉作用

溶胶中分散相粒子相互聚结，颗粒变大并发生沉降的现象称为聚沉。于溶胶中加入适量的电解质溶液，会引起溶胶发生聚沉作用，这是因为电解质的加入，使和分散相粒子所带电荷符号相反的离子（即反离子）进入了吸附层，而抵消了胶粒的电荷，故 ζ 电势降低，胶体的稳定性减小，致使溶胶产生聚沉。无机盐类是常用的聚沉剂。通常用聚沉值表示聚沉能力。在一定的条件下，能使某溶胶发生聚沉作用所需电解质的最低浓度称为该电解质对该溶胶的聚沉值。电解质的聚沉能力决定于胶粒电荷符号相反的离子，且随着离子增加而增强。一般情况，就聚沉能力（即聚沉值的倒数）而言，二价离子超过一价离子数十倍，而三价离子往往是一价离子的数百倍。

乳状液的形成及其类型。一种液体以液滴的形式分散于另一种不相溶的液体中所形成的分散系统，称为乳状液。液滴的大小通常在 $1 \sim 50 \mu m$ 之间，因此可以在简单的显微镜下看到。通常乳状液中一相是水，另一相是有机液体，习惯上称为"油"。乳状液可分为两种类型，一种为油分散于水中，称为水包油型，以 O/W 表示，另一种为水分散于油中，称为油包水型，以 W/O 表示。

乳状液的制备一般采用分散法，且必须加入第三种物质——乳化剂，使用不同的乳化剂，在适当的条件下，可形成不同类型的乳状液。

鉴别乳状液类型的方法通常有三种，即电导法、稀释法及染色法。电导法是利用水和油的导电能力不同，水可以导电，油可以认为不导电，根据乳状液电导率的数量级即可判别其类型；稀释法是把两滴乳状液置于载玻片上，分别滴加水和油，若能与水混溶，则为 O/W 型，如果与油混溶，则为 W/O 型；染色法是利用有机染料溶于油不溶于水的特性，取一滴乳状液置于载玻片上，加入少许只溶于油的染料如苏丹Ⅲ，混匀后在显微镜下观察，若在无色连续相中分布着红色的小油滴，则为 O/W 型，而当无色液滴分散在红色连续相内则为 W/O 型。当然也可以选用只溶于水的染料，情况正好相反。

一定条件下可以把 O/W 型乳状液和 W/O 型乳状液相互转换，也就是在乳状液中进行转相。发生这种情况的原因之一可以是改变稳定剂的特性。例如通过化学方法加入碱金属皂，即可使 O/W 型乳状液转化为 W/O 型乳状液。

【仪器、试剂与材料】

1. 仪器：电泳管 1 支，直流稳压电源（110V，公用），铜电极 2 个，电加热设备 1 套，洗瓶 1 个，显微镜 1 台，烧杯（250mL）1 个，量筒（100mL，10mL）各 1 个，有塞量筒（50mL）1 个，移液管（10mL）2 支，试管 15 支，大试管 1 支，滴管 1 支。

2. 试剂与材料: $w(FeCl_3) \approx 10\%$ 的 $FeCl_3$ 溶液, $2.5 mol \cdot L^{-1}$ 的 KCl 溶液, $0.1 mol \cdot L^{-1}$ 的 K_2CrO_4 溶液, $0.1 mol \cdot L^{-1}$ $K_3[Fe(CN)_6]$ 溶液, 煤油或菜籽油, 1% 的油酸钠溶液, 10% 的 $MgCl_2$ 溶液, 苏丹Ⅲ染料。

【实验步骤】

1. 制备 $Fe(OH)_3$ 溶胶

在 250mL 烧杯中放 95mL 蒸馏水, 加热至沸, 慢慢地滴入 5mL $w(FeCl_3) \approx 10\%$ 的 $FeCl_3$ 溶液, 并不断搅拌, 加完后继续沸腾几分钟, 即得红棕色 $Fe(OH)_3$ 溶胶。为控制其浓度, 将其放冷后, 倾入量筒中, 稀释到 100mL。

2. 用界面移动法观测 $Fe(OH)_3$ 溶胶的电泳, 计算 ζ 电势

实验前将电泳管洗净, 关闭下面的活塞, 使溶胶的界面移动到活塞处为止, 其目的是排除细管下部和活塞中的空气, 且用溶胶充满这部分空间(注意活塞的上部不应留有溶胶)。关闭活塞, 将溶胶再注入长颈漏斗。再于 U 形管内注入高度约 5cm 的蒸馏水, 此时将电泳管固定于支架上。于 U 形管两个上口处插入电极, 稍打开活塞, 使溶胶缓慢地流入 U 形管中并和水相有清晰的界面, 直到界面距电极端约 3~4cm 处, 关闭活塞, 记下界面的位置。接通电流, 记录通电 15min 后界面移动的距离。停止通电。测出两极间距离 L, 记录电泳时直流电压 U, 即可计算出胶粒的 ζ 电势。

3. 电解质对溶胶的聚沉作用

取 5 支试管加以标号, 在第一支试管中量取 10mL $32.5 mol \cdot L^{-1}$ KCl 溶液, 其余 4 支各量取 9mL 蒸馏水。由第一支试管中移取 1mL 溶液到第二支试管, 混匀后, 由第二支试管移取 1mL 到第三支试管, 最后一支试管中移取 1mL 弃去。用 5mL 移液管吸取 $Fe(OH)_3$ 溶胶, 顺次加入每一支试管中 1mL, 记下时间并将试管中液体摇匀。这样在 5 支试管中 KCl 浓度顺次相差 10 倍。15min 后进行比较, 测出使溶胶聚沉的电解质最低浓度。

同法进行 $0.1 mol \cdot L^{-1}$ K_2CrO_4 溶液和 $0.01 mol \cdot L^{-1}$ $K_3[Fe(CN)_6]$ 的试验, 求出不同价数离子聚沉值之比。

4. 制备乳状液并鉴别其类型

取 20mL 水与 10mL 煤油于有塞量筒中, 剧烈振荡, 观察现象。

取 20mL 1% 油酸钠溶液于有塞量筒中, 再加入 10mL 煤油(或菜籽油), 盖紧塞并剧烈振荡, 观察乳状液的形成, 并用稀释法和染色法观察乳状液的类型。

取 5mL 乳状液于试管中, 然后加入数滴氯化镁溶液, 用玻璃棒充分搅拌, 再用染色法鉴别其类型。

【实验结果与数据处理】

1. 自行设计表格记录实验数据。

2. 将数据代入式子计算 ζ 电势。

【实验注意事项】

1. 在制备 $Fe(OH)_3$ 溶胶时, $FeCl_3$ 一定要逐滴加入, 并不断搅拌。

2. 量取两电极的距离时, 要沿电泳管的中心线量取。

【思考题】

1. 溶胶胶粒带何种符号的电荷? 为什么它会带此种符号的电荷?

2. 本实验中所用的稀盐酸溶液的电导率为什么必须和所测溶胶的电导率相等或尽量

接近?

【e网链接】

1. http://www.doc88.com/p-37989871414.html

2. http://baike.baidu.com/link?url=EuzODNPKlGMRdm-HMtS5QuFX6mjCzqP3
mB57uvKj4GT7a4ZBDaMr4d05mNXIyIn3

实验 40 固体在溶液中的吸附

【实验目的与要求】

1. 测定活性炭在醋酸水溶液中对醋酸的吸附作用,并由此计算活性炭的比表面积;
2. 验证弗罗因德利希(Freundlich)经验公式和兰格缪尔(Langmuir)吸附公式;
3. 了解固-液界面的分子吸附。

【实验原理】

对于比表面积很大的多孔性或高度分散的吸附剂,像活性炭和硅胶等,在溶液中有较强的吸附能力。由于吸附剂表面结构的不同,对不同的吸附质有着不同的相互作用,因而吸附剂能够从混合溶液中有选择地把某一种溶质吸附。根据这种吸附能力的选择性,在工业上有着广泛的应用,如糖的脱色提纯等。

吸附能力的大小常用吸附量 Γ 表示之。Γ 通常指每克吸附剂吸附溶质的物质的量,在恒定温度下,吸附量与溶液中吸附质的平衡浓度有关,弗罗因德利希(Freundlich)从吸附量和平衡浓度的关系曲线,得出经验方程:

$$\Gamma = \frac{x}{m} = kc^{\frac{1}{n}} \tag{4-35}$$

式中,x 为吸附溶质的物质的量,mol;m 为吸附剂的质量,g;c 为平衡浓度,mol·L^{-1};k,n 为经验常数,由温度、溶剂、吸附质及吸附剂的性质决定(n 一般在 0.1~0.5 之间)。

将式(4-35)取对数:

$$\lg\Gamma = \lg\frac{x}{m} = \frac{1}{n}\lg c + \lg k \tag{4-36}$$

以 $\lg\Gamma$ 对 $\lg c$ 作图可得一直线,从直线的斜率和截距可求得 n 和 k。式(4-35)系纯经验方程式,只适用于浓度不太大和不太小的溶液。从表面上看,k 为 $c=1$ 时的 Γ,但这时式(4-35)可能已不适用。一般吸附剂和吸附质改变时,n 改变不大,而 k 值则变化很大。

兰格缪尔(Langmuir)根据大量实验事实,提出固体对气体的单分子层吸附理论,认为固体表面的吸附作用是单分子层吸附,即吸附剂一旦被吸附质占据之后,就不能再吸附。固体表面是均匀的,各处的吸附能力相同,吸附热不随覆盖程度而变,被吸附在固体表面上的分子,相互之间无作用力;吸附平衡是动态平衡,并由此导出下列吸附等温式,在平衡浓度为 c 时的吸附量 Γ 可用下式表示:

$$\Gamma = \Gamma_\infty \frac{ck}{1+ck} \tag{4-37}$$

式中,Γ_∞ 为饱和吸附量,即表面被吸附质铺满单分子层时的吸附量;k 为常数,也称吸附系数。

将式(4-37)重新整理可得：

$$\frac{c}{\Gamma} = \frac{1}{\Gamma_\infty k} + \frac{1}{\Gamma_\infty} c \tag{4-38}$$

以 c/Γ 对 c 作图，得一直线，由这一直线的斜率可求得 Γ_∞，再结合截距可求得常数 k。这个 k 实际上带有吸附和脱附平衡的平衡常数的性质，而不同于弗罗因德利希方程式中的 k。根据 Γ_∞ 的数值，按照兰格缪尔单分子层吸附的模型，并假定吸附质分子在吸附剂表面上是直立的，每个醋酸分子所占的面积以 $0.243nm^2$ 计算(此数据是根据水-空气界面上对于直链正脂肪酸测定的结果而得)。则吸附剂的比表面积 S_0 可按下式计算得到：

$$S_0 = \Gamma_\infty \times N_0 \times a_\infty = \frac{\Gamma_\infty \times 6.02 \times 10^{23} \times 0.243}{10^{18}} \tag{4-39}$$

式中，S_0 为比表面积，即每克吸附剂具有的总表面积，$m^2 \cdot g^{-1}$；N_0 为阿伏伽德罗常数，6.02×10^{23} 分子·mol^{-1}；a_∞ 为每个吸附分子的横截面积；10^{18} 是因为 $1m^2 = 10^{18}nm^2$ 所引入的换算因子。

根据上述所得的比表面积，往往要比实际数值小一些。原因有两个：一是忽略了界面上被溶剂占据的部分；二是吸附剂表面上有小孔，醋酸不能钻进去，故这一方法所得的比表面积一般偏小。不过这一方法测定时手续简便，又不要特殊仪器，故是了解固体吸附剂性能的一种简便方法。

【仪器、试剂与材料】

1. 仪器：HY-4 型调速多用振荡器(江苏金坛)1 台，带塞锥形瓶(125mL)7 只，移液管(25mL、5mL、10mL)各 1 支，碱式滴定管 1 支，温度计 1 支，电子天平 1 台，称量瓶 1 个。

2. 试剂与材料：NaOH 标准溶液($0.1mol \cdot L^{-1}$)，醋酸标准溶液($0.4mol \cdot L^{-1}$)，活性炭，酚酞指示剂。

【实验步骤】

1. 准备 6 个干的编好号的 125mL 锥形瓶(带塞)。按记录表格中所规定的浓度配制 50mL 醋酸溶液，注意随时盖好瓶塞，以防醋酸挥发。

2. 将 120℃下烘干的活性炭(本实验不宜用骨炭)装在称量瓶中，瓶里放上小勺，用差减法称取活性炭各约 1g(准确到 0.001g)放于锥形瓶中。塞好瓶塞，在振荡器上振荡 0.5h，或在不时用手摇动下放置 1h。

3. 使用颗粒活性炭时，可直接从锥形瓶里取样分析。如果是粉状活性炭，则应过滤，弃去最初 10mL 滤液。按记录表规定的体积取样，用 $0.1mol \cdot L^{-1}$ 标准碱溶液滴定。

4. 活性炭吸附醋酸是可逆吸附。使用过的活性炭可用蒸馏水浸泡数次，烘干后回收利用。

【实验结果与数据处理】

1. 将实验数据记录到表中。

2. 由平衡浓度 c 及初始浓度 c_0，按公式 $\Gamma = (c_0 - c)V/m$ 计算吸附量。式中，V 为溶液总体积，L；m 为活性炭的质量，g。

3. 作吸附量 Γ 对平衡浓度 c 的等温线。

4. 以 $\lg\Gamma$ 对 $\lg c$ 作图，从所得直线的斜率和截距可求得式(4-36)中的常数 n 和 k。

5. 计算 c/Γ，作 $c/\Gamma\text{-}c$ 图，由图求得 Γ_∞，将讨论值用虚线作一水平线在 $\Gamma\text{-}c$ 图上。这一

虚线即是吸附量 Γ 的渐近线。

6. 由 Γ_∞ 根据式(4-39)计算活性炭的比表面积。

实验数据记录表如下。

实验温度：　　　　　　　　大气压：

编号	1	2	3	4	5	6
0.4mol·L^{-1}HAc/mL	50	25	15	7.5	4	2
水体积/mL	0	25	35	42.5	46	48
活性炭量 m/g						
醋酸初浓度 c_0/mol·L^{-1}						
滴定时取样量/mL	5	10	25	25	25	25
滴定耗碱量/mL						
醋酸平衡浓度 c/mol·L^{-1}						

【实验注意事项】

1. 温度及气压不同，得出的吸附常数不同。

2. 使用的仪器干燥无水；注意密闭，防止与空气接触影响活性炭对醋酸的吸附。

3. 滴定时注意观察终点的到达。

4. 在浓的 HAc 溶液中，应该在操作过程中防止 HAc 的挥发，以免引起较大的误差。

5. 本实验溶液配制用不含 CO_2 的蒸馏水进行。

【思考题】

1. 吸附作用与哪些因素有关？固体吸附剂吸附气体与从溶液中吸附溶质有何不同？

2. 试比较弗罗因德利希吸附等温式与兰格缪尔吸附等温式的优缺点。

3. 如何加快吸附平衡的到达？如何判定平衡已经到达？

4. 讨论本实验中引入误差的主要因素。

【e 网链接】

1. http：//wenku. baidu. com/link? url=j1XQYGcnJ2CaeE0Cj7Em09pTPh0I5 _ 9ySTIY5EJI rP11LVnFXprQeBe7ZnecuwICFSowOUUDLt9ePpLlATsdq 0hXC1HZNlbm6APQ9INQIJy

2. http：//baike. baidu. com/link? url=V5yx4kLbcrxJup8Taj-0S1 _ z14WNvWCdY7YhBYCI _ eCYMfkNSxzy-027VfmhwFly

实验 41　沉降法测定颗粒的粒度

【实验目的与要求】

1. 用扭力天平测定白土的粒度分布；

2. 掌握粒度分布的数据处理方法；

3. 了解计算机与电子天平联用测绘沉降曲线、研究粒度分布的原理与方法。

【实验原理】

粒度分布测定是指使一悬浮液中的粒子在重力场作用下而沉降，从不同时间内的沉降量求得不同半径粒子相对量的分布。它的测定理论根据是基于斯托克斯(Stokes)定律的力平衡原理：假设半径为 r 的球形粒子在重力作用下，在黏度为 η 的均相介质中以速度为 v 作等速运动，则粒子所受到的阻力(摩擦力) f 由下式决定：

$$\eta = 6\pi r v \tag{4-40}$$

由于粒子作等速运动，所以这一摩擦力应等于粒子所受的重力 $\frac{4}{3}\pi r^3(\rho-\rho_0)g$，即：

$$6\pi\eta r v = \frac{4}{3}\pi r^3(\rho-\rho_0)g \tag{4-41}$$

式中，η 为介质黏度，Pa·s；v 为粒子沉降速度，m·s^{-1}；ρ 为粒子密度，kg·m^{-3}；ρ_0 为介质密度，kg·m^{-3}；g 为重力加速度，m·s^{-2}。由式(4-41)可得：

$$r = \sqrt{\frac{9}{2}\frac{\eta v}{(\rho-\rho_0)g}} \tag{4-42}$$

若已知 η、ρ、ρ_0，则测定粒子沉降速度 v，就可算得粒子半径 r 值。设沉降前不同半径的粒子均匀地分布在介质中，而且半径相同的粒子沉降速度都相等。若悬浮液中只有一种同样大小的粒子，在沉降天平中测定该悬浮液在不同时间 t 内沉降在盘中的粒子质量 m，作出的 m-t 曲线(沉降曲线)应该是一条通过原点的直线 OA，如图 4-16(a)所示，当时间至 t_1 时，处在液面的粒子亦已沉降到盘上，即沉降完毕，其总沉降量为 m_c。此后 m_c-t 即成平行于横轴的直线。根据盘至液面的距离 h 和 t_1 可以算出这种粒子的沉降速度：

$$v = \frac{h}{t_1} \tag{4-43}$$

将此式代入式(4-42)，则粒子的半径 r：

$$r = \sqrt{\frac{9}{2}\frac{\eta h}{(\rho-\rho_0)gt_1}} \tag{4-44}$$

相应沉降时间为：

$$t_1 = \frac{9\eta h}{2g(\rho-\rho_0)r^2} \tag{4-45}$$

对于含有两种不同半径粒子的系统，其沉降曲线形状如图 4-16(b)所示。在大粒子沉降

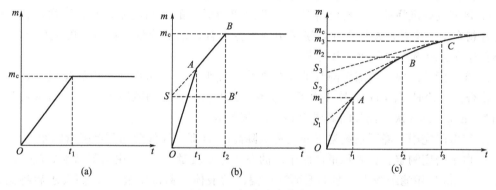

图 4-16　各种沉降曲线

时总是伴随着小粒子的沉降，OA 段反映了大粒子和一部分小粒子的共同沉降，因此斜率较大。至 t_1 时，大粒子全部沉降完毕。此后只剩下较小的粒子继续沉降，因此沉降曲线发生转折，沿 AB 段上升。至 t_2 时，小粒子也沉降完毕。m_c 为两种粒子在沉降盘上的总质量。

为了求两种粒子的相对含量，可将线段 AB 延长，交纵轴于 S。OS 即为第一种（较大的）粒子的质量，m_cS 即为第二种（较小的）粒子的质量。因为线段 AB 是表示只剩下第二种粒子时的沉降曲线，所以其斜率 $\dfrac{BB'}{SB'}$ 为这种粒子在单位时间内的沉降量 $\Delta m/\Delta t$。显然在 t_2 时间内沉降的小粒子质量应为 $\dfrac{BB'}{SB'} \times Ot_2 = BB' = m_cS$。将总量减去小粒子的量，即为第一种大粒子的量，所以 $Om_c - m_cS = OS$ 为第一种粒子的沉降量。

实际上所遇到的悬浮液均为粒子半径连续分布的体系即多级分散体系，其沉降曲线见图 4-16(c)。在某一时间 t_1，已沉降的粒子质量为 m_1，按大小可分为两部分。一部分半径大于 r_1 的粒子已全部沉降，另一部分半径小于 r_1 的粒子仍在继续沉降。过 A 点作切线与纵轴交于 S_1，则 m_1S_1 表示半径小于 r_1 的粒子在 t_1 时间内的沉降量，而 OS_1 则表示半径大于 r_1 的粒子全部沉降的量。到 t_2 时，可作 B 点切线与纵轴交于 S_2，OS_2 表示半径大于 r_2 的粒子全部沉降的量，m_2S_2 表示半径小于 r_2 的粒子在 t_2 时间内沉降的量。同理，OS_3 表示半径大于 r_3 的粒子全部沉降的量，等等。因此，$OS_2 - OS_1 = S_1S_2 = S_{1-2}$ 表示半径处于 r_1 和 r_2 之间的粒子的量。同样，$S_2S_3 = S_{2-3}$ 表示半径处于 r_2 和 r_3 之间的粒子的量。若沉降总量为 m_c，则表示半径处于 r_1 和 r_2 之间的粒子的量占粒子总量的百分数，以此类推。定义分布函数，以分布函数对 r 作图。

【仪器、试剂与材料】

1. 仪器：JN-B-500 精密扭力天平，超级恒温槽，密度瓶。
2. 试剂与材料：去离子水，400 目白土。

【实验步骤】

1. 称取约 2.5g 的 400 目白土在沉降筒内，加 500mL 去离子水配制成沉降液。

2. 开启超级恒温槽，使沉降筒达到实验指定温度。

3. 查看扭力天平是否放置水平，不然则调整之。逆时针关闭天平上的制动旋钮，小心挂上沉降盘。注意勿碰悬挂臂，因为这样会造成天平损坏。

4. 打开磁力搅拌器，剧烈搅拌沉降液，务必使所有的粒子都均匀悬浮在介质中。

5. 关闭搅拌器，立即用玻棒搅拌悬浮液，消除由于磁力搅拌所产生的离心作用。

6. 迅速放好沉降筒，悬挂沉降盘，并开启扭力天平的制动旋钮，旋转读数旋钮，使平衡指针指在中线位置，并且指针与镜子中的影像重合，记录读数指针所指的读数。5、6 两步操作应在关闭搅拌器后 20s 内完成。

7. 旋转读数旋钮，跟踪沉降盘的质量变化，使平衡指针始终处于中线位置，且与镜中影像重合。开始时每隔 1min 读 1 次天平读数，共 8 次；读数间隔增为 2min，读 6 次；读数间隔为 3min，读 5 次；读数间隔增为 5min，读数 8 次。

8. 待沉降完毕，降下系统温度并测量沉降高度 h（即悬浮液液面到沉降盘的距离）。

9. 白土密度测定。首先称量洁净干燥的空比重瓶质量为 m_0。注满蒸馏水后放入恒温槽恒温。15min 后用滤纸吸去瓶塞上毛细管口溢出的液体，称得质量 m_1。倒去水后将比重瓶吹干，放入适量白土称得质量为 m_2。然后在比重瓶中注入适量蒸馏水，待白土完全润湿后，再将比重瓶注满蒸馏水恒温后，同上操作，称得质量为 m_3。按下式计算白土的密度 ρ。

$$\rho = \frac{m_2 - m_0}{(m_1 - m_0) - (m_3 - m_2)}\rho_0 \tag{4-46}$$

式中，ρ_0 为室温下水的密度，$kg \cdot m^{-3}$。

【实验结果与数据处理】

1. 沉降曲线的绘制

以沉降量 m 为纵坐标、时间 t 为横坐标作出沉降曲线。

2. 作切线求各半径范围的粒子相对含量。按式(4-44)计算粒子半径 r 分别为 $8\mu m$、$6\mu m$、$5\mu m$、$4\mu m$、$3.5\mu m$、$3\mu m$、$2.5\mu m$ 的沉降时间。然后在沉降曲线上找到相应的点，用镜面法作通过这些点的切线，得到沉降量轴上各截距(如 OS_1, OS_2)。根据各截距值计算粒子半径为 $8\sim 6\mu m$，$6\sim 5\mu m$，$5\sim 4\mu m$，$4\sim 3.5\mu m$，$3.5\sim 3\mu m$，$3\sim 2.5\mu m$，$2.5\sim 0\mu m$ 等不同粒度范围内的相应沉降量 S 值。

3. 沉降总量的计算。在悬浮液中，半径很小的粒子全部沉降完毕需要很长的时间。为此，可用外推法求得沉降总量。即在沉降曲线下方，以沉降曲线的末端高分散度颗粒沉降量的原截距对 t_A(A 为任意整数，如取 $A = 1000$)作图，得一直线，延长此直线与沉降量轴的交点 m_c 即相当于总沉降量。

4. 作粒度分布图。计算一系列分布函数值，以此为纵坐标，粒子半径为横坐标，画出一系列长方形，如图 4-17 所示，即得粒度分布图。

【实验注意事项】

1. 沉降液充分搅拌 0.5h，保证粒子均匀悬浮于介质中。

2. 沉降盘放入后要注意不碰筒壁且盘底无气泡。

3. 沉降盘挂入天平到开启天平的操作要迅速，以便能正确有效地得到沉降曲线或读出沉降量。

4. 镜面法求取曲线上各点的切线。

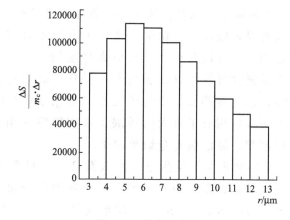

图 4-17 粒度分布图

【思考题】

1. 粒子的分布应与温度无关，为什么本实验要在恒温下进行？

2. 为什么要在充分搅拌后迅速挂好秤盘，调节扭力的平衡开始读数？

3. 若悬浮液中粒子较大以致沉降速度太快，可采用什么措施减慢其沉降速度？

4. 某半径范围的粒子分布函数和它的相对含量有何关系？如何换算？

【e 网链接】

1. http://www.docin.com/p-12494567.html

2. http://baike.baidu.com/link? url=ETPJnpyeku0en_hPR4LX54rtA1gxAGuFtbQbUrrBZ4QYrvzqz4PkgNwbgaFgZ5IiBoQ0HAfryunbxGqjuJc7oK

实验 42　液相中纳米粒子的制备与表征

【实验目的与要求】

1. 了解纳米粒子小尺寸效应、表面效应等基本物理性质；

2. 了解液相化学还原法制备金属纳米粒子的基本原理；

3. 掌握纳米粒子制备的基本实验操作方法；

4. 熟悉紫外-可见光谱(UV-Vis)、透射电子显微镜(TEM)等在纳米粒子光学性质和形貌观察中的应用。

【实验原理】

纳米粒子处于原子簇和宏观物体交界的过渡区域，既非典型的微观系统，亦非宏观系统，其介观尺寸的粒径为 1~100nm，通常由有限个原子或分子组成，能保持物质原有化学性质，处于热力学上不稳定的亚稳态的原子或分子群，是一种新的物理状态，与等离子体共称为物质的"第四态"。纳米粒子因具有大的比表面积，表面原子数、表面能均随粒径的下降急剧增加，小尺寸效应、表面效应、量子尺寸效应及宏观量子隧道效应等导致其具有独特的热学、磁学、光学、力学以及敏感性等独特性质，使之在光学、电子、磁学、催化和传感器等领域具有广泛的应用前景。

纳米粒子的制备方法很多，如超声波粉碎法、蒸气凝聚法等物理方法，往往对仪器设备要求较高。而化学方法因工艺简单且安全性高等特点被大量采用，特别是液相还原法具有设备简单、反应条件易控制、产物分散性好、粒径小、分布窄且实验结果重复性好等优点。金纳米粒子具备高催化活性和能通过自组装形成纳米结构的特性，已在传感器、微电子元件、生化工程（如基因测序）和化学反应的催化剂等方面的研究应用有了很大的进展。本实验将采用柠檬酸钠高温液相还原法和硼氢化钠低温液相还原法制备金纳米粒子。

金属纳米粒子发生电子能级跃迁对应的能量在紫外-可见光范围，当入射光频率达到电子集体振动的共振频率时，发生局域表面等离子体振动（localized surface plasmon resonance，LSPR），对应形成吸收光谱。共振频率与纳米粒子的大小、形貌、介电常数以及粒子与周围介质的相关作用等有关，如图 4-18 所示，吸收光谱中只有一

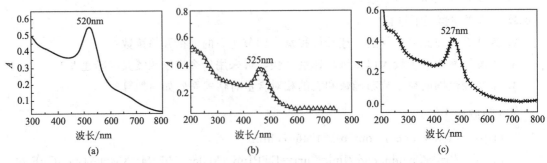

图 4-18　Au 纳米粒子水溶液的紫外-可见吸收光谱

个吸收峰且峰形较为对称，表明制备的纳米粒子均为球形结构并且粒径较均匀。此外，金纳米粒子由于油酸钠[图 4-18(b)]和 CTAB[图 4-18(c)]的烷基链在其表面的吸附造成了 UV-Vis 光谱最大吸收波长与高温液相还原法制备的金纳米粒子[图 4-18(a)]相比发生了一定程度的红移。

在透射电子显微镜试验中，可以观测纳米粒子的大小、形状、分散性等性质，如图 4-19 所示。

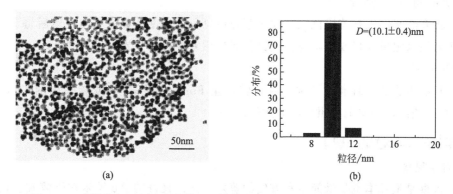

图 4-19　高温液相还原法制备的 Au 纳米粒子 TEM 照片(a)与粒度分布图(b)

【仪器、试剂与材料】

1. 仪器：圆底烧瓶、带塞的磨口三角瓶、烧杯、移液管、棕色酸式滴定管、滴管、石英比色皿、Formva 膜铜网（或碳膜铜网）、试管刷、铁架台、电磁加热搅拌器、电子天平、离心机、恒温鼓风干燥箱、超声清洗器、紫外-可见分光光度计、透射电子显微镜。

2. 试剂与材料：氯金酸（HAuCl$_4$，AR）、柠檬酸钠（AR）、油酸（AR）、硼氢化钠（NaBH$_4$，AR）、氢氧化钠（AR）、CTAB（AR）、高纯水。

【实验步骤】

1. 柠檬酸钠高温液相还原法

分别配制 1×10^{-3} mol·L^{-1} HAuCl$_4$ 和 3.88×10^{-2} mol·L^{-1} 柠檬酸钠溶液。在 1000mL 的圆底烧瓶中加入 1.00mmol·L^{-1} 的 HAuCl$_4$ 溶液 500mL 剧烈搅拌条件下加热到沸腾，快速加入 38.8mmol·L^{-1} 的柠檬酸钠溶液 50mL；溶液颜色由浅黄色变成酒红色，搅拌条件下继续加热 10min，然后去掉加热装置，继续搅拌 15min；冷却到室温，得到酒红色的金纳米粒子溶胶。

2. 硼氢化钠低温液相还原法

（1）以油酸钠为包覆剂　首先，将 0.1mol·L^{-1} 氢氧化钠溶液按照 2:1 摩尔比加入到 1×10^{-3} mol·L^{-1} 油酸溶液中，配成一定量 1×10^{-3} mol·L^{-1} 浓度的油酸钠溶液，4℃保存待用。再分别配制 2×10^{-3} mol·L^{-1} HAuCl$_4$ 和 1.6×10^{-2} mol·L^{-1} NaBH$_4$ 溶液。在剧烈搅拌下将 25mL 2×10^{-3} mol·L^{-1} 的 HAuCl$_4$ 溶液滴加到含 5×10^{-4} mol·L^{-1} 油酸钠（低于油酸钠的临界胶束浓度）的 25mL 8×10^{-3} mol·L^{-1} NaBH$_4$ 水溶液中，冰盐浴，滴加时间控制在 30min 之内。随 HAuCl$_4$ 的加入，还原剂水溶液颜色逐渐由无色变为浅蓝色，最后变为深紫色，即得到了油酸钠包覆的金纳米粒子水溶胶。滴加结束后，保持体系在冰浴中继续搅拌

8h，静置。

（2）以 CTAB 为包覆剂　先配制 $6\times10^{-4}\,mol\cdot L^{-1}$ CTAB 水溶液和 $1.4\times10^{-2}\,mol\cdot L^{-1}$ NaBH$_4$ 溶液，各取 12.5mL 混合。与以油酸钠为包覆剂的 Au 纳米粒子的制备步骤不同，以 CTAB 为包覆剂的 Au 纳米粒子的制备是将上述混合溶液在匀速搅拌条件下滴加到 25mL $1\times10^{-3}\,mol\cdot L^{-1}$ HAuCl$_4$ 溶液中，30min 内滴加完毕。继续保持冰点温度和匀速搅拌至 8h 停止反应，得到紫红色、透明的金纳米粒子水溶胶。

3. 紫外-可见光谱分析

首先将高纯水倒入石英比色皿，放入紫外可见分光光度计中做空白；然后将 Au 纳米粒子溶胶用高纯水定量稀释 6 倍，在石英比色皿中用紫外可见分光光度计测量。

4. TEM 表征

用滴管取少量 Au 纳米粒子水溶胶，转移至 Formva 膜铜网（或碳膜铜网）上，然后用 TEM 观察、拍照，并将记录照片放大数倍。

【实验结果与数据处理】

1. 肉眼观察

肉眼观察是最基本也是最简单和方便的鉴定方法。良好的 Au 纳米粒子溶胶应该是清亮透明的，若产物混浊或液体表面有漂浮物，提示此次产物有较多的凝集颗粒。详细记录产物的颜色以及是否混浊，并说明实验中存在的问题。

2. 紫外可见吸收光谱图

以波长为横坐标、吸光度为纵坐标，绘出 Au 纳米粒子对应的紫外可见吸收光谱曲线图。通过 UV-Vis 光谱曲线吸收峰的数目和对称程度定性判断纳米粒子的结构及其单分散性（一般吸收峰对称性越高，单分散性越好）；由分光光度计扫描的最大吸收波长 λ_{max} 定性地判断 Au 纳米粒子粒径的大小（一般对同类方法制得的纳米粒子，λ_{max} 越大则粒径越大）。

3. TEM 照片

采用 TEM 观察 Au 纳米粒子的形貌，说明不同合成条件下产物的形貌有何变化。在电镜照片上加注标尺，并统计不少于 100 个 Au 纳米粒子的粒径，利用 Origin 或 Excel 作直方图。如图 4-20(b)所示。

【实验注意事项】

1. 试剂：氯金酸易潮解，应干燥、避光保存；氯金酸对金属有强烈的腐蚀性，因此在配制氯金酸水溶液时，不应使用金属药匙取氯金酸。

2. 水质：用液相还原法制备金纳米粒子的蒸馏水应是双蒸馏水或三蒸馏水，或者是高质量的去离子水。

3. 玻璃容器的清洁：液相还原法制备金纳米粒子的玻璃容器必须是绝对清洁的，用前应先经酸洗并用蒸馏水冲净。最好是经硅化处理的，硅化方法可用 5% 二氯甲硅烷的氯仿溶液浸泡数分钟，用蒸馏水冲净后干燥备用。

4. 金纳米粒子溶胶的保存：金纳米粒子在洁净的玻璃器皿中可较长时间保存，加入少许防腐剂（如 0.02% NaN$_3$）可有利于保存，若保存不当则会有细菌生长或有凝集颗粒形成。

【思考题】

1. 金纳米粒子制备过程中，开始时液相颜色变化较慢，随着反应的进行颜色迅速加深，考虑其原因。

2. 若制备得到的产物上层表面有漂浮物，是何物质？如何除去？

3. 在进行紫外可见吸收光谱测试时，为什么要将金纳米粒子溶胶进行稀释？

4. 以油酸钠为包覆剂和以 CTAB 为包覆剂的 Au 纳米粒子制备过程有何差异？并解释这种差异的原因。

【e 网链接】

1. http：//baike. baidu. com/link？ url＝iD3E8JjRptSs5qqO17FkLLYELH9mPStCR6rH1U3AdvqYWkC6J0xIJxSasqQLJQK65KDbvm9Vfrzyuu6mQZlURK

2. http：//www. docin. com/p-54132534. html

3. http：//wenku. baidu. com/link？ url＝LGeVBfR＿HXRjhrDnbrBGuN＿jehpdkEKCfnZ6UKnRTGGZFtNJPX2qqdz-yy4qyy0w4XI1D＿NqlVppy6DIx2Rdi7p-itPYWeJkMNhtAXbSxcK

4. http：//www. doc88. com/p-780441276441. html

V 晶体结构分析

实验 43 X 射线衍射法测定晶胞常数

【实验目的与要求】

1. 掌握晶体对 X 射线衍射的基本原理和晶胞常数的测定方法；

2. 了解 X 射线衍射仪的基本结构和使用方法；

3. 掌握 X 射线粉末图的分析和使用。

【实验原理】

1. Bragg 方程

晶体是由具有一定结构的原子、原子团（或离子团）按一定的周期在三维空间重复排列而成的。反映整个晶体结构的最小平行六面体单元称晶胞。晶胞的形状和大小可通过夹角 α、β、γ 及其三个边长 a、b、c 来描述。因此，α、β、γ 和 a、b、c 称为晶胞常数。

一个立体的晶体结构可以看成是由其最邻近两晶面之间距离为 d 的这样一簇平行晶面所组成，也可以看成是由另一簇面间距为 d' 的晶面所组成……其数无限。当某一波长的单色 X 射线以一定的方向投射晶体时，晶体内这些晶面像镜面一样反射入射 X 光线。只有那些面间距为 d，与入射的 X 射线的夹角为 θ 且两邻近晶面反射的光程差为波长的整数倍 n 的晶面簇在反射方向的散射波，才会相互叠加而产生衍射，如图 4-20 所示。

光程差 $\Delta = AB + BC = n\lambda$，而 $AB = BC = d\sin\theta$，则：

$$2d\sin\theta = n\lambda \tag{4-47}$$

上式即为布拉格(Bragg)方程。

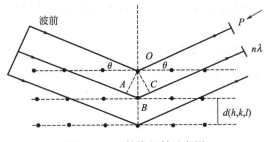

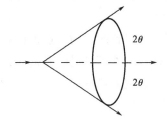

图 4-20 X 射线衍射示意图   图 4-21 半顶角为 2θ 的衍射圆锥

如果样品与入射线夹角为 θ，晶体内某一簇晶面符合 Bragg 方程，那么其衍射方向与入射线方向的夹角为 2θ。对于多晶体样品(粒度约 0.01mm)，在试样中的晶体存在着各种可能的晶面取向，与入射 X 射线成 θ 角的面间距为 d 的晶簇面不止一个，而是无穷个，且分布在以半顶角为 2θ 的圆锥面上，见图 4-21。在单色 X 射线照射多晶体时，满足 Bragg 方程的晶面簇不止一个，而是有多个衍射圆锥相应于不同面间距 d 的晶面簇和不同的 θ 角。当 X 射线衍射仪的计数管和样品绕试样中心轴转动时(试样转动 θ 角，计数管转动 2θ)，就可以把满足 Bragg 方程的所有衍射线记录下来。衍射峰位置 2θ 与晶面间距(即晶胞大小和形状)有关，而衍射线的强度(即峰高)与该晶胞内(原子、离子或分子)的种类、数目以及它们在晶胞中的位置有关。

由于任何两种晶体其晶胞形状、大小和内含物总存在差异，所以 2θ 和相对强度(I/I_0)可以作物相分析依据。

2. 晶胞大小的测定

以晶胞常数 $\alpha = \beta = \gamma = 90°$，$a \neq b \neq c$ 的正交系为例，由几何结晶学可推出：

$$\frac{1}{d} = \sqrt{\frac{h^2}{a^2} \times \frac{k^2}{b^2} \times \frac{l^2}{c^2}} \tag{4-48}$$

式中，h、k、l 为密勒指数(即晶面符号)。

对于四方晶系，因 $\alpha = \beta = \gamma = 90°$，$a = b \neq c$，上式可简化为：

$$\frac{1}{d} = \sqrt{\frac{h^2 k^2}{a^2} \times \frac{l^2}{c^2}} \tag{4-49}$$

对于立方晶系因 $\alpha = \beta = \gamma = 90°$，$a = b = c$，故可简化为：

$$\frac{1}{d} = \sqrt{\frac{h^2 k^2 l^2}{a^2}} \tag{4-50}$$

至于六方、三方、单斜和三斜晶系的晶胞常数、面间距与密勒指数间的关系可参考任何 X 射线结构分析的书籍。

从衍射谱中各衍射峰所对应 2θ 角，通过 Bragg 方程求得的只是相对应的各 $\frac{n}{d}(= \frac{2\sin\theta}{\lambda})$ 值。因为我们不知道某一衍射是第几级衍射，为此，将以上三式的两边同乘以 n。

对正交晶系：

$$\frac{n}{d} = \sqrt{\frac{n^2 h^{*2}}{a^2} + \frac{n^2 k^{*2}}{b^2} + \frac{n^2 l^{*2}}{c^2}} = \sqrt{\frac{h^2}{a^2} + \frac{k^2}{b^2} + \frac{l^2}{c^2}} \tag{4-51}$$

对四方晶系：

$$\frac{n}{d} = \sqrt{\frac{n^2 h^{*2} + n^2 k^{*2}}{a^2} + \frac{n^2 l^{*2}}{c^2}} = \sqrt{\frac{h^2 + k^2}{a^2} + \frac{l^2}{c^2}} \tag{4-52}$$

对于立方晶系：

$$\frac{n}{d} = \sqrt{\frac{n^2 h^{*2} + n^2 k^{*2} + n^2 l^{*2}}{a^2}} = \sqrt{\frac{h^2 + k^2 + l^2}{a^2}} \tag{4-53}$$

式中，h^*、k^*、l^* 称衍射指数，它和密勒指数的关系：

$$h = nh^*, k = nk^*, l = nl^* \tag{4-54}$$

这两者的差别为密勒指数不带有公约数。

因此，若已知入射 X 射线的波长 λ，从衍射谱中直接读出各衍射峰的 θ 值，通过 Bragg 方程（或直接从《Tables for Conversion of X-ray diffraction Angles to Interplaner Spacing》的表中查得）可求得所对应的各 n/d 值；如又知道各衍射峰所对应的衍射指数，则立方（或四方、正交）晶胞的晶胞常数就可确定。这一寻找对应各衍射峰指数的步骤称"指标化"。表 4-1 为立方点阵衍射指标规律。

表 4-1 立方点阵衍射指标规律

$h^2 + k^2 + l^2$	P	I	F	$h^2 + k^2 + l^2$	P	I	F
1	100			14	321	321	
2	110	100		15			
3	111		111	16	400	400	400
4	200	200	200	17	410	322	
5	210			18	411	330	411
6	211	211		19	331		331
7				20	420	420	420
8	220	220	220	21	421		
9	300	221		22	332	332	
10	310	310		23			
11	311		311	24	422	422	422
12	222	222	222	25	500	430	
13	320						

对于立方晶系，指标化最简单，由于 h、k、l 为整数，所以各衍射峰的 $(\frac{n}{d})^2$ 或 $\sin^2\theta$，以其中最小的 $\frac{n}{d}$ 值除之，得：

$$\frac{\left(\frac{n}{d}\right)_1^2}{\left(\frac{n}{d}\right)_1^2} : \frac{\left(\frac{n}{d}\right)_2^2}{\left(\frac{n}{d}\right)_1^2} : \frac{\left(\frac{n}{d}\right)_3^2}{\left(\frac{n}{d}\right)_1^2} : \frac{\left(\frac{n}{d}\right)_4^2}{\left(\frac{n}{d}\right)_1^2} \tag{4-55}$$

上述所得数列应为一整数数列。如为 1:2:3:4:5:……则按 θ 增大的顺序，标出各衍射指数（h、k、l）为 100、110、111、200……

在立方晶系中，有素晶胞（P），体心晶胞（I）和面心晶胞（F）三种形式。在素晶胞中衍射指数无系统消光。但在体心晶胞中，只有 $h + k + l$ 值为偶数的粉末衍射线；而在面心晶胞中，却只有 h、k、l 全为偶数时或全为奇数的粉末衍射线，其他的粉末衍射线因散射线相互干扰而消失(称为系统消光)。

对于立方晶系所能出现的 $h^2+k^2+l^2$ 值:素晶胞 1:2:3:4:5:6:8:……(缺 7、15、23 等),体心晶胞 2:4:6:8:10:12:14:16:18……=1:2:3:4:5:6:7:8:9……,面心晶胞 3:4:8:11:12:16:19……

因此,可由衍射谱的各衍射峰的 $(\frac{n}{d})^2$ 或 $\sin^2\theta$ 值来确定所测物质的晶系、晶胞的点阵形式和晶胞常数。

如不符合上述任何一个数值,则说明该晶体不属于立方晶系,需要用对称性较低的四方、六方……由高到低的晶系逐一来分析、尝试确定。

知道了晶胞常数,就知道了晶胞体积,在立方晶系中,每个晶胞的内含物(原子、离子、分子)的个数 n,可按下式求得:

$$n = \frac{\rho a^3}{M/N_0} \tag{4-56}$$

式中,M 为待测样品的摩尔质量;N_0 为阿伏伽德罗常数;ρ 为该样品的晶体密度。

【仪器、试剂与材料】

1. 仪器:Y-2000 型 X 射线衍射仪。

2. 试剂与材料:NaCl(AR)。

【实验步骤】

1. 制样:测量粉末样品时,把待测样品于研钵中研磨至粉末状,样品颗粒不能大于 200 目,把研细的样品倒入样品板,至稍有堆起,在其上用玻璃板紧压,样品的表面必须与样品板平。

2. 装样;安装样品板要轻插,轻拿,以免样品由于震动而脱落在测试台上。

3. 要随时关好内防护罩的罩帽和外防护罩的铅玻璃,防止 X 射线散射。

4. 接通总电源,此时冷却水自动打开,再接通主机电源。

5. 接通计算机电源,并引导 Y500 系统工程操作软件。

6. 打开计算机桌面上"X 射线衍射仪操作系统",选择"数据采集",填写参数表,进行参数选择,注意填写文件名和样品名,然后联机,待机器准备好后,即可测量(X 射线衍射仪的工作原理和使用方法见仪器说明书)。

7. 扫描完成后,保存数据文件,进行各种处理,系统提供六种功能:寻峰、检索、积分强度计算、峰形放大、平滑、多重绘图。

8. 对测量结果进行数据处理后,打印测量结果。

9. 测量结束后,退出操作系统,关掉主机电源;水泵要在冷却 20min 后,方可关掉总电源。

10. 取出装样品的玻璃板,倒出框中样品,洗净样品板,晾干。

【实验结果与数据处理】

1. 根据实验测得 NaCl 晶体粉末的各 $\sin^2\theta$ 值,用整数连比起来,与上述规律对照,即可确定该晶体的点阵型式,从而可按表 4-1 将各粉末线依次指标化。

2. 利用每对粉末线的 $\sin^2\theta$ 值和衍射指标,即可根据公式:

$$a = \frac{\lambda}{2}\sqrt{\frac{h^2+k^2+l^2}{\sin\theta}} \tag{4-57}$$

计算晶胞常数 a。实际在精确测定中，应选取衍射角大的粉末线数据来进行计算，或用最小二乘法求各粉末线所得 a 值的最佳平均值。

3. NaCl 的摩尔质量为 $M = 58.5\text{g}\cdot\text{mol}^{-1}$，密度为 $2.164\text{g}\cdot\text{cm}^{-3}$，则每个立方晶胞中 NaCl 的分子数为：

$$n = \frac{\rho V N_0}{M} = \frac{\rho N_0 a^3}{M} \tag{4-58}$$

【实验注意事项】

1. 必须将样品研磨至 $200\sim300$ 目的粉末，否则样品容易从样品板中脱落。

2. 使用 X 射线衍射仪时，必须严格按照操作规程进行操作。

3. 注意对 X 射线的防护。

【思考题】

1. 简述 X 射线通过晶体产生衍射的条件。

2. 布拉格方程并未对衍射级数和晶面间距 d 作任何限制，但实际应用中为什么只用到数量非常有限的一些衍射线？

3. 布拉格衍射图中的每个点代表 NaCl 中的什么(一个 Na 原子？一个 Cl 原子？一个 NaCl 分子？还是一个 NaCl 晶胞？)？试给予解释。

【e 网链接】

1. http：//wenku. baidu. com/view/08fb9f0abb68a98271fefa0d. html

2. http：//www. docin. com/p-468952524. html

附录 1　物理化学实验常用参考资料简介

1. Lide，David R. 主编。《CRC Handbook of Chemistry and Physics》（化学与物理学手册）。88th Edition。Cleveland：美国化学橡胶公司(CRC)，2007。该书每年修订一次。该手册内容丰富，使用方便，索引较详细，数据都附有文献出处。作为手册，它不仅广泛收集了常用各种重要数据，而且提供了从事化学研究和实验室工作所需要的大量知识。第 70 版各部分标题为：①数学用表；②元素和无机化合物；③有机化合物；④普通化学；⑤普通物理常数；⑥其他数据资料。还出了光盘版。

2. 印永嘉主编。《物理化学简明手册》。北京：高等教育出版社，1988。这本手册汇编了物理化学各主要分支学科中最基本的各种物理量数据。内容包括：气体和液体的性质，热效应和化学平衡，多组分系统和相平衡，电化学，化学动力学，物质的界面性质，原子和分子的性质，分子光谱，晶体学 9 个部分。数据绝大部分采用国际单位。该手册内容简明、丰富、实用。

3. 姚允斌，解涛，高英敏编。《物理化学手册》。上海：上海科技出版社，1985。这本手册包括：化学元素，原子和离子半径，化学键的强度，键长和键角，介电常数，气相分子中的偶极矩，磁化率，晶体结构，折射率，体积质量，表面张力，黏度，热导率，压缩系数，热膨胀系数，蒸气压，沸点，凝固点，溶解度，活度因子，平衡常数，热力学性质，范德华参量和临界参量，电化学性质，重要物理化学公式等。

4. Washburn E W 主编。《The international critical tables of numerical data，physics，chemistry and technology》（物理、化学与工艺学国际标准数据表，简称 I. C. T. ）。New York：McGraw-Hill Book Company，1926～1933。全书共 7 卷，另附一卷比较完善的总索引。I. C. T. 的内容涉及面广，有关化合物、某些工业产品和天然产物性质的数据比较齐全。尽管出版年代较早，但从中仍能找到其他手册不易查得的数据。

5. Hellwege K H 主编。《Landolt Börnstein：Zahlenwerte und funktionen aus physik，chemie，astronomie，geophysik und technik》（物理、化学、天文、地球物理及工艺技术的数据和函数）。6th edition。Berlin：Springer-Verlag，1950～1980。该书简称 LB 手册或朗彭氏手册。朗彭氏手册数据新颖、准确、完备。1961 年开始出版"新辑"，原计划出 36 卷，迄今为止实际上已达 50 余卷，有的卷号又分若干册。新辑的最大特点是所有标题全部为德英文对照，还有部分出版英文版，新辑的英文书名为《LB New serics numberical data and functional relationships in science and technology》（LB 新辑，科学技术中的数据和函数）。朗彭氏手册的数据较新、较全，因此在 I. C. T. 不能满足要求时，常可查朗彭氏手册。

6. James G. Speight 主编。《Lange's handbook of chemistry》（兰氏化学手册）。16th

edition。New York：McGraw-Hill Book Company，2005。该手册包括数学、综合数据和换算表，原子和分子结构、无机化学、分析化学、电化学、有机化学、光谱学以及热力学性质等。

7.《Journal of physical and chemical reference data》（物理和化学参考资料杂志）。该杂志由美国国家标准局委托美国化学会和物理协会负责出版，创刊于 1972 年，每季一期，但还不定期以书籍的形式出版增刊。增刊内容可包括某一方面的专著及数据汇编等。例如，The NBS tables of chemical thermodynamic properties（国家标准局化学热力学性质数据表），就是以该杂志第 11 卷第 2 号增刊的形式出版。该书的副标题为无机及 C_1 和 C_2 有机物的 SI 单位数据选辑。

8. Weast R C，Grasselli J G 编。《Handbook of data on organic compounds》（有机化合物数据手册）。2nd edition。USA：CRC，1989～1991。该手册详细列举有机化合物的物理性质和各种谱图索引。

附录2 国际单位制

SI 基本单位

量		单位	
名称	符号	名称	符号
长度	l	米	m
质量	m	千克	kg
时间	t	秒	s
电流	I	安[培]	A
热力学温度	T	开[尔文]	K
物质的量	n	摩[尔]	mol
发光强度	IV	坎[德拉]	cd

SI 的一些导出单位

量		单位		
名称	符号	名称	符号	定义式
频率	ν	赫[兹]	Hz	s^{-1}
能量,功,热量	E	焦[耳]	J	$kg \cdot m^2 \cdot s^{-2} = N \cdot m$
力	F	牛[顿]	N	$kg \cdot m \cdot s^{-2} = J \cdot m^{-1}$
压力,压强,应力	p	帕[斯卡]	Pa	$kg \cdot m^{-1} \cdot s^{-2} = N \cdot m^{-2}$
功率,辐射通量	P	瓦[特]	W	$kg \cdot m^2 \cdot s^{-3} = J \cdot s^{-1}$
电量;电荷	Q	库[仑]	C	$A \cdot s$
电位;电压;电动势	U	伏[特]	V	$kg \cdot m^2 \cdot s^{-3} \cdot A^{-1} = J \cdot A^{-1} \cdot s^{-1}$
电阻	R	欧[姆]	Ω	$kg \cdot m^2 \cdot s^{-3} \cdot A^{-2} = V \cdot A^{-1}$
电导	G	西[门子]	S	$kg^{-1} \cdot m^{-2} \cdot s^3 \cdot A^2 = Ω^{-1}$
电容	C	法[拉]	F	$A^2 \cdot s^4 \cdot kg^{-1} \cdot m^{-2} = A \cdot s \cdot V^{-1}$
磁通量密度（磁感应强度）	B	特[斯拉]	T	$kg \cdot s^{-2} \cdot A^{-1} = V \cdot s$

量		单位		
名称	符号	名称	符号	定义式
电场强度	E	伏特每米	$V \cdot m^{-1}$	$m \cdot kg \cdot s^{-3} \cdot A^{-1}$
黏度	η	帕斯卡秒	$Pa \cdot s$	$m^{-1} \cdot kg \cdot s^{-1}$
表面张力	σ	牛顿每米	$M \cdot m^{-1}$	$kg \cdot s^{-2}$
密度	ρ	千克每立方米	$kg \cdot m^{-3}$	$kg \cdot m^{-3}$
比热容	c	焦耳每千克每开	$J \cdot kg^{-1} \cdot K^{-1}$	$m^2 \cdot s^{-2} \cdot K^{-1}$
热容量;熵	S	焦耳每开	$J \cdot K^{-1}$	$m^2 \cdot kg \cdot s^{-2} \cdot K^{-1}$

SI 词头

因数	词冠	名称	词冠符号	因数	词冠	名称	词冠符号
10^{12}	tera	太[拉]	T	10^{-1}	deci	分	d
10^9	giga	吉[咖]	G	10^{-2}	centi	厘	c
10^6	mega	兆	M	10^{-3}	milli	毫	m
10^3	kilo	千	k	10^{-6}	micro	微	μ
10^2	hecto	百	h	10^{-9}	nano	纳[诺]	n
10^1	deca	十	da	10^{-12}	pico	皮[克]	p

附录3 一些物理和化学常数及换算因子

1. 物理和化学常数

常数名称	符号及数值	常数名称	符号及数值
阿伏伽德罗常数	$N_A = 6.022136 \times 10^{23} mol^{-1}$	真空光速	$c = 2.99792458 \times 10^8 m \cdot s^{-1}$
单位电荷	$e = 1.6021892 \times 10^{-19} C$	电子的质量	$m = 0.9109389 \times 10^{-30} kg$
质子的质量单位	$m_p = 0.1626231 \times 10^{-26} kg$	普朗克常数	$h = 6.626176 \times 10^{-34} J \cdot s$
法拉第常数	$F = 9.648456 \times 10^4 C \cdot mol^{-1}$	玻尔兹曼常数	$k = 1.380658 \times 10^{-23} J \cdot K^{-1}$
气体常数	$R = N_A k = 8.31441 J \cdot K^{-1} \cdot mol^{-1}$	重力加速度	$g = 9.80665 m \cdot s^{-2}$
里德堡常数	$R = 1.097373177 \times 10^7 m^{-1}$	玻尔磁子	$B = 9.274015 \times 10^{-24} J \cdot T^{-1}$
万有引力常数	$G = 6.6720 \times 10^{-11} N \cdot m^2 \cdot kg^{-2}$		

2. 换算因子
(1) 压力换算

压力单位	Pa	$kgf \cdot cm^{-2}$	atm	bar	mmHg
Pa	1	1.01972×10^{-5}	9.86923×10^{-6}	1×10^5	7.5006×10^{-3}
$kgf \cdot cm^{-2}$	9.80665×10^4	1	0.967841	0.980665	735.559
atm	1.01325×10^5	1.03323	1	1.01325	760
bar	1×10^5	1.019716	6.986923	1	750.062
mmHg	133.3224	1.35951×10^{-3}	1.315789×10^{-3}	1.3332×10^{-3}	1

(2) 能量换算

能量单位	J	L·atm	eV	cal
J	1	9.86894×10^{-3}	6.2414503×10^{18}	0.23901
L·atm	101.325	1	6.32434×10^{20}	24.2176
eV	$1.6021917 \times 10^{-19}$	1.581193×10^{-21}	1	3.82942×10^{-20}
cal	4.1839	0.041292	2.61136×10^{19}	1

（3）其他换算

$$1L = 1000.028 cm^3 \qquad \ln x = 2.302585 \lg x$$

$$1kgf = 9.80665N = 9.80665 \times 10^5 dyn$$

$$1P = 100cP = 0.1Pa \cdot s = 1 dyn \cdot s \cdot cm^{-2}$$

附录4　不同温度下水的蒸气压

温度/℃	蒸气压		温度/℃	蒸气压		温度/℃	蒸气压		温度/℃	蒸气压	
	mmHg	Pa		mmHg	Pa		mmHg	Pa		mmHg	Pa
0	4.579	610.5	26	25.209	3390.9	52	102.09	13611	78	327.3	43636
1	4.926	656.7	27	26.739	3564.9	53	107.2	14292	79	341	45463
2	5.294	705.8	28	28.349	3779.5	54	112.51	15000	80	355.1	47343
3	5.685	757.9	29	30.043	4005.3	55	118.04	15737	81	369.7	49289
4	6.101	813.4	30	31.824	4242.8	56	123.8	16505	82	384.9	51316
5	6.543	872.3	31	33.695	4492.3	57	129.82	17308	83	400.6	53409
6	7.013	935	32	35.663	4754.7	58	136.08	18143	84	416.8	55569
7	7.513	1001.6	33	37.729	5030.1	59	142.6	19012	85	433.6	57808
8	8.045	1072.6	34	39.898	5319.3	60	149.38	19916	86	450.9	60155
9	8.609	1147.8	35	42.175	5622.9	61	156.43	20856	87	468.7	62488
10	9.209	1227.8	36	44.563	5941.2	62	163.77	21834	88	487.1	64941
11	9.844	1312.4	37	47.067	6275.1	63	171.38	22849	89	506.1	47474
12	10.518	1402.3	38	49.692	6625	64	179.31	23906	90	525.76	70095
13	11.231	1497.3	39	52.442	6991.7	65	187.54	25003	91	546.05	72801
14	11.978	1598.1	40	55.324	7375.9	66	196.09	26043	92	566.99	75592
15	12.788	1704.9	41	58.34	7778	67	204.96	27326	93	588.6	78473
16	13.634	1817.7	42	61.5	8199.3	68	214.17	28554	94	610.9	81446
17	14.53	1937.2	43	64.8	8639.3	69	223.73	29828	95	633.9	84513
18	15.477	2063.4	44	68.26	9100.6	70	233.7	31157	96	657.62	87675
19	16.477	2196.7	45	71.88	9583.2	71	243.9	32517	97	682.07	90935
20	17.535	233.7	46	75.65	10086	72	254.6	33944	98	707.07	94268
21	18.65	2486.5	47	79.6	10612	73	265.7	35424	99	733.24	97757
22	19.827	2643.4	48	83.71	11160	74	277.2	36957	100	760	101325
23	21.068	2808.8	49	88.02	11735	75	289.1	38543			
24	22.377	2983.3	50	92.51	12334	76	301.4	40183			
25	23.756	3167.2	51	97.2	12959	77	314.1	41876			

附录 5　几种胶体的 ζ 电位

水溶胶				有机溶胶		
分散相	ζ/V	分散相	ζ/V	分散相	分散介质	ζ/V
As_2S_3	−0.032	Bi	0.016	Cd	$CH_3COOC_2H_5$	−0.047
Au	−0.032	Pb	0.018	Zn	CH_3COOCH_3	−0.064
Ag	−0.034	Fe	0.028	Zn	$CH_3COOC_2H_5$	−0.087
SiO_2	−0.044	$Fe(OH)_3$	0.044	Bi	$CH_3COOC_2H_5$	−0.091

附录 6　有机化合物的蒸气压

名称	分子式	温度范围/℃	A	B	C
四氯化碳	CCl_4		6.87926	1212.021	226.41
氯仿	$CHCl_3$	−30～150	6.90328	1163.03	227.4
甲醇	CH_4O	−14～65	7.8975	1474.08	229.13
1,2-二氯乙烷	$C_2H_4Cl_2$	−31～99	7.0253	1271.3	222.9
醋酸	$C_2H_4O_2$	0～36	7.80307	1651.2	225
		36～170	7.18807	1416.7	211
乙醇	C_2H_6O	−2～100	8.32109	1718.1	237.52
丙酮	C_3H_6O	−30～150	7.02447	1161	224
异丙醇	C_3H_8O	0～101	8.11778	1580.92	219.61
乙酸乙酯	$C_4H_8O_2$	−20～150	7.09808	1238.71	217
正丁醇	$C_4H_{10}O$	15～131	7.4768	1362.39	178.77
苯	C_6H_6	−20～150	6.90561	1211.033	220.79
环己烷	C_6H_{12}	20～81	6.8416	1201.53	222.65
甲苯	C_7H_8	−20～150	6.95464	1344.8	219.482
乙苯	C_8H_{10}	26～164	6.95719	1424.255	213.21

附录 7　25℃下某些液体的折射率

名称	n_D^{25}	名称	n_D^{25}
甲醇	1.326	四氯化碳	1.459
乙醚	1.352	乙苯	1.493
丙酮	1.357	甲苯	1.494
乙醇	1.359	苯	1.498
醋酸	1.37	苯乙烯	1.545
乙酸乙酯	1.37	溴苯	1.557
正己烷	1.372	苯胺	1.583
1-丁醇	1.397	溴仿	1.587
氯仿	1.444		

附录 8　水的密度

$t/℃$	$10^{-3}\rho/kg\cdot m^{-3}$	$t/℃$	$10^{-3}\rho/kg\cdot m^{-3}$	$t/℃$	$10^{-3}\rho/kg\cdot m^{-3}$
0	0.99987	20	0.99823	40	0.99224
1	0.99993	21	0.99802	41	0.99186
2	0.99997	22	0.9978	42	0.99147
3	0.99999	23	0.99756	43	0.99107
4	1	24	0.99732	44	0.99066
5	0.99999	25	0.99707	45	0.99025
6	0.99997	26	0.99681	46	0.98982
7	0.99997	27	0.99654	47	0.9894
8	0.99988	28	0.99626	48	0.98852
9	0.99978	29	0.99579	49	0.98852
10	0.99973	30	0.99567	50	0.98807
11	0.99963	31	0.99537	51	0.98762
12	0.99952	32	0.99505	52	0.98715
13	0.9994	33	0.99473	53	0.98669
14	0.99927	34	0.9944	54	0.98621
15	0.99913	35	0.99409	55	0.98573
16	0.99897	36	0.99371	60	0.98324
17	0.9988	37	0.99336	65	0.98059
18	0.99862	38	0.99299	70	0.97781
19	0.99843	39	0.99262	75	0.97489

附录 9　乙醇-水溶液的混合体积与浓度的关系[①]

乙醇的质量分数/%	$V_{混}/mL$	乙醇的质量分数/%	$V_{混}/mL$
20	103.24	60	112.22
30	104.84	70	115.25
40	106.93	80	118.56
50	109.43		

①温度为20℃，混合物的质量为100g。

附录 10　水的表面张力

$t/℃$	$10^3\sigma/N\cdot m^{-1}$	$t/℃$	$10^3\sigma/N\cdot m^{-1}$	$t/℃$	$10^3\sigma/N\cdot m^{-1}$	$t/℃$	$10^3\sigma/N\cdot m^{-1}$
0	75.64	10	74.22	12	73.93	14	73.64
5	74.92	11	74.07	13	73.78	15	73.59

续表

$t/℃$	$10^3\sigma/\text{N·m}^{-1}$	$t/℃$	$10^3\sigma/\text{N·m}^{-1}$	$t/℃$	$10^3\sigma/\text{N·m}^{-1}$	$t/℃$	$10^3\sigma/\text{N·m}^{-1}$
16	73.34	23	72.28	30	71.18	80	62.61
17	73.19	24	72.13	35	70.38	90	60.75
18	73.05	25	71.97	40	69.56	100	58.85
19	72.9	26	71.82	45	68.74	110	56.89
20	72.75	27	71.66	50	67.91	120	54.89
21	72.59	28	71.5	60	66.18	130	52.84
22	72.44	29	71.35	70	64.42		

附录 11　水的黏度

$t/℃$	25	26	27	28	29	30	31
$\eta/10^{-3}\text{kg·m}^{-1}\text{·s}^{-1}$	0.8904	0.8705	0.8513	0.8327	0.8148	0.7975	0.7808
$t/℃$	18	19	20	21	22	23	24
$\eta/10^{-3}\text{kg·m}^{-1}\text{·s}^{-1}$	1.053	1.027	1.002	0.9779	0.9548	0.9325	0.9111
$t/℃$	32	33	34	35	36	37	
$\eta/10^{-3}\text{kg·m}^{-1}\text{·s}^{-1}$	0.7647	0.7491	0.734	0.7194	0.6529	0.596	

附录 12　几种溶剂的凝固点下降常数

溶剂	纯溶剂的凝固点/℃	K_f[①]
水	0	1.853
醋酸	16.6	3.9
苯	5.533	5.12
对二氧六环	11.7	4.71
环己烷	6.54	20

①K_f 是指 1mol 溶质，溶解在 1000g 溶剂中的凝固点下降常数。

附录 13　无机化合物的脱水温度

水合物	脱水	$t/℃$
$CuSO_4 \cdot 5H_2O$	$-2H_2O$	85
	$-4H_2O$	115
	$-5H_2O$	230
$CaCl_2 \cdot 6H_2O$	$-4H_2O$	30
	$-6H_2O$	200
$CaSO_4 \cdot 2H_2O$	$-1.5H_2O$	128
	$-2H_2O$	163
$Na_2B_4O_7 \cdot 10H_2O$	$-8H_2O$	60
	$-10H_2O$	320

附录 14　金属混合物的熔点

单位:℃

金属		金属（Ⅱ）质量分数/%										
Ⅰ	Ⅱ	0	10	20	30	40	50	60	70	80	90	100
Pb	Sn	326	295	276	262	240	220	190	185	200	216	232
	Sb	326	250	275	330	395	440	490	525	560	600	632
Sb	Bi	632	610	590	575	555	540	520	470	405	330	268
	Zn	632	555	510	540	570	565	540	525	510	470	419

附录 15　水溶液中阴离子的迁移数

电解质	c/mol·L^{-1}					
	0.01	0.02	0.05	0.1	0.2	0.5
NaOH			0.81	0.82	0.82	0.82
HCl	0.167	0.166	0.165	0.164	0.163	0.16
KCl	0.504	0.504	0.505	0.506	0.506	0.51
KNO$_3$（25℃）	0.4916	0.4913	0.4907	0.4897	0.488	
H$_2$SO$_4$	0.175		0.172	0.175		0.175

附录 16　有机化合物的标准燃烧焓

物质		$-\Delta_c H_m^\ominus$ /kJ·mol^{-1}	物质		$-\Delta_c H_m^\ominus$ /kJ·mol^{-1}
CH$_4$(g)	甲烷	890.31	C$_2$H$_5$CHO(l)	丙醛	1816.3
C$_2$H$_6$(g)	乙烷	1559.8	(CH$_3$)$_2$CO(l)	丙酮	1790.4
C$_3$H$_8$(g)	丙烷	2219.9	CH$_3$COC$_2$H$_5$(l)	甲乙酮	2444.2
C$_5$H$_{12}$(l)	正戊烷	3509.5	HCOOH(l)	甲酸	254.6
C$_5$H$_{12}$(g)	正戊烷	3536.1	CH$_3$COOH(l)	乙酸	874.54
C$_6$H$_{14}$(l)	正己烷	4163.1	C$_2$H$_5$COOH(l)	丙酸	1527.3
C$_2$H$_4$(g)	乙烯	1411.0	C$_3$H$_7$COOH(l)	正丁酸	2183.5
C$_2$H$_2$(g)	乙炔	1299.6	CH$_2$(COOH)$_2$(s)	丙二酸	861.15
C$_3$H$_6$(g)	环丙烷	2091.5	(CH$_2$COOH)$_2$(s)	丁二酸	1491.0
C$_4$H$_8$(l)	环丁烷	2720.5	(CH$_3$CO)$_2$O(l)	乙酸酐	1806.2
C$_5$H$_{10}$(l)	环戊烷	3290.9	HCOOCH$_3$(l)	甲酸甲酯	979.5
C$_6$H$_{12}$(l)	环己烷	3919.9	C$_6$H$_5$OH(s)	苯酚	3053.5
C$_6$H$_6$(l)	苯	3267.5	C$_6$H$_5$CHO(l)	苯甲醛	3527.9
C$_{10}$H$_8$(g)	萘	5153.9	C$_6$H$_5$COCH$_3$(l)	苯乙酮	4148.9

续表

物质		$-\Delta_c H_m^\ominus$ /kJ·mol^{-1}	物质		$-\Delta_c H_m^\ominus$ /kJ·mol^{-1}
$CH_3OH(l)$	甲醇	726.51	$C_6H_5COOH(s)$	苯甲酸	3226.9
$C_2H_5OH(l)$	乙醇	1366.8	$C_6H_4(COOH)_2(s)$	邻苯二甲酸	3223.5
$C_3H_7OH(l)$	正丙醇	2019.8	$C_6H_5COOCH_3(l)$	苯甲酸甲酯	3957.6
$C_4H_9OH(l)$	正丁醇	2675.8	$C_{12}H_{22}O_{11}(s)$	蔗糖	5640.9
$CH_3OC_2H_5(g)$	甲乙醚	2017.4	$CH_3NH_2(l)$	甲胺	1060.6
$(C_2H_5)_2O(l)$	二乙醚	2751.1	$C_2H_5NH_2(l)$	乙胺	1713.3
$HCHO(g)$	甲醛	570.78	$(NH_3)_2CO(s)$	尿素	631.66
$CH_3CHO(l)$	乙醛	1166.4	$C_5H_5N(l)$	吡啶	2782.4

附录 17 25℃下醋酸在水溶液中的电离度和解离常数

$10^3 c$/mol·L^{-1}	α	$10^2 K_c$/mol·m^{-3}	$10^3 c$/mol·L^{-1}	α	$10^2 K_c$/mol·m^{-3}
0.2184	0.2477	1.751	12.83	0.0371	1.743
1.028	0.1238	1.751	20	0.02987	1.738
2.414	0.0829	1.75	50	0.01905	1.721
3.441	0.0702	1.75	100	0.0135	1.695
5.912	0.05401	1.749	200	0.00949	1.645
9.842	0.04223	1.747			

附录 18 常压下共沸物的沸点和组成

共沸物		各组分的沸点/℃		共沸物的性质	
甲组分	乙组分	甲组分	乙组分	沸点/℃	组成(组分甲的质量分数)/%
苯	乙醇	80.1	78.3	67.9	68.3
环己烷	乙醇	80.8	78.3	64.8	70.8
正己烷	乙醇	68.9	78.3	58.7	79
乙酸乙酯	乙醇	77.1	78.3	71.8	69
乙酸乙酯	环己烷	77.1	80.7	71.6	56
异丙醇	环己烷	82.4	80.7	69.4	32

附录 19 无机化合物的标准溶解热[①]

化合物	$\Delta_{sol}H_m$/kJ·mol^{-1}	化合物	$\Delta_{sol}H_m$/kJ·mol^{-1}
$AgNO_3$	22.47	KI	20.5

化合物	$\Delta_{sol}H_m/kJ\cdot mol^{-1}$	化合物	$\Delta_{sol}H_m/kJ\cdot mol^{-1}$
$BaCl_2$	−13.22	KNO_3	34.73
$Ba(NO_3)_2$	40.38	$MgCl_2$	−155.06
$Ca(NO_3)_2$	−18.87	$Mg(NO_3)_2$	−85.48
$CuSO_4$	−73.26	$MgSO_4$	−91.21
KBr	20.04	$ZnCl_2$	−71.46
KCl	17.24	$ZnSO_4$	−81.38

① 25℃状态下 1mol 纯物质溶于水生成 $1mol\cdot L^{-1}$ 的理想溶液过程的热效应。

附录 20　均相热反应的速率常数

（1）蔗糖水解的速率常数

$c_{HCl}/mol\cdot L^{-1}$	$10^3 k/min^{-1}$		
	298.2K	308.2K	318.2K
0.4137	4.043	17	60.62
0.9	11.16	46.76	148.8
1.214	17.455	75.97	

（2）乙酸乙酯皂化反应的速率常数与温度的关系：$\lg k = -1780T^{-1} + 0.00754T + 4.53$（$k$ 的单位为 $L\cdot mol^{-1}\cdot min^{-1}$）。

（3）丙酮碘化反应的速率常数：$k(25℃) = 1.71\times10^{-3} L\cdot mol^{-1}\cdot min^{-1}$；
$$k(35℃) = 5.284\times10^{-3} L\cdot mol^{-1}\cdot min^{-1}$$

附录 21　常温下难溶化合物的溶度积

化合物	K_{sp}	化合物	K_{sp}
AgAc[②]	1.94×10^{-3}	Ag_2SO_4[①]	1.4×10^{-5}
$[Ag^+][Ag(CN)_2]$[①]	7.2×10^{-11}	Ag_3PO_4[①]	1.4×10^{-16}
CaF_2[①]	5.3×10^{-9}	$Ag_4[Fe(CN)_6]$[①]	1.6×10^{-41}
$CuCrO_4$[①]	3.6×10^{-6}	$AgBr$[①]	5.0×10^{-13}
$Ag_2C_2O_4$	5.4×10^{-12}	$AgBrO_3$[①]	5.3×10^{-5}
Ag_2CO_3	8.45×10^{-12}	$AgCl$[①]	1.8×10^{-10}
$Ag_2Cr_2O_7$[①]	2.0×10^{-7}	AgI[①]	8.3×10^{-17}
Ag_2CrO_4	1.12×10^{-12}	$AgIO_3$[①]	3.0×10^{-8}
Ag_2S[①]	6.3×10^{-50}	$AgOH$[①]	2.0×10^{-8}
$AgSCN$	1.03×10^{-12}	Hg_2CrO_4[①]	2.0×10^{-9}
$Al(8-羟基喹啉)_3$[②]	5×10^{-33}	Hg_2I_2[①]	4.5×10^{-29}
$Al(OH)_3(无定形)$[①]	1.3×10^{-33}	Hg_2SO_4	6.5×10^{-7}
$AlPO_4$[①]	6.3×10^{-19}	HgI_2	2.9×10^{-29}

化合物	K_{sp}	化合物	K_{sp}
BaC_2O_4[①]	1.6×10^{-7}	HgS(黑色)[①]	1.6×10^{-52}
$BaCO_3$[①]	5.1×10^{-9}	HgS(红色)[②]	4×10^{-53}
$BaCrO_4$[①]	1.2×10^{-10}	$K_2Na[Co(NO_2)_6] \cdot H_2O$[①]	2.2×10^{-11}
BaF_2	1.84×10^{-7}	$KHC_4H_4O_6$(酒石酸氢钾)[②]	3×10^{-4}
$BaSO_4$[①]	1.1×10^{-10}	Mg(8-羟基喹啉)$_2$[①]	4×10^{-16}
$Ba(OH)_2$(无定形)[①]	1.6×10^{-22}	$Mg(OH)_2$[①]	1.8×10^{-11}
$Ca(OH)_2$[①]	5.5×10^{-6}	$Mg_3(PO_4)_2$[①]	1.04×10^{-24}
$Ca_3(PO_4)_2$[①]	2.0×10^{-29}	$MgC_2O_4 \cdot 2H_2O$	4.83×10^{-6}
$CaC_2O_4 \cdot H_2O$[①]	4×10^{-9}	$MgCO_3$	6.82×10^{-6}
$CaCO_3$	3.36×10^{-9}	$MgNH_4PO_4$[①]	2.5×10^{-13}
$CaCrO_4$[①]	7.1×10^{-4}	$Mn(OH)_2$	1.9×10^{-13}
$CaHPO_4$[①]	1×10^{-7}	$MnC_2O_4 \cdot 2H_2O$	1.70×10^{-7}
$CaSO_4$[①]	9.1×10^{-6}	$MnCO_3$	2.24×10^{-11}
$Cd(OH)_2$[①]	5.27×10^{-15}	MnS(晶形)[①]	2.5×10^{-13}
$Cd_3(PO_4)_2$[②]	2.53×10^{-33}	$Na(NH_4)_2[Co(NO_2)_6]$[①]	4×10^{-12}
$CdCO_3$	1.0×10^{-12}	$Ni(OH)_2$(新制备)[①]	2.0×10^{-15}
CdS[①]	8.0×10^{-27}	Ni(丁二酮肟)$_2$[②]	4×10^{-24}
$Co(OH)_2$(粉红色)[②]	1.09×10^{-15}	$NiCO_3$	1.42×10^{-7}
$Co(OH)_2$(蓝色)[②]	5.92×10^{-15}	NiS[②]	1.07×10^{-21}
$Co(OH)_3$[①]	1.6×10^{-44}	$Pb(OH)_2$[①]	1.2×10^{-15}
CoS(α-型)[①]	4.0×10^{-21}	$Pb_3(PO_4)_2$[①]	8.0×10^{-43}
CoS(β-型)[①]	2.0×10^{-25}	$PbBr_2$	6.60×10^{-6}
$Cr(OH)_2$[①]	2×10^{-16}	PbC_2O_4[②]	8.51×10^{-10}
$Cr(OH)_3$[①]	6.3×10^{-31}	$PbCl_2$[①]	1.6×10^{-5}
$Cu(IO_3)_2 \cdot H_2O$	7.4×10^{-8}	$PbCO_3$[①]	7.4×10^{-14}
$Cu(OH)_2$[①]	2.2×10^{-20}	$PbCrO_4$[①]	2.8×10^{-13}
$Cu_2[Fe(CN)_6]$[①]	1.3×10^{-16}	PbF_2	3.3×10^{-8}
Cu_2S[①]	2.5×10^{-48}	PbI_2[①]	7.1×10^{-9}
$Cu_3(PO_4)_2$	1.40×10^{-37}	PbS[①]	8.0×10^{-28}
$CuBr$[①]	5.3×10^{-9}	Pb_2SO_4[①]	1.6×10^{-8}
CuC_2O_4	4.43×10^{-10}	$Sn(OH)_2$[①]	1.4×10^{-28}
$CuCl$[①]	1.2×10^{-6}	SnS_2[②]	2×10^{-27}
$CuCO_3$[①]	1.4×10^{-10}	SnS[①]	1×10^{-25}
CuI[①]	1.1×10^{-12}	$Sr(OH)_2$[①]	9×10^{-4}
CuS[①]	6.3×10^{-36}	$SrC_2O_4 \cdot H_2O$[①]	1.6×10^{-7}
$CuSCN$	4.8×10^{-15}	$SrCO_3$	5.6×10^{-10}
$Fe(OH)_2$[①]	8.0×10^{-16}	$SrCrO_4$[①]	2.2×10^{-5}

化合物	K_{sp}	化合物	K_{sp}
$Fe(OH)_3$[1]	4×10^{-38}	SrF_2	4.33×10^{-9}
$FeC_2O_4 \cdot 2H_2O$[1]	3.2×10^{-7}	$SrSO_4$[1]	3.2×10^{-7}
$FeCO_3$	3.13×10^{-11}	$Zn(OH)_2$[1]	1.2×10^{-17}
$FePO_4 \cdot 2H_2O$	9.91×10^{-16}	$Zn_3(PO_4)_2$[1]	9.0×10^{-33}
FeS[1]	6.3×10^{-18}	$ZnC_2O_4 \cdot 2H_2O$	1.38×10^{-9}
$Hg_2C_2O_4$	1.75×10^{-13}	$ZnCO_3$	1.46×10^{-10}
Hg_2Cl_2[1]	1.3×10^{-18}	ZnS[2]	2.93×10^{-25}
Hg_2CO_3	3.6×10^{-17}		

[1]摘自 J. A. DeanEd. Lange's Handbookof Chemistry. 13thedition. 1985。

[2]摘自其他参考书。

附录 22　不同浓度、 不同温度下 KCl 溶液的电导率

$10^{-2}\kappa/S\cdot m^{-1}$ ⟍ $c/mol\cdot L^{-1}$　　$t/℃$	1.000	0.1000	0.0200	0.0100
0	0.06541	0.00715	0.001521	0.000896
5	0.07414	0.00822	0.001752	0.000896
10	0.08319	0.00933	0.001994	0.001020
15	0.09252	0.01048	0.002243	0.001147
20	0.10207	0.01167	0.002501	0.001278
25	0.11180	0.01288	0.002765	0.001413
26	0.11377	0.01313	0.002819	0.001441
27	0.11574	0.01337	0.002873	0.001468
28		0.01362	0.002927	0.001496
29		0.01387	0.002981	0.001524
30		0.01412	0.003036	0.001524
35		0.01539	0.003312	

附录 23　高聚物特性黏度与分子量关系式中的参数

高聚物	溶剂	$t/℃$	$10^3 K/L\cdot kg^{-1}$	α	分子量范围 $M \times 10^{-4}$
聚丙烯酰胺	水	30	6.31	0.80	2~50
	水	30	68	0.66	1~20
	$1mol\cdot L^{-1} NaNO_3$	30	37.3	0.66	
聚丙烯腈	二甲基甲酰胺	25	16.6	0.81	5~27
聚甲基丙烯酸甲酯	丙酮	25	7.5	0.70	3~93
聚乙烯醇	水	25	20	0.76	0.6~2.1

高聚物	溶剂	$t/℃$	$10^3 K/L \cdot kg^{-1}$	α	分子量范围 $M \times 10^{-4}$
	水	30	66.6	0.64	0.6~16
聚己内酰胺	40% H_2SO_4	25	59.2	0.69	0.3~1.3
聚醋酸乙烯酯	丙酮	25	10.8	0.72	0.9~2.5

附录 24 无限稀释离子的摩尔电导率和温度的关系

离子	$10^4\lambda/S \cdot m^2 \cdot mol^{-1}$				$\alpha\left[\alpha = \dfrac{1}{\lambda_i}\left(\dfrac{d\lambda_i}{dt}\right)\right]$
	0℃	18℃	25℃	50℃	
H^+	225.0	315	349.8	464	0.0142
K^+	40.7	63.9	73.5	114	0.0173
Na^+	26.5	42.8	50.1	82	0.0188
NH_4^+	40.2	63.9	74.5	115	0.0188
Ag^+	33.1	53.5	61.9	101	0.0174
$\frac{1}{2}Ba^{2+}$	34.0	54.6	63.6	104	0.0200
$\frac{1}{2}Ca^{2+}$	31.2	50.7	59.8	96.2	0.0204
$\frac{1}{2}Pb^{2+}$	37.5	60.5	69.5		0.0194
OH^-	105.0	171	198.3	(284)	0.0186
Cl^-	41.0	66	76.3	(116)	0.0203
NO_3^-	40.0	62.3	71.5	(104)	0.0195
$C_2H_3O_2^-$	20.0	32.5	40.9	(67)	0.0244
$\frac{1}{2}SO_4^{2-}$	41	68.4	80	(125)	0.0206

附录 25 25℃下标准电极电位及温度系数

电极	电极反应	$\varphi^{\ominus}/V$	$(d\varphi^{\ominus}/dT)/mV \cdot K^{-1}$
Ag^+, Ag	$Ag^+ + e^- \Longrightarrow Ag$	0.7991	-1
$AgCl, Ag, Cl^-$	$AgCl + e^- \Longrightarrow Ag + Cl^-$	0.2224	-0.658
AgI, Ag, I^-	$AgI + e^- \Longrightarrow Ag + I^-$	-0.151	-0.284
Cd^{2+}, Cd	$Cd^{2+} + 2e^- \Longrightarrow Cd$	-0.403	-0.093
Cl_2, Cl^-	$Cl_2 + 2e^- \Longrightarrow 2Cl^-$	1.3595	-1.26
Cu^{2+}, Cu	$Cu^{2+} + 2e^- \Longrightarrow Cu$	0.337	0.008
Fe^{2+}, Fe	$Fe^{2+} + 2e^- \Longrightarrow Fe$	-0.44	0.052
Mg^{2+}, Mg	$Mg^{2+} + 2e^- \Longrightarrow Mg$	-2.37	0.103
Pb^{2+}, Pb	$Pb^{2+} + 2e^- \Longrightarrow Pb$	-0.126	-0.451
$PbO_2, PbSO_4, SO_4^{2-}, H^+$	$PbO_2 + SO_4^{2-} + 4H^+ + 2e^- \Longrightarrow PbSO_4 + 2H_2O$	1.685	-0.326
OH^-, O_2	$O_2 + 2H_2O + 4e^- \Longrightarrow 4OH^-$	0.401	-1.68
Zn^{2+}, Zn	$Zn^{2+} + 2e^- \Longrightarrow Zn$	-0.7628	0.091

附录 26 25℃不同质量摩尔浓度下强电解质的活度系数

电解质	$m/mol \cdot kg^{-1}$					电解质	$m/mol \cdot kg^{-1}$				
	0.01	0.1	0.2	0.5	1		1	0.01	0.1	0.2	0.5
$AgNO_3$	0.9	0.734	0.657	0.536	0.429	KOH		0.798	0.76	0.732	0.756
$CaCl_2$	0.732	0.518	0.472	0.448	0.5	NH_4Cl		0.77	0.718	0.649	0.603
$CuCl_2$		0.508	0.455	0.411	0.417	NH_4NO_3		0.74	0.677	0.582	0.504
$CuSO_4$	0.4	0.15	0.104	0.062	0.0423	NaCl	0.9032	0.778	0.735	0.681	0.657
HCl	0.906	0.796	0.767	0.757	0.809	$NaNO_3$		0.762	0.703	0.617	0.548
HNO_3		0.791	0.754	0.72	0.724	NaOH		0.766	0.727	0.69	0.678
H_2SO_4	0.545	0.2655	0.209	0.1557	0.1316	$ZnCl_2$	0.708	0.515	0.462	0.394	0.339
KCl	0.732	0.77	0.718	0.649	0.604	$Zn(NO_3)_2$		0.531	0.489	0.474	0.535
KNO_3		0.739	0.663	0.545	0.443	$ZnSO_4$	0.387	0.15	0.14	0.063	0.0435

附录 27 几种化合物的磁化率

无机物	T/K	质量磁化率	摩尔磁化率
		$10^9 \chi_m/m^3 \cdot kg^{-1}$	$10^9 \chi_m/m^3 \cdot mol^{-1}$
$CuBr_2$	292.7	38.6	8.614
$CuCl_2$	289	100.9	13.57
CuF_2	293	129	13.19
$Cu(NO_3)_2 \cdot 3H_2O$	293	81.7	19.73
$CuSO_4 \cdot 5H_2O$	293	73.5(74.4)	18.35
$FeCl_2 \cdot 4H_2O$	293	816	162.1
$FeSO_4 \cdot 7H_2O$	293.5	506.2	140.7
H_2O	293	-9.5	-0.163
$Hg[Co(SCN)_4]$	293	206.6	
$K_3Fe(CN)_6$	297	87.5	28.78
$K_4Fe(CN)_6 \cdot 3H_2O$	室温	4.699	-1.634
$K_4Fe(CN)_6 \cdot 3H_2O$	室温		-2.165
$NH_4Fe(SO_4)_2 \cdot 12H_2O$	293	378	182.2
$(NH_4)_2Fe(SO_4)_2 \cdot 6H_2O$	293	397(406)	155.8

附录 28 铂铑-铂(分度号 LB-3)热电偶热电势与温度换算表

$t/℃$	0	10	20	30	40	50	60	70	80	90
	热电势/mV									
0	0	0.055	0.113	0.173	0.235	0.299	0.365	0.432	0.502	0.573
100	0.645	0.719	0.795	0.872	0.95	1.029	1.109	1.19	1.273	1.356
200	1.44	1.525	1.611	1.698	1.785	1.873	1.962	2.051	2.141	2.232
300	2.323	2.414	2.506	2.599	2.692	2.786	2.88	2.974	3.069	3.164
400	3.26	3.356	3.452	3.549	3.645	3.743	3.84	3.938	4.036	4.135

续表

$t/℃$	0	10	20	30	40	50	60	70	80	90
	热电势/mV									
500	4.234	4.333	4.432	4.532	4.632	4.732	4.832	4.933	5.034	5.136
600	5.237	5.339	5.442	5.544	6.699	6.805	6.913	7.02	7.128	7.236
700	6.274	6.38	6.486	6.592	5.648	5.751	5.855	5.96	6.064	6.169
800	7.345	7.454	7.563	7.672	7.782	7.892	8.003	8.114	8.225	8.336
900	8.448	8.56	8.673	8.786	8.899	9.012	9.126	9.24	9.355	9.47
1000	9.585	9.7	9.816	9.932	10.048	10.165	10.282	10.4	10.517	10.635
1100	10.754	10.872	10.991	11.11	11.229	11.348	11.462	11.587	11.707	11.827
1200	11.947	12.067	12.188	12.308	12.429	12.55	12.671	12.792	12.913	13.034
1300	13.155	13.276	13.397	13.519	13.64	13.761	13.883	14.004	14.125	14.247
1400	14.368	14.489	14.61	14.731	14.852	14.973	15.094	15.215	15.336	15.456
1500	15.576	15.697	15.817	15.937	16.057	16.176	16.296	16.415	16.534	16.653
1600	16.771	16.89	17.008	17.125	17.243	17.36	17.477	17.594	17.771	17.826
1700	17.942	18.056	18.17	18.282	18.394	18.504	18.612	—	—	—

注：参考端温度为0℃。

附录 29 镍铬-镍硅(分度号 EU-2)热电偶热电势与温度换算表

$t/℃$	0	10	20	30	40	50	60	70	80	90
	热电势/mV									
0	0	0.397	0.798	1.203	1.611	2.022	2.436	2.85	3.266	3.681
100	4.059	4.508	4.919	5.327	5.733	6.137	6.539	6.939	7.388	7.737
200	8.137	8.537	8.938	9.341	9.745	10.151	10.56	10.969	11.381	11.793
300	12.207	12.623	13.039	13.456	13.874	14.292	14.712	15.132	15.552	15.974
400	16.395	16.818	17.241	17.664	18.088	18.513	18.938	19.363	19.788	20.214
500	20.64	24.066	21.493	21.919	22.346	22.772	23.198	23.624	24.05	24.476
600	24.902	25.327	25.751	26.176	26.599	27.022	27.445	27.867	28.288	28.709
700	29.182	29.547	29.965	30.383	30.799	31.214	31.629	32.042	32.455	32.866
800	33.277	33.686	34.095	34.502	34.909	35.314	35.718	36.121	36.524	36.925
900	37.325	37.724	38.122	38.519	38.915	39.31	39.703	40.096	40.488	40.789
1000	41.269	41.657	42.045	42.432	42.817	43.202	43.585	43.968	44.349	44.729
1100	45.108	45.486	45.863	46.238	46.612	46.985	47.356	47.726	48.095	48.462
1200	48.828	49.192	49.555	49.916	50.276	50.633	50.99	51.344	51.697	52.049
1300	52.398	52.747	53.093	53.439	53.782	54.125	54.466	54.807	—	—

附录 30 液体分子的偶极矩 μ、介电常数 ε 和极化度 P_∞

物质	$10^{30}\mu/C \cdot m$	$t/℃$	0	10	20	25	30	40	50
水	6.14	ε	87.83	83.86	80.08	78.25	76.47	73.02	69.73
		P_∞							

物质	$10^{30}\mu/\text{C}\cdot\text{m}$	$t/℃$	0	10	20	25	30	40	50
氯仿	3.94	ε	5.19	5	4.81	4.72	4.64	4.47	41
		P_∞	51.1	50	49.7	47.5	48.8	48.3	17.5
四氯化碳	0	ε			2.24	2.23			2.13
		P_∞				28.2			
乙醇	5.57	ε	27.88	26.41	25	24.25	23.52	22.16	20.87
		P_∞	74.3	72.2	70.2	69.2	68.3	66.5	64.8
丙酮	9.04	ε	23.3	22.5	21.4	20.9	2.5	19.5	18.7
		P_∞	184	178	173	170	167	162	158
乙醚	4.07	ε	4.8	4.58	4.38	4.27	4.15		
		P_∞	57.4	56.2	55	54.5	54		
苯	0	ε		2.3	2.29	2.27	2.26	2.25	2.22
		P_∞				26.6			
环己烷	0	ε			2.023	2.015			
		P_∞							
氯苯	5.24	ε	6.09		5.65	5.63		5.37	5.23
		P_∞	85.5		81.5	82		77.8	76.8
硝基苯	13.12	ε		37.85	35.97		33.97	32.26	30.5
		P_∞		365	354	348	339	320	316
正丁醇	5.54	ε							
		P_∞							

参考文献

[1] 姜忠良. 温度的测量与控制[M]. 北京：清华大学出版社，2005.

[2] 华萍. 物理化学实验[M]. 武汉：中国地质大学出版社，2010.

[3] 邓基芹. 物理化学实验[M]. 北京：冶金工业出版社，2009.

[4] 庞素娟，吴洪达. 物理化学实验[M]. 武汉：华中科技大学出版社，2009.

[5] 李洁. 热工测量及控制[M]. 上海：上海交通大学出版社，2010.

[6] 李敏娇，司玉军. 简明物理化学实验[M]. 重庆：重庆大学出版社，2009.

[7] 王月娟，赵雷洪. 物理化学实验[M]. 杭州：浙江大学出版社，2008.

[8] 郑秋荣，顾文秀. 物理化学实验[M]. 北京：中国纺织出版社，2010.

[9] 王欲知，陈旭. 真空技术[M]. 北京：北京航空航天大学出版社，2007.

[10] 王晓冬，巴德纯. 真空技术[M]. 北京：冶金工业出版社，2006.

[11] 许金生. 仪器分析[M]. 南京：南京大学出版社，2009.

[12] 曾元儿. 仪器分析[M]. 北京：科学出版社，2010.

[13] 陈国松，陈昌云. 仪器分析实验[M]. 南京：南京大学出版社，2009.

[14] 杨文治. 物理化学实验技术[M]. 北京：北京大学出版社，1992.

[15] 清华大学化学系物理化学教研室. 物理化学实验. 北京：清华大学出版社，1991.

[16] 武汉工程大学化工与制药学院. 大学基础化学实验[M]. 武汉：湖北科学技术出版社，2005.

[17] 李元高. 物理化学实验研究方法[M]. 长沙：中南大学出版社，2003.

[18] 贾瑛，许国根，严小琴. 物理化学实验[M]. 西安：西北工业大学出版社，2009.

[19] 陆志明. 热分析应用基础[M]. 上海：东华大学出版社，2011.

[20] 蔡铎昌. 电化学研究方法[M]. 成都：电子科技大学出版社，2007.

[21] 蒋雄. 电化学测量[M]. 北京：国防工业出版社，2011.

[22] 易清风，李东艳. 环境电化学研究方法[M]. 北京：科学出版社，2006.

[23] 赵学庄. 化学反应动力学原理(下)[M]. 北京：高等教育出版社，1990.

[24] 韩维屏. 催化化学导论[M]. 北京：科学出版社，2004.

[25] 谭辉玲. 基础反应动力学[M]. 重庆：重庆大学出版社，1989.

[26] 陆家和. 现代分析技术[M]. 北京：清华大学出版社，1995.

[27] Briggs D，Seah M P. Practical surface analysis[M]. New York：John Wiley and Sons publisher，1996.

[28] 陈小明. 单晶结构分析原理与实践[M]. 第2版. 北京：科学出版社，2011.

[29] 马礼敦. 高等结构分析[M]. 上海：复旦大学出版社，2006.

[30] 毛卫民. 材料的晶体结构原理[M]. 北京：冶金工业出版社，2007.

[31] Buerger M. J. Vector Space and its Applicationin Crystal Structure Investigation[M]. New York：John Wiley & Sons，1959.

[32] 复旦大学. 物理化学实验[M]. 第2版. 北京：高等教育出版社，1993.

[33] 孙尔康，徐维清，邱金恒. 物理化学实验[M]. 南京：南京大学出版社，1998.

[34] 东北师范大学. 物理化学实验[M]. 第2版. 北京：高等教育出版社，1989.

[35] 郑传明，吕桂琴. 物理化学实验[M]. 北京：北京理工大学出版社，2005.

[36] 武汉大学 化学与分子科学学院实验中心. 物理化学实验[M]. 武汉：武汉大学出版社，2004.

[37] 刁国旺，阚锦晴，刘天晴. 物理化学实验[M]. 北京：兵器工业出版社，1993.

[38] 刘廷岳，王岩. 物理化学实验[M]. 北京：中国纺织出版社，2006.

[39] 王亚峰，孙墨珑，张秀成. 物理化学实验[M]. 哈尔滨：东北林业大学出版社，2006.

[40] 张敬来. 物理化学实验[M]. 开封：河南大学出版社，2008.

[41] 闫书一. 物理化学实验[M]. 成都：成都电子科技大学出版社，2008.

[42] 单尚，倪哲明，吕德义. 现代大学化学实验[M]. 北京：中国商业出版社，2002.

[43] 吴子生，严忠. 物理化学实验指导书[M]. 长春：东北师范大学出版社，1995.

[44] 杨百勤. 物理化学实验[M]. 北京：化学工业出版社，2001.

［45］刘勇健，孙康．物理化学实验［M］．徐州：中国矿业大学出版社，2005．

［46］罗澄源．物理化学实验［M］．第 3 版．北京：高等教育出版社，2003．

［47］傅献彩，沈文霞．物理化学［M］．第 5 版．北京：高等教育出版社，2006．

［48］刘瑾．基础化学实验［M］．合肥：安徽科学技术出版社，2006．

［49］张秀成，刘冰，王玉峰．应用物理化学实验［M］．哈尔滨：东北林业大学出版社，2009．

［50］顾月姝，宋淑娥．基础化学实验（Ⅲ）——物理化学实验［M］．第 2 版．北京：化学工业出版社，2007．

［51］夏海涛．物理化学实验［M］．哈尔滨：哈尔滨工业大学出版社，2003．

［52］杨南如．现代分析测试技术［M］．武汉：武汉工业大学出版社，1990．

［53］陈泓，李传儒．热分析及其应用［M］．北京：科学出版社，1985．

［54］戴维·P·休梅尔．物理化学实验［M］．第 4 版．北京：化学工业出版社，1990．

［55］周公度，段连运．结构化学基础［M］．北京：北京大学出版社，2002．

［56］徐瑞云．物理化学实验［M］．上海：上海交通大学出版社，2009．

［57］薛群基，阎逢元．几种表面分析技术在材料研究中的应用［J］．中国表面工程，1998，38：36-40．

［58］李润身，朱南昌．单晶晶胞常数的 X 射线双晶衍射测定方法［J］．半导体学报，1990，11：759-767．

［59］刘云珍，陈顺玉．用 Microsoft Excel 软件处理物理化学实验数据［J］．福建师范大学福清分校学报，2011，104：20-27．

［60］胡爱江，张进．Excel 在物理化学实验数据处理中的应用［J］．化工时刊，2011，25(10)：55-57．

［61］Cushing BL，Kolesnichenko VL，Connor CJ．Recent Advances in the Liquid-Phase Syntheses of Inorganic Nanoparticles［J］．Chem. Rev.，2004，104：3893-3946．

［62］Tetsu Yonezawa，Toyoki Kunitake．Practical preparation of anionic mercaptoligand-stablized gold nanoparticles and their immobilization［J］．Physicochemical and Engineering Aspects，1999，149：193-199．

［63］Daniel MC，Astruc D. Gold Nanoparticles：Assembly，Supramolecular Chemistry，Quantum-Size Related Properties，and Applications toward Biology，Ctatalysis，and Nanotechnology［J］．Chem. Rev.，2004，104：293-346．

［64］Wang LY，Chen X，Zhang J，Chai YC，Yang CJ，Xu LM，Zhuang WC，Jing B. Synthesis of Gold Nano- and Microplates in Hexagonal Liquid Crystals［J］．J Phys Chem B，2005，109：3189-3194．